U0167261

淮河与洪泽湖演变及水沙互馈关系

徐国宾 段宇 等 著

中国水利水电出版社
www.waterpub.com.cn

·北京·

内 容 提 要

本书是在国家重点研发计划项目"淮河干流河道与洪泽湖演变及治理"课题二(2017YFC0405602)专题4"洪泽湖与淮河干流水沙互馈关系"研究成果基础上完成的。全书共15章，内容包括：绪论，淮河与洪泽湖关系演变及现状，洪泽湖调蓄能力及南水北调东线运行对河湖水位和流量的影响，淮河入洪泽湖段岸滩及三角洲时空演变，洪泽湖湖区围垦演变及其对库容的影响，洪泽湖入出湖水沙变化分析，洪泽湖水位变化趋势及入湖水沙序列周期性分析，淮河中游水沙特征及河湖水沙交换程度分析，基于Copula函数的淮河中上游水沙输移规律，淮河中游河道稳定性及混沌特性分析，淮河干流与洪泽湖一体化平面二维水沙数学模型，洪泽湖流场分布及水体交换能力分析，浮山至洪泽湖出口含沙量的分布及湖盆冲淤变化，浮山至洪泽湖出口疏浚对泄流能力的影响分析，河道治理措施对洪泽湖及淮河干流水位和冲淤演变的影响。

本书可供水利工程专业的师生学习参考，也可供从事该专业的工程技术人员阅读参考。

图书在版编目（ＣＩＰ）数据

淮河与洪泽湖演变及水沙互馈关系 / 徐国宾等著
. -- 北京 ：中国水利水电出版社，2021.10
ISBN 978-7-5226-0129-8

Ⅰ. ①淮… Ⅱ. ①徐… Ⅲ. ①淮河－河流泥沙－研究
②洪泽湖－河流泥沙－研究 Ⅳ. ①TV85

中国版本图书馆CIP数据核字(2021)第209463号

审图号：GS（2021）6868号

书　　　名	淮河与洪泽湖演变及水沙互馈关系 HUAI HE YU HONGZE HU YANBIAN JI SHUI SHA HUKUI GUANXI
作　　　者	徐国宾　段　宇　等著
出 版 发 行	中国水利水电出版社 （北京市海淀区玉渊潭南路 1 号 D 座　100038） 网址：www. waterpub. com. cn E - mail：sales@ waterpub. com. cn 电话：（010）68367658（营销中心）
经　　　售	北京科水图书销售中心（零售） 电话：（010）88383994、63202643、68545874 全国各地新华书店和相关出版物销售网点
排　　　版	中国水利水电出版社微机排版中心
印　　　刷	天津嘉恒印务有限公司
规　　　格	170mm×240mm　16 开本　21.75 印张　426 千字
版　　　次	2021 年 10 月第 1 版　2021 年 10 月第 1 次印刷
定　　　价	**98.00 元**

前言

　　淮河流域位于我国南北气候变化过渡带，气候复杂多变，洪水灾害频发，常出现"大雨大灾，小雨小灾，无雨旱灾"的状况。流域地形总的趋势是西北部高、东南部低，地貌类型复杂多样，主要为山地、丘陵、台地和平原4种类型。流域内人口密度大，交通发达，工业化和城市化水平较低，经济欠发达；土地开发程度高，是我国重要的产粮区；矿产资源丰富，石油、煤炭产量也有相当规模。近年来经济发展迅速，潜力较大。

　　洪泽湖是淮河流域最大的湖泊，位于淮河中下游结合部，承接淮河上中游约15.82万 km² 流域面积来水，是我国五大淡水湖之一，也是南水北调东线工程的过水通道。它集调节淮河洪水，供给农田灌溉、航运、工业和生活用水于一体，并结合发电和水产养殖等综合利用。洪泽湖属于过水性湖泊，水域面积随水位波动较大。湖底高程一般为10.00m，最低处为7.50m左右。湖底高程高出东侧平原4.00~6.00m，所以又称为"悬湖"。

　　淮河流域经过数十年的治理，已经取得了举世瞩目的成就，但淮河中下游的洪涝问题仍很突出，尤其是淮河中游"关门淹"问题依然严重。目前存在的主要问题有：淮河中游行蓄洪区启用标准低、撤退转移人口多、社会影响大；淮河中游受洪泽湖顶托高水位时间长，中小洪水不能顺利下泄，两岸平原形成"关门淹"；洪泽湖周边滞洪区内人口众多、防洪标准低、区内涝灾严重、防洪安全建设滞后、启用后居民生命财产难以保障。这些问题已成为淮河防汛的热点和难点问题，也是制约当地经济发展的重要因素。

　　本书是在国家重点研发计划项目"淮河干流河道与洪泽湖演变及治理"课题二（2017YFC0405602）专题4"洪泽湖与淮河干流水沙互馈关系"研究成果基础上完成的。全书共15章，内容包括：绪论，淮河与洪泽湖关系演变及现状，洪泽湖调蓄能力及南水北调东线运行对河湖水位和流量的影响，淮河入洪泽湖段岸滩及三角洲时空演变，洪泽湖湖区围垦演变及其对库容的影响，洪泽湖入出湖水沙变化分析，洪泽湖水位变化趋势及入湖水沙序列周期性分析，淮河中游水沙特征及河湖水沙交换程度分析，基于 Copula 函数的淮河中上游水沙输移规律，淮河中游河道稳定性及混沌特性分析，淮河干流与洪泽湖一体化平面二维水沙数学模型，洪泽湖流场分布及水体交换能力分析，浮山至洪泽湖出口含沙量的分布及湖盆冲淤变化，浮山至洪泽湖出口疏浚对泄流能力的影响分析，河道治理措施对洪泽湖及淮河干流水位和冲淤演变的影响。参加该专题研究并参与本书撰写的研究生有：2017 级博士生段宇；2016 级硕士生邓恒、樊贤璐；2017 级硕士生陈春锦；2018 级硕士生刘源、刘翊竣、赵世雄。

在专题研究过程中，得到水利部淮河水利委员会副主任顾洪教授级高工，河海大学党委书记唐洪武教授、钟平安教授，安徽省/淮河水利委员会水利科学研究院副院长虞邦义教授级高工、贲鹏工程师的大力支持和帮助，对此表示衷心的感谢！

由于作者水平有限，错误之处在所难免，恳请读者批评指正。

徐国宾

2021 年 5 月于天津大学

目录

第1章

绪　　论

1.1　淮河流域概况

1.1.1　地理位置

淮河流域（图 1.1）地处我国中东部，介于黄河与长江两大流域之间，东经 $111°55'\sim121°20'$、北纬 $30°55'\sim36°20'$，流域东西平均长约 700km，南北宽约 400km，面积约 27 万 km^2，包括淮河及沂沭泗河两大独立水系，这两大水系流域面积分别为 19 万 km^2 和 8 万 km^2。淮河流域西起桐柏山、伏牛山，东临黄海，北以黄河南堤和沂蒙山脉与黄河流域接壤，南以大别山、江淮丘陵、通扬运河及如泰运河与长江流域毗邻。淮河流域地跨河南、湖北、山东、安徽和江苏 5 省。洪泽湖是淮河流域最大湖泊，属于河湖连通型湖泊，位于江苏省苏北平原中部西侧，淮安、宿迁两市境内。

1.1.2　水系变迁及现状

1.1.2.1　水系变迁

淮河古称淮水，与长江、黄河和济水并称"四渎"[2]，历史上的淮河是一条独流入海的河流。春秋战国时代，相继开挖了连通长江、淮河和黄河的人工运河。南宋建炎二年（1128 年），黄河向南决口经泗水入淮，从此开始长期南泛夺淮。至清咸丰五年（1855 年），黄河再次北徙改道，由山东大清河入海。在 1128—1855 年黄河夺淮期间，淮河流域地形和水系发生了很大变化，淮河入海故道已淤成一条高出地面的废黄河，这条地上河将淮河流域原本统一的水系分为淮河水系和沂沭泗河水系[3]，古济河、钜野泽和梁山泊已消失，河床普遍淤高，形成了新的湖泊，如洪泽湖、南四湖和骆马湖等。1938 年抗日战争时期，为阻止日军西进，当时的国民政府在郑州花园口炸开了黄河南堤，黄河主流自颍河入淮河，直到 1947 年花园口复堵上，黄河泛滥 9 年之久，淮河水系又一次遭到破坏，致使淮河水系紊乱，排水不畅和洪水无出路，造成了"大雨大灾、小雨小灾、无雨旱灾"的状况，成为一条水灾频繁发生的河流。

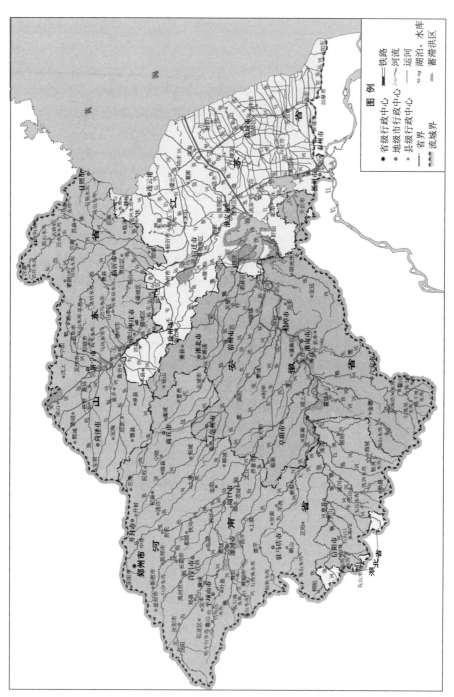

图 1.1　淮河流域简图[1]

1.1.2.2 水系现状

淮河流域是我国七大江河流域之一。流域上游两岸山丘起伏,水系发育,支流众多;中游地势平缓,多湖泊洼地;下游地势低洼,大小湖泊星罗棋布,水网交错,渠道纵横。淮河流域以废黄河为界,分为淮河和沂沭泗河两个独立水系,这两个水系通过京杭大运河、淮沭新河和徐洪河连通。淮河干流全长约1000km,发源于河南省南阳市桐柏山老鸦叉,东流至淮滨入安徽省境,经淮南、蚌埠,注入洪泽湖。

淮河干流分为上游、中游、下游三段[4],总落差200m,其中淮河源头至洪河口为上游,长360km,占淮干总长36%,落差为177m,占淮干落差88.5%,河道比降0.5‰,该河段落差大泄洪快;洪河口至洪泽湖出口中渡为中游,长490km,占淮干总长49%,落差16m,占淮干落差8%,河道比降0.03‰,该河段落差锐减泄洪不畅;中渡至三江营为下游,长150km,占淮干总长15%,落差7m,占淮干落差3.5%,河道比降0.04‰(图1.2)。沂沭泗河水系位于淮河流域东北部,由沂河、沭河、泗河组成,均发源于沂蒙山区,流经山东、江苏两省,经新沭河、新沂河注入黄海。

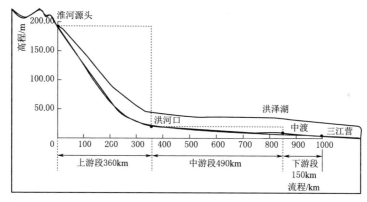

图1.2 淮河干流分段长度及垂直落差示意图

洪泽湖地处淮河干流中下游结合部,入湖和出湖河道较多,其中入湖河道包括淮河、怀洪新河、徐洪河、濉河、老濉河、新汴河和池河,淮河入湖水量约占总入湖水量86%。经洪泽湖调蓄后,出湖水流分为4路下泄,第1路通过位于湖南岸的三河闸过高邮湖,至扬州的三江营入长江,这也是主要出湖水道,湖水约60%经三河闸下泄;第2、3路过湖东岸的高良涧闸和二河闸,分别经苏北灌溉总渠和淮沭新河注入黄海;第4路出二河新闸,经入海水道注入黄海。洪泽湖壅高了淮河中游的水位,导致中小洪水不能顺利地下泄,滞洪时间较长。流域中游河道的比降非常小,甚至有部分河段呈倒比降,使得洪水下

3

泄缓慢，这是淮河流域频繁发生洪水灾害的主要原因。

淮河流域主要水系连通关系概化如图 1.3 所示，从图中可以看出，主要水系建有众多的闸坝调节流量，使河流人工渠化，基本失去了天然河流的特性。淮河干流和洪泽湖基本情况见表 1.1 和表 1.2。

表 1.1　　　　　　　　　　　淮河干流基本情况

河段名称		起止地点	河道长度/km	平槽泄量/(m³/s)	滩槽泄量/(m³/s)	设计水位*/m	泄洪流量/(m³/s)
上游		淮滨—王家坝	26	1500	7000	32.50～29.20	7000
中游		王家坝—正阳关	155	1000～1500	5000	29.20～26.40	7000～9400
		正阳关—涡河口	126	2500	5000	26.40～23.39	10000
		涡河口—洪山头	149	3000	6900	23.39～16.44	13000
下游	入江水道	三河闸—三江营	150	—	12000	14.24～5.50	12000
	灌溉总渠	高良涧闸—六垛南闸	168	—	800～1000	11.26～4.12	800～1000
	分淮入沂	二河闸—沭阳	97.6	—	3000	15.21～11.21	3000
	入海水道	二河新闸—入海口	160	—	—	13.92～3.37	2270

*　水位为 1985 国家高程基准。

表 1.2　　　　　　　　　　　洪泽湖基本情况

项　目	特征水位*/m	相应蓄水面积/km²	相应库容/亿 m³	备　注
死水位	11.11 (11.30)	1160.30	6.40	
汛限水位	12.31 (12.50)	2068.90	31.27	
蓄水位	12.81 (13.00)	2151.90	41.92	正常蓄水位
	13.31 (13.50)	2231.90	52.95	南水北调抬高蓄水位
启用圩区滞洪水位	14.31 (14.50)	2339.10	75.85	
设计水位	15.81 (16.00)	2392.90	111.20	
校核水位	16.81 (17.00)	2413.90	135.14	

*　水位为 1985 国家高程基准（括号内水位为废黄河高程）。

1.1.3　主要河流和湖泊

1.1.3.1　主要河流

淮河水系支流众多，呈不对称扇形分布，干流偏南。南岸支流均发源于山区或丘陵，流程较短，具有山区河道特征。北岸支流除洪汝河、沙颍河发源于伏牛山外，其他大都发源于黄河南堤，一般都源远流长，具有平原河道特征。流域面积较大的支流共 23 条，北岸有洪汝河、谷河、沙颍河、西淝河、茨淮

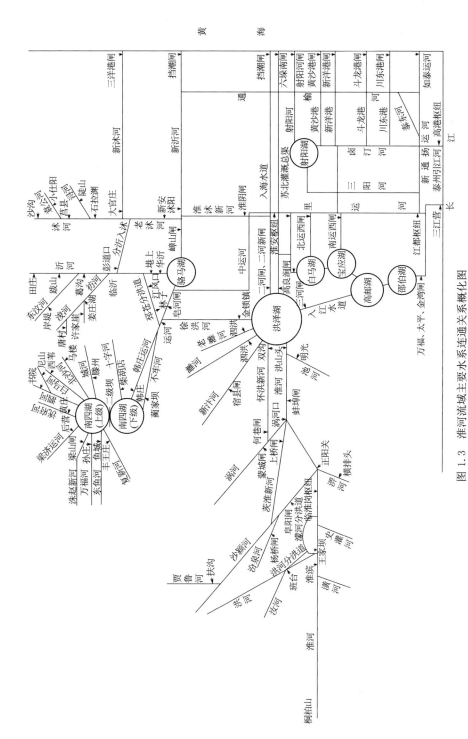

图 1.3　淮河流域主要水系连通关系概化图

新河、茨河、涡河、漴潼河（怀洪新河）、新汴河、濉河、安河等 11 条；南岸有浉河、竹竿河、潢河、白露河、史灌河、沣河、汲河、淠河、东淝河、窑河、池河、白塔河等 12 条。其中流域面积大于 1000km² 的支流只有洪汝河、沙颍河、涡河、漴潼河 4 条。

沙颍河分沙河、颍河、贾鲁河，以沙河为主源，是淮河最大的支流，流域面积接近 3.69 万 km²，发源于伏牛山，流经河南省平顶山、漯河、周口及安徽阜阳等市，于安徽省颍上县沫河口汇入淮河，河长 618km。沙颍河周口以上流域面积 25800km²，上游建有白沙、昭平台、白龟山、孤石滩等大型水库。周口以下流域面积 14000km² 为平原区，主要排水支流有汾泉河、黑茨河、新蔡河和新运河。

涡河是淮河第二大支流，发源于河南省开封市尉氏县，东南流经河南省开封及安徽省亳州、蚌埠等市，在怀远县城涡河口老元塘注入淮河。河道全长 382km，系纯平原河流。

洪汝河是淮河上游北岸较大支流，全长 326km。其上游小洪河源出河南省伏牛山脉祖师庙南麓，东南流向，至班台与右岸支流汝河汇合，南流至淮滨县洪河口入淮。班台以下称洪河或大洪河，其左岸有洪河分洪道，流经安徽省阜南县，于王家坝以下入濛河分洪道。

在沂沭泗河水系中，流域面积大于 1000km² 的骨干排水河道有 26 条，主要是东鱼河、洙赵新河、梁济运河、东汶河、祊河、复新河、万福河、大沙河、洸府河、房亭河、不牢河、新沂河、新沭河、灌河等。

淮河流域主要支流特征值见表 1.3。

表 1.3　　　　　　　　淮河流域主要支流特征值[1]

水系	支流	站名或河段	集水面积/km²	河长/km	坡降/‰
淮河	洪汝河	五沟营	1555	92	1.90
		班台	11663	240	1.00~0.60
		洪河口	12390	326	—
	沙颍河	漯河	12150	230	1.20
		周口	25800	317	1.40
		颍河口	36900	618	—
	史灌河	蒋家集	5930	172	9.20
		三河尖	6880	211	21.00
	潢河	潢川	2050	100	8.80
		汇河口	2400	134	—

续表

水系	支流	站名或河段	集水面积/km²	河长/km	坡降/‰
淮河	淠河	横排头	4370	118	28.60
		淠河口	6450	248	14.60
	东淝河	东淝河口	4200	122	—
	涡河	玄武	4070	148	1.00
		涡河口	15890	382	—
	新汴河	团结闸	6562	228	0.91
		汇河口	6640	244	—
	池河	明光	3470	124	1.70
		池河口	5021	182	2.30
沂沭泗河	东鱼河	鱼城	5988	145	0.94
		西姚	5926	172	—
	洙赵新河	入湖口	4206	141	2.10~0.20
	梁济运河	后营	3208	79	0.23
		李集	3372	88	1.30~0.38
	东汶河	新安庄	2428	132	14.30
	祊河	顾家圈	3376	135	11.10

注 数据来源于《淮河流域水利手册》[3]。

1.1.3.2 主要湖泊

淮河流域水系中有许多湖泊，其水面面积约为 7000km²，占流域总面积的 3.5% 左右。湖泊总蓄水能力 280 亿 m³，兴利库容 66 亿 m³。较大的湖泊有淮河水系城西湖、城东湖、瓦埠湖、洪泽湖、高邮湖、邵伯湖、宝应湖等；沂沭泗河水系南四湖、骆马湖等，蓄水面积超过 1000km² 的有洪泽湖、南四湖。

洪泽湖是淮河流域最大湖泊，其汇水面积为 15.82 万 km²，是我国五大淡水湖之一，也是我国目前人工修筑的最大平原水库之一，为南水北调东线工程的过水通道。它集调节淮河洪水，供给农田灌溉、航运、工业和生活用水于一体，并结合发电和水产养殖等综合利用。洪泽湖属于过水性湖泊，水域面积随水位波动较大。死水位 11.11m 时，水域面积为 1160km²。正常蓄水位 12.81m 时，面积达 2152km²。设计水位 15.81m 时，面积达 2393km²。湖底高程一般在 10m，最低处 7.5m 左右。湖底高程高出东侧平原 4~6m，所以又称为"悬湖"。

高邮湖是横跨安徽、江苏两省内陆淡水湖，属浅水型湖泊，为淮河入江水道。高邮湖水位 5.51m 时，蓄水面积达 661km²，蓄水量 8.82 亿 m³。当水位高达 9.31m 时，蓄水量增加至 37.80 亿 m³。

南四湖由南阳、独山、昭阳、微山 4 个湖泊连接而成，是一个南北狭长形湖泊，湖区南北长 126km，东西宽 5～25km，中部建有二级坝，将南四湖分为上下两级湖，当上级湖水位达 36.31m 时，相应蓄水量为 23.10 亿 m³；下级湖水位达 35.81m 时，相应蓄水量为 34.10 亿 m³；总蓄水量达 57.20 亿 m³。南四湖韩庄闸以上流域面积为 3.17 万 km²，汇集山东、江苏、河南、安徽 4 省来水，湖西平原区面积为 2.05 万 km²，湖东山区面积为 9921km²，湖区面积为 1266km²。南四湖入湖河流有 50 多条，呈辐聚状集中于湖，来水经调蓄后，经韩庄运河、伊家河和不牢河 3 个出口流出，注入中运河。

骆马湖位于江苏省，水面面积 260km²，水面最大宽度 20km，湖底高程 18～21m。当蓄水位 22.81m 时，平均水深 3.32m，蓄水量为 9.00 亿 m³；当蓄水位达到 24.81m，相应蓄水量为 15.00 亿 m³。骆马湖汇集中运河以及沂河来水，经嶂山闸、皂河闸、六塘河闸泄出，分别进入新沂河和中运河。

淮河流域主要湖泊特征值见表 1.4。

表 1.4　　　　　　　　　　　淮河流域主要湖泊特征值[1]

水系	湖名	正常蓄水位/m	蓄水面积/km²	蓄水量/亿 m³	设计洪水位/m	相应蓄水量/亿 m³	死水位/m	湖底高程/m
淮河	洪泽湖	12.81 (13.00)	2152	41.00	15.81 (16.00)	111.20	11.11 (11.30)	9.81 (10.00)
淮河	高邮湖	5.51 (5.70)	661	8.82	9.31 (9.50)	37.80	4.81 (5.00)	3.81 (4.00)
	邵伯湖	4.31 (4.50)	120	0.83	8.31 (8.50)	7.88	3.61 (3.80)	0.81 (1.00)
沂沭泗河	南四湖（上级）	34.01 (34.20)	582	7.96	36.31 (36.50)	23.10	32.81 (33.00)	31.41 (31.60)
	南四湖（下级）	32.31 (32.50)	572	8.00	35.81 (36.00)	34.10	31.31 (31.50)	29.81 (30.00)
	骆马湖	22.81 (23.00)	375	9.00	24.81 (25.00)	15.00	20.31 (20.50)	18.81 (19.00)

注　1. 数据来源于《淮河流域水利手册》[3]。
　　　2. 高程为 1985 国家高程基准（括号内高程为废黄河高程）。

1.1.4　水文气象特点

淮河流域地处我国南北气候过渡地带，属亚热带和暖温带半湿润季风气候区，为我国南北气候的过渡地带。影响流域天气系统的既有北方的西风带系统，又有南方的副热带系统，南北冷暖气团经常在此交汇、相持，大气变化剧烈，极易形成暴雨。流域内气候温和、四季分明、雨量适中，但年际、年内变化大，日照时数多、温差大、无霜期长，季风气候明显，表现为夏热多雨、冬寒晴燥、秋旱少雨、冷暖和旱涝的转变往往十分突出。

淮河流域年平均气温为 11～16℃，由北向南递增。最高月平均气温 25℃，极端最高气温可达 40℃ 以上，极端最低气温可达 −20℃ 左右。年无霜日数在 200d 以上，年日照时数 2000～2400h。年平均相对湿度为 65%～87%，由南向北递减。淮河流域多年平均降水量为 873mm，淮南地区为 930～1100mm，淮北为 700～900mm。流域多年平均径流量为 621 亿 m³，其中淮河水系 453 亿 m³，沂沭泗水系 168 亿 m³。

淮河的洪水特点是高水位持续时间长，水量大，正阳关以下一次洪峰一般历时 1 个月左右。每遇汛期大暴雨时，淮河上游及两岸支流洪水迅速下泄，首先在王家坝形成洪峰；由于正阳关以上河道泄洪能力小，加上大部分山丘区支流汇入，河道水位迅速抬高，形成正阳关洪峰既高又胖的特点。淮南支流河道暴雨多、径流系数大，汇流快，在河槽不能容纳时泛滥成灾。淮北支流流域面积大，汇流时间长，加上地面坡降平缓，河道泄洪能力不足，同时受淮河干流水位顶托，常造成严重的洪涝灾害。沿淮湖泊、洼地除行洪区外，基本上都设有控制闸，汛期淮河遇中、小洪水时，水位就已高出地面，而且时间一般长达 2～3 个月，虽可拒外河水倒灌，但当地降水，包括流域范围内的坡地来水，来量大，又无法外排，形成"关门淹"。

1.2 淮河水系治理概况

1.2.1 治理现状

淮河流域自 20 世纪 50 年代初期开始，经过几十年的治理，基本形成了具有防洪、航运、供水、灌溉、发电等综合利用多功能的水利工程体系[1]。

流域内有大中小型水库 6360 余座，总库容约 296.36 亿 m³，防洪库容 85.71 亿 m³，兴利库容 137.36 亿 m³。其中大型水库 38 座，总库容 200.18 亿 m³；中型水库 189 座，总库容 53.40 亿 m³。另外，淮河中游临淮岗洪水控制工程，100 年一遇设计洪水时滞洪水位 28.41m，对应库容 85.6 亿 m³。蓄滞洪区和大型湖泊共 16 处，其中，蓄滞洪区 12 处，总面积 4375.5km²，蓄滞洪容量 120.14 亿 m³；大型湖泊 4 处，总面积 4390km²，容量 239.14 亿 m³。沿淮河干流中游建有 17 处行洪区，在设计条件下如充分运用，可分泄河道设计流量的 20%～40%。

整治了干支流河道，扩大了泄洪排涝能力，形成了以洪泽湖大堤为屏障拦蓄洪水、下游泄洪入江、入海的防洪布局。下游先后开辟了新沂河、新沭河、苏北灌溉总渠、淮沭新河和入海水道（近期），扩大了入江水道，使淮河水系尾部的排洪能力由不足 8000m³/s 扩大到 15270～18270m³/s，沂沭泗河水系的入海排洪能力由不足 1000m³/s 提高到 12000m³/s。新开挖了茨淮新河、怀洪新河等一批骨干排水河道和众多的排水河渠。修筑 5 级以上堤防长约 6.5 万 km，3 级以上堤防长 9436km，其中淮北大堤、洪泽湖大堤、里运河大堤、南四湖湖西大堤、新沂河大堤等 1 级堤防长 1692km；2 级堤防长 2198km。航道整治里程达到 1.7 万 km，各类港口、码头及装卸点 2000 余个。

建成各类水闸 19074 座，总过闸流量 97.07 万 m³/s，包括节制闸、排水闸、分洪闸、挡潮闸、进水闸和退水闸等。其中，大型水闸 156 座，过闸流量 44.61 万 m³/s；中型水闸 1054 座，过闸流量 28.60 万 m³/s。建有泵站 1.67 万座，总装机流量 32283.66m³/s，总装机功率 283.18 万 kW。其中大型泵站 53 座，总装机流量 5274.83m³/s，总装机功率 47.54 万 kW；中型泵站 341 座，总装机流量 4677.56m³/s，总装机功率 55.21 万 kW。

总灌溉面积 1031.49 万 hm²，其中，耕地有效灌溉面积 986.95 万 hm²，园林草地等有效灌溉面积 44.54 万 hm²。高效节水灌溉面积 35.59 万 hm²，占流域总灌溉面积 3.45%。耕地灌溉率达 80%。其中大型灌区 75 处，总耕地面积 453.86 万 hm²，总灌溉面积 341.95 万 hm²。

水电站 192 座，总装机容量 65.08 万 kW。其中，中型 2 座，装机容量 13 万 kW；小（1）型 8 座，装机容量 20.86 万 kW；小（2）型 182 座，装机容量 31.22 万 kW。

1991 年淮河大水后，国务院发布《关于进一步治理淮河和太湖的决定》，确定了治淮 19 项骨干工程[1,5]，包括淮河干流上中游河道整治及堤防加固工程、行蓄洪区安全建设工程、怀洪新河续建工程、入江水道巩固工程、分淮入沂续建工程、洪泽湖大堤加固工程、防洪水库工程、沂沭泗河洪水东调南下工程、大型水库除险加固工程、淮河入海水道近期工程、临淮岗洪水控制工程、汾泉河初步治理工程、包浍河初步治理工程、涡河近期治理工程、奎濉河近期治理工程、洪汝河近期治理工程、沙颖河近期治理工程、湖洼及支流治理工程、治淮其他工程等。国务院分别于 1991 年、1992 年、1994 年、1997 年、2003 年召开 5 次治淮会议，布置治淮骨干工程建设。至 2010 年年底，治淮 19 项骨干工程已全面建成。

1.2.2　治理规划

在现有水系治理基础上，将在淮河流域上游山丘区增建水库，增加拦蓄能力，修建出山店、前坪、张湾、白雀园、袁湾、晏河、下汤、江巷、庄里、双侯等大型水库,建设中型水库,加固病险水库;在中游对行洪区采取废弃、改为行蓄洪区或适当退建后改为保护区的方式进行调整;整治淮河中游河道,扩大中等洪水行洪通道;下游整治入江水道、分淮入沂,建设入海水道二期工程,加固洪泽湖大堤,扩大入江入海泄洪能力;增建三河越闸工程,降低洪泽湖水位。扩大沂沭泗河水系韩庄运河、中运河、新沂河行洪规模,整治沂河、沭河上游河道;实施淮河干流一般堤防达标建设,进一步治理洪汝河等重要支流和中小河流;治理沿淮、淮北平原、里下河、南四湖滨湖等低洼易涝地区;建设城西湖、洪泽湖周边、南四湖湖东等蓄滞洪区工程,实施行蓄洪区和淮河干流滩区居民迁建;加强城市防洪和海堤工程建设,新建、加固海堤长度 447.7km[1,5]。

第 2 章

淮河与洪泽湖关系演变及现状

淮河与洪泽湖的河湖关系是研究淮河流域水沙问题的关键。洪泽湖是淮河中上游河段的侵蚀基准面，对淮河中上游地区的地貌、水文及水文地质、河床演变等有深刻的控制作用。本章对淮河与洪泽湖关系历史演变过程与现状进行了综述，阐述了影响淮河与洪泽湖关系演变的因素及河湖关系的内涵，介绍了影响淮河与洪泽湖关系演变历程中发生的几次大的自然灾害及修建的若干重要工程[6-7]。

2.1 淮河与洪泽湖关系历史演变过程与现状

2.1.1 河湖关系历史演变过程

淮河与洪泽湖之间的关系是建立在淮河与洪泽湖连通的基础之上，河湖关系形成机制是以天然地形地貌为依托，黄河夺淮带来的泥沙为物质基础，再加以筑坝固堤为主要发展条件，黄河、淮河、洪泽湖区域（古代众多小湖泊变化而来，不单单指今日的洪泽湖）的自然灾害为被动驱动力，在自然条件制约下的人为开发利用等一系列经济活动为主动驱动力，这两种驱动力如两条脉络贯穿于河湖关系演变过程始终。以下从两条脉络来简单介绍河湖关系历史演变过程，大约可分为 4 个比较明显的阶段。

2.1.1.1 河湖未连通阶段（河湖无关）

河湖未连通阶段大概从汉朝开始至南宋建炎二年（1128 年），当时的淮河是一条河床宽广、独流入海的河道，水系相对稳定。在洪泽湖区域只有一系列较小的湖泊，如泥墩湖、万家湖、富陵湖、白水塘、破釜塘等，这些湖泊有水道相通，位于淮河右岸（图 2.1）。公元前 168 年和公元前 132 年，黄河曾两次经泗水侵淮，大量泥沙在淮河下游淤积，自然灾害不断。而这个阶段人类的活动作用不太显著，东汉建安五年（公元 200 年），广陵太守陈登开始筑堤高家堰（又称捍淮堰）蓄水灌田。总的来说，这个阶段河湖尚未连通，泥沙淤积在积累，河湖关系尚未形成。

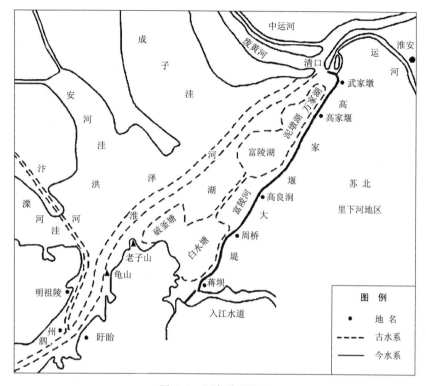

图 2.1　河湖关系变迁

2.1.1.2　河湖孕育形成阶段（河湖开始连通并稳定）

　　黄河大规模长期南泛侵淮始于 1128 年，这年由于人为决口黄河改道经泗水入淮，从此人类开始了 700 余年的"刷黄、保运"历史，直至清咸丰五年（1855 年）黄河北归。金明昌五年（1194 年），黄河在河南阳武（今原阳）决口，这次决口成为黄河长期夺淮的开端，河水泛滥使原先的一些小湖泊连为一体，形成了洪泽湖的雏形，但尚未稳定。在之后的 300 年中，黄河入淮口时而颍涡，时而汴泗，1494 年前黄河还有北支入渤海，1494 年之后北支被堵，开始了完全夺淮（黄河水全由南支宣泄）的局面，黄泛泥沙主要淤积在淮安—洪泽一带。1851 年，高家堰大堤西南端蒋坝附近决口再未封堵而形成入江水道。

　　此阶段人类活动开始逐渐活跃，尤其是从明代开始为保护运河和淮河下游低洼地，大规模修筑高家堰，形成高家堰大堤雏形，导致洪泽湖水面不断扩大，到明永乐二十年（1422 年）淮河与洪泽湖终连为一体。明万历七年（1579 年），潘季驯大筑高家堰大堤以"蓄清、刷黄、保运"，淮河水向东的出口被彻底封堵，迫使淮河水入黄河攻沙，洪泽湖水面初步形成，而后为解决湖

13

水浸及明陵和泗州城的问题，明万历二十四年（1596年），杨一魁在高家堰大堤上修建武家墩、高良涧、周家桥3座水闸来降低洪泽湖水位。清康熙十六年（1677年），靳辅再次大修高家堰大堤，将其加高，最终使得在枯水季节洪泽湖仍有统一湖面。清乾隆十六年（1751年），洪泽湖石砌大堤完工，至此始建于东汉时代的高家堰，经明、清两朝代的陆续修筑终成洪泽湖大堤，洪泽湖达到鼎盛，从而有"洪泽周围三百余里，合阜陵、万家、泥墩诸湖而为一"之言。

2.1.1.3　短暂的反复阶段（河湖关系短暂失衡）

1938年，郑州花园口黄河大堤被炸开，迫使黄河改道入淮，又一次造成淮河流域严重灾难。直到1947年花园口重新封堵，黄河又回到开封旧道，仍从山东利津入海为止。黄河泛滥了9年，把近100亿t泥沙带到淮河流域，在地面上留下了3～5m厚度不等的黄沙，填塞了淮河干支各流，造成5.4万km²的黄泛区，更破坏了淮河的水系，加重了淮河流域的创伤。此阶段人类活动所造成危害极大，过后遗留了大量的问题，黄河与淮河和洪泽湖体系基本分离。

2.1.1.4　治理开发保护阶段（河湖关系稳定）

1950年10月14日，政务院发布《关于治理淮河的决定》，确立了"蓄泄兼筹，以达根治之目的"的治淮方针。1951年8月，水利部召开第二次治淮会议，会议认为入海水道可暂不开辟。1951年11月，苏北灌溉总渠开挖，接着高良涧闸、三河闸等工程相继开工。1957年，国家计委、水利电力部批准了"分淮入沂、综合利用规划"，开挖淮沭新河，沿程兴建二河闸、淮阴闸、沭阳闸等涵闸工程，利用新沂河相机分泄淮河洪水3000m³/s。经过以上治理，洪泽湖防洪标准得到一定程度提高，水患问题得到初步解决，为湖区周边经济社会的发展和人民的安居乐业提供了良好的条件。1954年淮河发生大洪水，已建工程经受严峻的考验，发挥了显著作用，确保了里运河和洪泽湖堤防的安全，但是也暴露出已建工程防洪标准较低的问题。

1981年1月，洪泽县政府向世界粮食计划署申请援助，1982年4月30日获得批准，对洪泽湖的综合开发由此开始起步。从1983年1月1日项目全面动工到1987年4月项目通过验收，4年的综合开发取得的经济效益非常显著，此外还兴建了道路、泵站，加固了圩堤，工程取得了良好的经济效益和社会效益。

1991年5月21日至7月15日的56d时间内，江淮地区发生了两次集中性降雨过程。这次淮河流域特大洪涝灾害导致淮河流域受灾面积552万hm²，成灾402万hm²。按照治淮会议的任务和要求，制定了相应的集资政策和措施，一个大规模治淮高潮自灾后形成，拉开了第二次治淮的序幕。根据国务院发布的《关于进一步治理淮河和太湖的决定》，确定了治淮19项骨干工程，其中包括入海水道近期工程。入海水道近期工程于 1999 年开工修建，2003 年 6 月完成主体工程，使淮河流域防洪标准得到进一步提高，形成了当前河湖关系（图 2.2）。

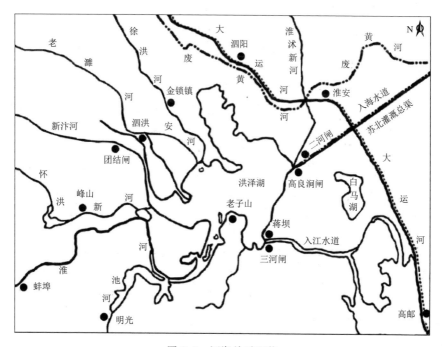

图 2.2　河湖关系现状

2003 年 10 月，水利部适时提出治水思路的"两个转变"——从工程水利向资源水利转变，从传统水利向现代水利、可持续发展水利转变，以水资源的可持续利用保障经济社会的可持续发展。随着湖区周围地区社会经济的发展，这一时期洪泽湖面临的问题也越来越突出，已经危及洪泽湖正常功能的发挥和湖泊的健康生命。洪泽湖面临的主要问题有：①湖面萎缩、湿地锐减；②水质下降；③开发利用布局不合理。

综上，自 20 世纪 50 年代至今这个阶段河湖关系比较稳定，防洪能力逐渐加强，而人类活动使得河湖关系日益密切趋于复杂，不但洪涝灾害突出，而且生态环境及水质问题日益突出，河湖关系涉及的方方面面越来越广。

2.1.2　河湖关系及防洪现状

洪泽湖与淮河的河湖关系是近代研究解决淮河中游洪涝灾害和水资源问题的关键所在。洪泽湖承接淮河上中游所有来水来沙，并通过入江入海水道将其排入江海。淮河水情的变化直接影响着洪泽湖水位的变化，而洪泽湖水位的变化又影响淮河的径流过程。洪泽湖与淮河直接进行水沙交换，两者相互作用，互相反馈。淮河多年平均入湖水量占洪泽湖入湖水量的 86.49%，多年平均来沙量占洪泽湖总来沙量的 86.54%，淮河对洪泽湖的水沙情势起控制作用。洪泽湖入湖径流量多年基本持平，入湖沙量有逐年减少的趋势，但入湖沙量大于出湖沙量，湖区呈淤积趋势。洪泽湖水位变化主要受入湖水量和人工调节的影响，是自然和人工调控相互作用的结果。

淮河流域当前防洪体系按照历次防洪规划，经过近 70 年的治理，已初步形成由水库、河道堤防、行蓄洪区、湖泊和防洪调度指挥系统等组成的防洪工程措施和非工程措施。在当前防洪体系下，中小洪水时，洪泽湖水位较低，但浮山水位较高，高水位持续时间较长。大洪水时，洪泽湖水位较高，浮山水位逼近设计水位，高水位持续时间长，表明中游排洪受洪泽湖水位顶托影响严重，洪水下泄速度慢，浮山洪水位居高不下。淮河干流正阳关至洪泽湖主要防洪保护区在充分运用行蓄洪区和临淮岗洪水控制工程的情况下，尚不足抵御 100 年一遇洪水。下游洪泽湖大堤保护区仅能防御 100 年一遇洪水。泄洪能力上游淮凤集至王家坝为 7000m³/s；中游王家坝至正阳关为 7000～9400m³/s，正阳关至涡河口为 10000m³/s，涡河口至洪山头为 13000m³/s（其中含相机分洪 3000m³/s）。茨淮新河分洪泄洪能力 2300～2700m³/s。怀洪新河分洪泄洪能力 2000～4710m³/s。

淮河流域主要支流的防洪标准为 10～20 年一遇洪水，除涝标准为 3～5 年一遇洪水。目前淮河干流中游的河道治理及堤防加固工程已经实施完成。自 20 世纪 50 年代初提出治理淮河中游河道，在历次规划治理中，主要按设计洪水标准治理淮河干流，治理措施上偏重于设计洪水情况下的行洪安全，对河道安全泄量考虑较少。淮河干流行洪区在达到规定水位时启用，辅助河道行洪。按照目前规定的行洪区启用水位，当淮河干流流量达到 6000m³/s 时，即开始启用行洪区，随着河道流量逐渐增大而增加行洪区使用数量。

经过数十年治理，淮河流域的防洪除涝工作已取得巨大成绩，但由于自然地理特点和社会经济条件的限制，现状防洪减灾体系尚不完善，防洪能力偏低，防洪保护区的防洪标准与社会和经济发展的要求还不相适应，洪涝灾害仍然影响人民生命财产安全，制约本地区国民经济的发展。淮河流域现状防洪减灾体系尚不完备，防洪标准低，工程老化失修，病险建筑物多，行蓄洪区使用频繁，人水争地矛盾突出，行洪区行洪效果差，排涝标准普遍偏低，因洪致涝现象严重，非工程措施不完备。因此淮河流域现状普遍难以防御设计标准洪水，防御中小洪水和除涝的问题也较多，一定范围内的超标准洪水也时有发生，局部发生超标准的涝灾十分频繁。洪泽湖及淮河下游洪水若淮沂遭遇、江淮并涨，在充分利用洪泽湖周边滞洪圩区滞洪的情况下，只能防御约 50 年一遇洪水。淮河流域洪涝关系复杂，即使遭遇 5～20 年一遇的中小洪水，沿淮低标准行蓄洪区必须使用；主要分布在沿淮、分洪河道两侧、河口、滨湖和里下河地区的洼地，也会因洪致涝，洼地积水难以排出甚至洪水倒灌；支流河道防洪标准低，洪水灾害的威胁也较严重。淮河流域现状的防洪除涝形势依然十分严峻。

2.2 淮河与洪泽湖关系演变的影响因素及河湖关系的内涵

2.2.1 影响河湖关系演变的因素

纵观淮河与洪泽湖连通的历史演变过程，可以发现影响河湖关系演变的因素可以分为两类：一类是自然因素，另一类是人类活动。早期自然因素对河湖关系的影响发挥着决定性的作用。然而，随着社会经济的发展，人类活动对河湖演变的干预和影响正变得越来越显著。洪泽湖正是黄河夺淮的自然因素和人类修建高家堰形成的产物，其中自然因素的变化起主要作用，人类活动是在自然因素的制约下对湖泊被动的改造以适应河湖关系。

地质构造、地形地貌、气候气象、水文泥沙等自然因素对河湖关系的演变起控制性作用。地质构造对演变起决定性作用，其特点是剧烈性和突发性。地形地貌的演变是一个渐变的过程，对河湖关系的演变具有累积效应。气候气象变化直接影响河湖水系的水动力条件的变化。水文泥沙的变化对河湖关系的演变起直接作用。人类活动通过直接或间接改变河床边界条件和来水来沙条件，对河湖水系演变的影响越来越显著。

淮河本是一条独流入海的河流。唐代之前，由于地壳断裂产生凹陷，在洪泽湖区域形成了小湖群。历史上黄河曾多次夺淮，在夺淮期间这些小湖群形成一个大型的湖泊，为了保护当地人民的生命财产安全，开始修建高家堰（洪泽湖大堤）。高家堰是洪泽湖完全形成的人为因素，也是决定性因素。随着洪泽湖的形成，淮河的所有水沙均通过洪泽湖排入下游，由入江水道排入长江，由入海水道排入黄海。

2.2.2 河湖关系内涵

淮河中下游地区自然条件特殊，人口、资源、环境压力大。自 1128 年黄河夺淮逐渐形成洪泽湖后，至今淮河中下游地区仍保持着复杂的河湖连通关系，它们之间相互作用，互相制约。淮河中游河道排泄不畅，水位壅高；洪泽湖按除害兴利需求拦洪蓄水，又影响淮河排洪；淮河被洪泽湖堤防拦腰截断，侵蚀基准面抬高，干流中游洪水比降平缓，非经过洪泽湖调蓄不能下泄；干流入湖口门淤浅，洪泽湖底逐渐抬高，河道泄洪能力日趋下降。淮河与洪泽湖的关系在历史的演变中不断发展、变化，两者之间的能量流、物质流、生物流和价值流不停地交换，充分呈现出河湖水系的生命特性。河湖关系的演变受自然因素和人类活动的共同影响。河湖关系的演变又会影响流域内防洪、生态环境保护和水资源利用。正确认识和处理淮河中下游河湖关系对淮河中下游流域的治理具有指导性作用。

与国内外同类河湖关系相比，淮河中下游河湖关系因其复杂的地理因素和气候气象特点构造了具有鲜明特色的河湖关系。淮河与洪泽湖关系的内涵是建立在河湖连通的基础之上，以水沙互馈为媒介，通过水沙交换进行相互作用，以水沙变化为驱动，以河道演变、湖泊演变、入湖三角洲演变、洪泽湖调蓄能力和出湖水道泄流能力变化等为表现形式。

2.2.3　河湖关系演变的表现形式

2.2.3.1　河道演变

天然河流总是在不断发展和变化之中，河流的演变与人类社会的发展密切相关，人类对河流演变的影响越来越大。20 世纪 50 年代随着大规模的治淮工程以及洪水的双重作用，淮河中游河床发生了较大调整，出现冲—淤—冲—淤的交替变化。周贺[8]通过对比分析 1992 年、2001 年和 2010 年实测河道断面资料研究了淮河入湖河道的演变，结果表明浮山至洪山头河道主槽发生了明显的冲刷，洪山头以下河道的冲淤速度较缓，河道支汊没有出现明显的淤积。杨兴菊等[9]利用实测资料分析了淮河中游河道的演变，结果表明淮河中游河道的自然演变比较缓慢，人类活动对河道的演变产生较大的影响。

通过套绘蚌埠闸附近吴家渡站、洪泽湖入湖口附近小柳巷站以及入江水道入口处三河闸站自 2009 年至 2015 年实测的河道横断面图，对河道近年来的演变进行了分析，结果如图 2.3～图 2.5 所示。小柳巷断面和三河闸断面从 2009 年至 2015 年未发生较大的变化，整体表现出局部轻微的冲刷和淤积。吴家渡站断面河床从 2009 年至 2010 年有轻微淤积，从 2010 年至 2012 年表现出轻微的冲刷。但在 2013 年发生了变形，表现为部分河床局部冲刷下切，下切最深处接近 5m。2014 年河床发生了剧烈的变形，河床整体下切剧烈，下切最深处达到 11.2m，主槽面积较 2013 年增大了 1075m² 。2015 年河床部分产生了轻微的淤积。

蚌埠至浮山河段非法采砂现象严重，人工采砂活动对河道断面的影响较大。杨兴菊等[10]通过输沙法和断面法对比分析 2001 年和 2008 年断面资料，得出蚌埠至浮山河段人工采砂量远大于自然冲刷，约 5.3 倍。以蚌埠站为淮河入湖控制点对洪泽湖的入湖水沙变化趋势进行了分析，得出了入湖水量无显著变化趋势，2011—2015 年入湖沙量减少趋势明显。而 2011—2015 年的入湖沙量明显小于 1975—2015 年入湖沙量的平均值，这说明吴家渡断面在 2013 年

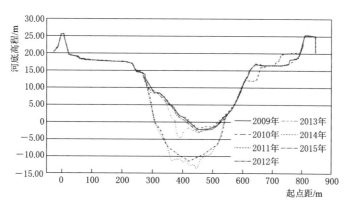

图 2.3　吴家渡站历年实测横断面套绘图

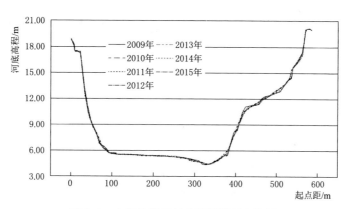

图 2.4　小柳巷站历年实测横断面套绘图

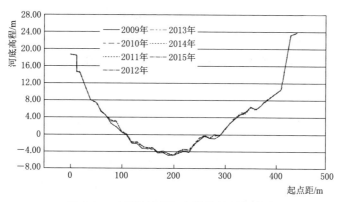

图 2.5　三河闸站历年实测横断面套绘图

和 2014 年的变化主要是由于人工采砂引起的。表明在 2012—2014 年间人工采砂仍然频繁，对河床断面的破坏较大。

2.2.3.2　湖泊演变

黄河夺淮和历代治水的共同作用形成了洪泽湖。洪国喜等[11]分析了洪泽湖入出湖水沙特性，研究结果表明淮河水沙占入湖 80%～90%，对洪泽湖水沙情况起控制作用。范亚民等[12]利用地形图和遥感数据对 1930—2001 年的洪泽湖水域面积变化进行分析，并对 1971—2001 年的湖泊岸线进行定量分析，结果表明 1961 年洪泽湖面积较 1930 年减少了 130.3km²，1971 年较 1961 年减少了 31.99km²，2001 年较 1971 年减少了 154.93km²，洪泽湖水域面积变化主要集中在湖的西部和东北部。

2.2.3.3　入湖三角洲演变

淮河在洪泽湖盱眙北入湖，湖水的顶托导致入湖水流流速减缓，泥沙沉积在入湖口门处，逐渐形成入湖三角洲。根据受水盆地的类型，三角洲一般划分为海相三角洲和湖相三角洲，淮河入湖三角洲属于湖相三角洲。河流、潮汐和波浪是塑造三角洲的动力，根据其动力三角洲又分为河控三角洲、潮控三角洲和浪控三角洲。淮河入湖三角洲的发育受河流与湖泊的共同作用，但由于湖水作用的强度和规模较小，且没有潮汐和波浪作用，因此，洪泽湖入湖三角洲为典型的河控三角洲。

王庆等[13]根据历史文献资料整理了淮河入湖三角洲的形成和演变过程，结果表明淮河入湖三角洲形成于 19 世纪 50 年代。张茂恒等[14]梳理了淮河入湖三角洲的形成、演变以及发展趋势，确定黄河夺淮为其快速成长的主要原因，现代水利工程的建设对淮河三角洲的发展趋势起了重要作用。淮河入湖三角洲的演变受人类活动和自然因素的双重影响，其演变是河流和湖泊相互作用的直接表现。

2.2.3.4　洪泽湖调蓄能力变化

洪泽湖对洪水的调蓄是淮河中游防洪的保障。由于泥沙淤积和人工围垦，导致洪泽湖的面积不断缩小，调蓄能力也在下降。20 世纪 80 年代和 90 年代淮河水利委员会（以下简称"淮委"）和江苏省水利厅分别对洪泽湖区域的地形进行了测量，戚晓明等[15]基于洪泽湖区域的遥感数据对 2000 年后的洪泽湖库容曲线进行了推求，见表 2.1。汛限水位 12.31m 时的库容由 80 年代的 31.27 亿 m³ 减少到 90 年代的 22.15 亿 m³，2000 年后又增加至 27.9 亿 m³。整体而言，洪泽湖汛限水位 12.31m 时库容有所减少，但近年来通过一系列的治理工程使得洪泽湖的库容呈增长状态。洪泽湖防洪库容包括滞洪水位以下的正常调洪库容和滞洪水位以上的需破圩滞洪的滞蓄库容两部分。滞洪水位 13.81m（未滞洪）时洪泽湖的库容由 80 年代的 75.85 亿 m³ 减少到 2000 年后的 50.40 亿 m^3。滞洪水位 14.31m 时（已滞洪）的库容由 80 年代的 88.23 亿 m^3 减少到 2000 年后的 59.68 亿 m^3，设计洪水位 15.81m 时（已滞洪）的库容由 136.37 亿 m^3 减少到 90 年代的 123.68 亿 m^3，可以看出滞洪后的滞蓄库容变化不大。通过遥感数据对洪泽湖库容进行分析时未考虑洪泽湖滞洪和未滞洪时库容的区别，故对于 13.31m 以上的滞蓄库容未进行对照分析。

表 2.1　　　　　　　　　　　洪泽湖实测水位与库容关系

水位 /m	20 世纪 80 年代		20 世纪 90 年代		2000 年后	
	面积/km²	库容/亿 m³	面积/km²	库容/亿 m³	面积/km²	库容/亿 m³
10.81（11.00）	1160.30	6.40	—	4.21	1054.44	6.11
11.31（11.50）	1484.20	13.15	—	8.89	1188.29	12.70
11.81（12.00）	1809.40	21.52	—	15.01	1331.13	21.00
12.31（12.50）	2068.90	31.27	—	22.15	1375.32	27.90
13.81（14.00）（未滞洪）	—	75.85	—	55.51	1730.99	50.40
14.31（14.50）（已滞洪）	—	88.23	—	74.20	1990.36	59.68
15.81（16.00）（已滞洪）	—	136.37	—	123.68	—	—

注　水位为 1985 国家高程基准（括号内水位为废黄河高程）。

2.2.3.5　出湖水道泄流能力变化

出湖水道分 4 路：第 1 路通过三河闸汇入长江，这也是主要出湖水道；第 2 路出高良涧闸经苏北灌溉总渠入黄海；第 3 路出二河闸，经淮沭新河汇入黄海的海州湾；第 4 路出二河新闸经入海水道入黄海。1851 年，黄河和淮河同时发生洪水导致洪泽湖大堤蒋坝处决口，最终在三江营流入长江，初步形成淮河入江水道。自 20 世纪 50 年代开始，我国开始了对淮河入江水道的大规模治理，共经历 3 个阶段。第一阶段，1952 年 10 月动工兴建三河闸，1953 年建成放水，入江水道按设计行洪流量 8000m³/s、高邮湖设计水位 8.31m、三江营设计水位 5.05m 进行治理。1956 年以后，又按淮河流域规划入江水道行洪流量 11000m³/s 的规模进行建设。第二阶段，1969 年冬经国家批准，入江水道按行洪流量 12000m³/s、高邮湖水位 9.31m 进行治理。第三阶段，入江水道的治理按 1971 年设计水位进行巩固，加固了沿线病险涵闸和部分堤防，疏浚了新民滩、庄台河尾端。为了扩大淮河下游洪水出路，1956 年、1969 年、1974 年多次治理入江水道。苏北灌溉总渠于 1951 年 11 月开工，至 1952 年 5 月完工，设计引水流量为 500m³/s，汛期排洪流量 800m³/s。苏北灌溉总渠的建成为废黄河以南、运河以东、里下河地区农田灌溉提供了保障，解决了淮河入海水道问题。淮沭新河连接洪泽湖和新沂河，是一条人工修建的河流，于 1958 年 9 月开工，至 1959 年 6 月做完第一期工程。淮沭新河设计行洪流量 3000m³/s，从洪泽湖二河闸以南入新沂河汇入黄海。淮河入海水道于 1999 年开工，2003 年 6 月完成主体工程，2006 年 10 月通过竣工验收。淮河入海水道的设计行洪流量 2270m³/s，与苏北灌溉总渠平行，经二河新闸至扁担港汇入黄海。

2.3　影响淮河与洪泽湖关系演变的自然灾害及若干重要工程

2.3.1　河湖关系演变历程中发生的几次大的自然灾害

淮河与洪泽湖关系形成其根本原因在于黄河南泛夺淮。1128 年之前，淮河是一条独流入海的河流。中下游沿岸有众多的湖泊洼地，洪水季节可以自然调蓄。1128 年，黄河开始南徙，侵夺淮河河道。1194 年，黄河在阳武故堤决口。从此黄河被分为南北两支，北支由北清河入渤海，南支由泗水夺淮入黄海。由于南支泄洪量大于北支，黄河全流夺淮的局面开始形成。1494 年，太行堤的修筑阻断了黄河北支，固定黄河由泗水经淮河入海，形成了黄河全流夺淮的局面。随着黄河的不断夺淮入海，淮河尾闾开始不断淤积，淮河受黄河的顶托也越来越严重，造成黄河和淮河同时出水不畅，导致黄河频频决口，淮河泄流不畅。1569 年，自武家墩到石家庄修建了长 18km 的高家堰。在之后的时间，高家堰经历了一定程度的修筑和扩建。1679 年，先是将清口至周桥 45km 的旧堤进行增高加厚，然后在周桥至翟坝之间修筑 15km 堤坝，从此淮河之水直入洪泽湖，经洪泽湖下泄。之后，黄河河床逐渐淤高，下游入海出路已经完全被泥沙淤塞，这就造成了 1855 年的黄河大改道。黄河从兰封铜瓦厢决口，由山东利津入海，结束了 700 余年的黄河夺淮历史。但淮河水系也被破坏得千疮百孔。

在黄河改道之前，淮河已于 1851 年在洪泽湖大堤南端冲开决口，自蒋坝由三河经高邮湖、宝应湖，再横过运河，向南流至三江营注入长江。从此，淮河即由入海改道入江，变成长江的支流。淮河改道入江以后，并没有改变它的厄运。由于汛期淮河和长江往往同时发水，长江无法兼收并蓄，而且入江水道比较浅窄，遇到大洪水也排泄不及时，导致每当运河超过一定水位时苏北低洼的里下河地区都会变成一片汪洋。

1938 年，郑州花园口黄河大堤被炸开，迫使黄河改道入淮，又一次造成淮河流域的严重灾难。以后，黄泛之水顺着颍河流到安徽，泛滥于颍河和涡河之间，遍及太和、阜阳、颍上以及亳县、涡阳、蒙城、怀远之间，并泛滥于濉水下游以至江苏境内洪泽湖、高邮湖和宝应湖一带，遍及河南省、安徽省、江苏省 3 省 66 个县（市）。直到 1947 年花园口重新封堵，黄河又回到开封旧道，仍从山东利津入海为止。

2.3.2 河湖关系演变历程中修建的若干重要工程

淮河中下游河湖关系演变除了自然因素影响外，还有人为因素，如修建水利工程，这些水利工程对河湖演变的干预和影响变得越来越显著。1579 年，潘季驯大筑高家堰大堤以"蓄清、刷黄、保运"，迫使淮河水入黄河攻沙，洪泽湖水面初步形成。高家堰大堤是洪泽湖完全形成的人为因素，也是决定性因素。下面再以一些当代修建的重大水利工程为例，这些工程也是影响淮河和洪泽湖之间关系的重要因素。

2.3.2.1 淮河干流上中游河道治理及堤防工程

淮河干流上中游河道治理及堤防工程是淮河流域防洪体系的主要工程措施之一，大规模的河道治理及堤防修筑自 20 世纪 50 年代开始实施。1991 年淮河大水后，国家确定了治淮 19 项骨干工程，其中就包括淮河干流上中游河道治理及堤防加固工程。工程建设的标准和目标为：淮河干流上游圩区堤防的防洪标准提高到 100 年一遇洪水，淮滨设计洪水位 32.5m 时河道行洪能力达 7000m³/s，使王家坝至正阳关之间河道的排洪能力基本恢复到 1956 年实际水平，相应设计洪水位王家坝 29.2m，正阳关 26.4m，王家坝至史灌河口河道行洪能力达到 9000m³/s，史灌河口至正阳关 9400m³/s；正阳关至涡河口设计洪水位涡河口 23.39m、蚌埠 22.48m、浮山 18.35m，相应河道行洪能力达到 10000m³/s、涡河口以下达到 13000m³/s，淮北大堤防洪保护区和沿淮重要工矿城市防洪标准达到 50 年一遇洪水，能安全防御 1954 年型洪水。通过临淮岗洪水控制工程的建设，防洪标准达到 100 年一遇洪水。

2.3.2.2 临淮岗洪水控制工程

淮河中游临淮岗洪水控制工程是淮河流域防洪体系中的一项战略性骨干工程，位于淮河干流中游正阳关以上 28km 处。通过淮河中游临淮岗洪水控制工程的建设，结合淮河干流上中游河道整治及堤防加固工程的实施，可使淮河中游正阳关以下淮北大堤保护区和重要工矿城市防洪标准达到 100 年一遇洪水。临淮岗洪水控制工程是治淮 19 项骨干工程之一，主要建设内容包括主坝 7.34km、南北副坝约 69km 和副坝穿坝建筑物；新建 12 孔深孔闸、临淮岗船闸和 14 孔姜唐湖进洪闸；扩挖上下游引河；加固改建 49 孔浅孔闸。2001 年 12 月主体工程正式开工建设，目前已通过工程验收。

2.3.2.3　怀洪新河工程

怀洪新河是淮河中游一项战略性骨干工程，主要任务是与茨淮新河形成"接力"，分泄淮河中游洪水，扩大漴潼河水系的排水出路，并为灌溉、水产、航运、环境治理创造条件。该工程于 1972 年 5 月破土动工，1980 年停缓建。怀洪新河续建工程是治淮 19 项骨干工程之一，怀洪新河河道堤防高程按淮河干流 100 年一遇洪水分洪 2000m³/s 洪水位确定，出口最大流量 4710m³/s。按 3 年一遇排涝标准确定河道开挖断面，并预留 5 年一遇排涝标准开挖断面的滩地宽度，出口最大排涝流量 1650m³/s。跨河建筑物及穿堤建筑物以 5 年一遇排涝标准设计，淮河干流按 100 年一遇分洪遭遇相应内水标准校核。主要建设内容包括河道扩挖，堤防修筑，修建水闸、桥梁和穿堤涵闸沿线影响处理工程。总计挖河 135km，筑堤 270km，干流节制闸 5 座，支流节制闸 3 座，新扩建桥梁 5 座，接长铁路桥 2 座，穿堤涵闸 100 座，改造排涝泵站 58 座。主要工程量土石方开挖于 1991 年年底开工，目前已修建完成。2003 年汛期共分泄淮河洪水约 16.7 亿 m³，最大分洪流量达 1540m³/s，明显减轻了中游防洪压力，效益显著。

2.3.2.4　洪泽湖大堤工程

洪泽湖是一个湖底高出下游平原地面的"悬湖"，洪泽湖大堤是洪泽湖下游地区 200 万 hm² 农田、2000 万人民安全的重要屏障。自明代高家堰（洪泽湖大堤）修筑后，经历了历代加高加固。1991 年淮河大水后，又对洪泽湖大堤进行了加固。洪泽湖大堤按设计水位 15.81m、校核水位 16.81m 进行加固，地震烈度 7 度设防。主要建设内容包括：三河越闸预留段、菱角塘南堤段、侯儿门堤段、三河上游拦河坝堤段、蒋坝至三河闸堤段等险工险段加固、部分堤防加高培厚；三河闸、二河闸、高良涧闸、洪金洞等沿线建筑物加固等。

2.3.2.5　入江水道工程

入江水道是淮河干流下游主要泄洪通道，位于江苏省淮阴市、扬州市和安徽省天长市境内，上自洪泽湖三河闸下至长江三江营，全长 157.2km。入江水道按行洪流量 12000m³/s，高邮湖水位 9.31m 标准进行设计。入江水道工程的兴建历史由来已久，20 世纪 50 年代初动工修建了三河闸，后历经疏浚扩挖，但其过洪能力仍不能满足需要。入江水道巩固工程是治淮 19 项骨干工程之一，主要建设内容有江苏三河船闸北堤、三河南堤、老运河吹填、运河西堤险工段等堤段堤防加固、块石护坡、堤身灌浆等，新民滩、庄台河疏浚，石港抽水站、太平闸、金湾闸等沿线病险建筑物加固及新民滩、邵伯湖清障等；安徽天长市高邮湖大堤险段堤防加高培厚块石护坡等。巩固工程于 1991 年 11 月开工，1996 年年底已完成。工程完成后，行洪能力得到了提高，对保障淮河下游地区 2.85 万 km² 的工农业生产和 2000 多万人民的生命财产安全起到了十分重要的作用。

2.3.2.6 苏北灌溉总渠工程

苏北灌溉总渠修建于 20 世纪 50 年代初期，西自洪泽湖大堤的高良涧闸，东至扁担港口汇入黄海，全长 169km，是一条以灌溉为主，结合防洪、排涝、航运和发电的多功能水道。

2.3.2.7 分淮入沂工程

分淮入沂工程是淮河下游洪水出路之一，修建于 20 世纪 50 年代末。该工程位于江苏省淮阴市境内，南起洪泽湖二河闸，北至新沂河交汇口，全长 97.5km。按分泄洪泽湖洪水流量 $3000m^3/s$ 入新沂河设计。主要建设内容有堤防黏土灌浆、贴坡反滤等堤防险工隐患处理，堤防块石护坡，淮沭河滩地清障，六唐河船闸、淮阴闸、沭阳闸等二河、淮沭河沿线建筑物除险加固等。分淮入沂续建工程是治淮 19 项骨干工程之一，工程完成后，在淮河发生大洪水时可相机向新沂河分泄洪水流量 $3000m^3/s$，提高洪泽湖抵御较大洪水的能力。

2.3.2.8 入海水道工程

入海水道工程西起洪泽湖大堤二河新闸，沿苏北灌溉总渠北侧与总渠成二河三堤，横穿江苏省淮阴、盐城两市的一个县（市）、区及省属淮海农场，最后注入黄海，全长 163.5km。该工程是承泄洪泽湖洪水的重要防洪工程，配合现有的入江水道、分淮入沂等工程，可使淮河下游和洪泽湖大堤防洪标准近期达到 100 年一遇洪水，远景达到 300 年一遇洪水。入海水道近期工程按洪泽湖 100 年一遇洪水设计，设计行洪流量 $2270m^3/s$；渠北地区除涝标准近期自排加抽排达到 5 年一遇洪水，远景再提高到 10 年一遇洪水。工程内容主要包括河道堤防、移民安置、枢纽建筑物、穿堤建筑物、渠北排灌影响处理及桥梁工程等 6 大部分。2003 年 6 月通过通水阶段验收。2003 年汛期提前启用，共分泄洪泽湖洪水约 44 亿 m^3，最大分洪流量达 $1870m^3/s$，有效地减轻了洪泽湖的防洪压力，避免了滨湖圩区滞洪，提高了洪泽湖的防洪标准和调度灵活性。

除了上述当代修建的若干影响淮河与洪泽湖关系演变的重大水利工程外，还有一些近代和古代修建的水利工程，在此不再一一列举。人类为了改造河湖水系，很早就开始修建水利工程，最早可以追溯到春秋战国时代，这些水利工程是影响淮河与洪泽湖关系演变的重要人为因素，在考虑河湖关系时必须对这种人为影响因素进行充分估量。

2.4 小　　结

对淮河与洪泽湖关系历史演变过程与现状进行了综述，阐述了影响淮河与洪泽湖关系演变的因素，影响河湖关系演变的因素可以分为两类：一类是自然因素，另一类是人类活动。介绍了影响淮河与洪泽湖关系演变历程中发生的几次大的自然灾害及修建的若干重要工程。同时阐明了淮河与洪泽湖关系的内涵是建立在河湖连通的基础之上，以水沙互馈为媒介，通过水沙交换进行相互作用，以水沙变化为驱动，以河道演变、湖泊演变、入湖三角洲演变、洪泽湖调蓄能力和出湖水道泄流能力变化等为表现形式。

第3章

洪泽湖调蓄能力及南水北调东线运行对河湖水位和流量的影响

本章论述了洪泽湖调蓄能力及南水北调东线运行对河湖水位流量影响。首先梳理了洪泽湖对洪水的调蓄过程，将洪泽湖对洪水的调蓄作用分为蓄滞作用和调节作用，结合 1991 年、2003 年和 2007 年的洪水资料，对洪泽湖的调蓄能力进行了分析[7,16]；然后以 2013 年为时间节点，结合淮河及洪泽湖 2010—2012 年及 2016—2018 年各测站水文实测数据，从各水文站水位关系及水面比降分析南水北调东线运行抬高洪泽湖蓄水位对淮河干流及洪泽湖水文情势的影响。

3.1 洪泽湖的调蓄能力

3.1.1 洪泽湖的调蓄过程

洪泽湖对洪水的调控可以人为控制。当预报淮河上中游发生较大洪水时，通过调节洪泽湖出湖水道的下泄流量，使洪泽湖蒋坝水位降低到汛限水位 12.31m 以下（表 3.1）。当洪水来临时，进入湖泊的流量大于出湖流量，洪水不断在湖泊中积蓄，湖水位随之上涨。当洪泽湖水位上涨到 13.31m 时，开始相继启用入江水道、入海水道和苏北灌溉总渠分泄洪水。若洪泽湖水位持续上涨至 14.31m，此时全开三河闸进行泄洪。如果湖泊内水位继续上涨，则需要对滨湖圩区破圩滞洪。当洪泽湖水位超过 14.81m 时，控制三河闸的流量到 12000m³/s。当洪泽湖水位超过设计水位 15.81m 时，利用各出湖水道进行超高强迫行洪，从而控制洪泽湖蒋坝水位不超过校核水位 16.81m。当洪泽湖水位达到甚至超过 16.81m 时，通过入海水道和废黄河之间的夹道地区进行泄洪，以确保洪泽湖大堤的安全。之后，入湖流量开始减少，湖泊的蓄洪量和湖水位在出入湖流量相等时达到峰值。随着入湖流量的进一步减小，湖泊内水位开始降低，蓄水量也随之减小。

表 3.1 　　　　　　　　　　洪泽湖出湖水道设计泄洪能力[17]

蒋坝水位/m	入江水道/(m³/s)	苏北灌溉总渠/(m³/s)	分淮入沂/(m³/s)	入海水道/(m³/s)	合计/(m³/s)
12.31（12.5）	4800	800	0	0	5600
13.31（13.5）	7150	1000	0	1380	9530
14.31（14.5）	10050	1000	2070	2080	15200
14.81（15.0）	11600	1000	2580	2270	17450
15.31（15.5）	12000	1000	2900	2270	18170
15.81（16.0）	12000	1000	3000	2270	18270

注　水位为 1985 国家基准高程（括号内水位为废黄河高程）。

3.1.2　洪泽湖的调蓄作用

湖泊对洪水的调蓄是多方位的作用，不仅将洪水滞蓄于湖泊中，还有削峰作用，表现为对洪水的蓄滞作用和调节作用。湖泊对洪水的蓄滞作用一般以调蓄量表示。但湖泊的调蓄量受洪水特性、洪水起涨前初始水位等诸多因素的影响，无法全面表示湖泊对洪水的蓄滞作用。因此在湖泊调蓄量研究的基础上提出了调节系数，表示一次调蓄过程中湖泊对洪水蓄滞作用的大小。

3.1.2.1　蓄滞作用分析

洪水来临时，洪泽湖水位上涨，因入湖流量大于出湖流量，部分洪水滞蓄于湖泊中，湖水位上涨。随着出湖流量不断增加，入湖流量开始减小，当入湖流量减小至与出湖流量相等时，洪泽湖具有最大的蓄洪量和最高的湖水位。随着出湖流量进一步增加，入湖流量小于出湖流量，湖水位降低，洪水消退，洪水调蓄过程如图 3.1 所示。将入出湖洪水过程线峰前的交点作为调蓄起点，峰后的交点作为调蓄终点，两过程线之间包围的面积为调蓄量。对于在汛期发生过多次洪水的调蓄，在第一个调蓄起点和最后一个调蓄终点之间的任意两个起

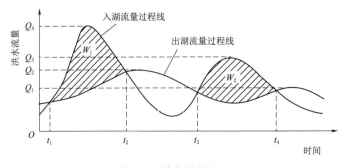

图 3.1　洪水调蓄过程

点和终点之间的最大滞蓄水量为此次洪水过程的调蓄量，其计算公式可以表示为

$$W = \sum_{t=1}^{n} \{[I(t) - Q(t)]\Delta t\} \tag{3.1}$$

式中：$I(t)$ 为入湖流量，m^3/s；$Q(t)$ 为出湖流量，m^3/s；W 为调蓄量，m^3；Δt 为采样间隔时间，s。这里不考虑调蓄过程中湖泊的蒸发量和降雨量。

调蓄量的大小受各种因素的影响，包括湖泊的初始水位、洪水形态以及出湖水道的泄流能力等。出湖水道泄流能力越小，滞蓄在湖泊中的洪水越多，调蓄量越大。而出湖水道泄流能力越强，滞蓄在湖泊中的洪水越少，调蓄量越小。所以仅用调蓄量无法充分反映洪泽湖对不同等级洪水的蓄滞作用。因此在分析洪泽湖对洪水的蓄滞作用时引入调节系数，即一次调蓄过程中调蓄量与其对应时间段的入湖洪水总量之比。调节系数越大，表明湖泊在调蓄过程中滞蓄的水量比越大，对于洪水的蓄滞能力越强。其计算公式可以表示为

$$K_{调} = \frac{W}{\sum_{t=1}^{n} [I(t)\Delta t]} \tag{3.2}$$

式中：$K_{调}$ 为调节系数；其他符号意义同式（3.1）。

近 10 年来，淮河流域淮河水系尚未暴发 10 年一遇以上洪水。1991 年和 2003 年在淮河水系发生洪水的同时沂沭泗水系也发生了洪水，2003 年的洪水量级稍大于 1991 年，2007 年淮河流域发生了与 2003 年洪水量级相当的流域性大洪水。这 3 年的洪水重现期均为 10～20 年一遇。通过选取 1991 年、2003 年和 2007 年三次暴雨洪水，对洪泽湖的调蓄能力进行研究（表 3.2）。从表 3.2 中可以看出，洪泽湖对于 10～20 年一遇的洪水调蓄总量变化不大，均为 30 亿 m^3 左右，但一次调蓄量从 1991 年到 2007 年逐渐上升。1991 年洪泽湖对洪水的调蓄过程有两次，第一次调蓄的洪水量级较小，经过一次泄洪过程之后又迎来了第二次的洪水。第二次洪水量级较大，能够表现洪泽湖对一次大洪水过程的调蓄特征。洪泽湖对洪水的一次调节系数从 1991 年的 0.19 上涨到 2003 年的 0.21 至 2007 年的 0.38，表明洪泽湖对洪水的蓄滞能力不断增强。这也从另一方面说明自 1991 年实施的治淮 19 项骨干工程对提高洪泽湖调蓄能力有显著效果。

表 3.2　　　　　　　　洪泽湖调蓄量及调节系数

年份	入湖总量/亿 m^3	出湖总量/亿 m^3	调蓄总量/亿 m^3	调节系数	备　注
1991	39.07	27.17	11.90	0.30	第一次调蓄
	141.95	114.64	27.31	0.19	第二次调蓄

续表

年份	入湖总量/亿 m³	出湖总量/亿 m³	调蓄总量/亿 m³	调节系数	备　注
1991	239.94	208.34	31.60	0.13	总调蓄过程
2003	141.58	112.33	29.25	0.21	
2007	86.25	53.28	32.97	0.38	

3.1.2.2　调节作用分析

湖泊对洪水的调节作用表现为对洪峰的削减、滞后。湖泊通过对入湖洪水的调节，使出湖洪水过程变得平缓。其中对洪峰的削减可以用削峰系数表示，对洪峰的滞后可以用滞峰时间来表示。削峰作用可以用式（3.3）计算。

$$K_{削} = \frac{I_{\max}(t) - Q_{\max}(t)}{I_{\max}(t)} \tag{3.3}$$

式中：$K_{削}$ 为削峰系数；$I_{\max}(t)$ 为最大入湖洪峰流量，$\mathrm{m^3/s}$；$Q_{\max}(t)$ 为最大出湖洪峰流量，$\mathrm{m^3/s}$。

1991 年淮河流域暴雨过程多且间隔时间较短，洪水起涨和消退较慢，洪水过程在湖泊内持续时间长，洪水表现为"矮胖型"。2003 年淮河流域降雨较大且降雨集中，间隔时间短且强度大，洪水表现为"高瘦型"。2007 年暴雨历时长，降雨范围广，但最大 30d 暴雨介于 1991 年和 2003 年之间，洪水表现为"高瘦型"。表 3.3 为 1991 年、2003 年和 2007 年洪泽湖削峰系数及滞峰时间，从表 3.3 中可以看出洪泽湖对不同类型洪水过程影响差别较大，1991 年的削峰系数与滞峰时间均较大，表明洪泽湖对"矮胖型"洪水的调节作用较强。

表 3.3　　　　　　　　　　　洪泽湖削峰系数及滞峰时间

年份	入湖最大洪峰流量/(m³/s)	出湖最大洪峰流量/(m³/s)	削峰系数/%	滞峰时间/d
1991	12300	9840	20.0	7
2003	14500	12700	12.4	3
2007	14200	11200	21.1	4

洪泽湖出湖水道的泄流能力变化直接影响着洪泽湖对洪水的调节能力。出湖水道泄流能力越大，洪泽湖对淮河洪水的调节作用越强；反之，出湖水道泄流能力越小，洪泽湖对淮河洪水的调节作用越弱。洪泽湖对不同类型和不同组合方式的洪水调节方式是不同的，并且人为可以参与到调洪过程，故洪水过程受人为调控因素和自身形态的共同影响。

表 3.4 和表 3.5 分别为 1991 年、2003 年和 2007 年洪泽湖各出湖水道的最大泄流量和泄流总量。由表中可知，1991 年洪水期间，通过入江水道的泄洪量为 277.9 亿 m³，为同期洪水总量的 84.8%，最大泄流量达到 8450m³/s。

入海水道在 2003 年首次投入使用，共计投入使用 34d，分泄洪水 44 亿 m³，泄流量占二河闸总泄流量的 65.8%，达洪水总量的 14.7%。最大泄流量达到了 1870m³/s，发挥了巨大的作用。入江水道在 2003 年洪水期间泄流量为 216.8 亿 m³，占同期洪水总量的 72.4%。入海水道的投入使用不仅增大了洪泽湖的泄流能力，减轻了入江水道的泄流压力，而且能使通过二河闸的大部分洪水通过入海水道排出，减少了排往沂沭泗水系的水量，能很好地减轻沂沭泗水系和淮河水系洪水并发的风险。2007 年洪水期间，入江水道泄洪量为 315.4 亿 m³，达同期洪水总量的 80.8%。入海水道的泄洪量为 34.1 亿 m³，占同期二河闸泄洪量的 65.8%，占洪水总量的 8.7%，最大泄流量达到了 2150m³/s。虽然 2007 年洪水期间蒋坝最高水位比 2003 年小，但是入海水道的最大泄流量超过了 2003 年的最大泄流量。而入海水道的泄流总量占比的减少则是由于经过治淮 19 项骨干工程的治理，入江水道的泄流能力得到了增强，洪水期间大量的洪水能顺利通过入江水道排入长江。通过对比 2007 年和 1991 年入江水道的泄流量可以看出，虽然 2007 年蒋坝最高水位小于 1991 年，但是 2007 年入江水道的最大泄流量比 1991 年大，表明入江水道的泄流能力有一定的提高。虽然入江水道的泄流能力有了一定的提高，且超过了设计泄流能力，但是洪水期间苏北灌溉总渠和分淮入沂工程尚未达到设计泄流能力，加大了入江水道的泄流压力。

表 3.4　　　　　　　　　　洪泽湖出湖水道最大泄流量

年份	入江水道 /(m³/s)	苏北灌溉总渠 /(m³/s)		分淮入沂工程 /(m³/s)	入海水道 /(m³/s)	蒋坝最高 水位/m
	三河闸	高良涧闸	高良涧电站	二河闸		
1991	8450.00	—	—	1270.00	—	14.08
2003	9420.00	565.00	177.00	1440.00	1870.00	14.38
2007	8920.00	487.00	—	—	2150.00	13.90

表 3.5　　　　　　　　　　洪泽湖出湖水道泄流总量[18-20]

日　　期		入江水道 /亿 m³	苏北灌溉总渠 /亿 m³	分淮入沂工程 /亿 m³	入海水道 /亿 m³	总水量 /亿 m³
		三河闸	高良涧闸（电站）	二河闸		
1991 年	7 月 7—20 日	—	—	8.1	—	8.1
	6 月 28 日至 8 月 16 日	277.9	14.3	35.4		327.6
2003 年	7 月 4—16 日	—	—	—	44.0	44
	7 月 6 日至 8 月 3 日	—	—	17.9	—	17.9
	7 月 4 日至 8 月 6 日	216.8	15.6	66.9		299.3

续表

日　　期		入江水道/亿 m³	苏北灌溉总渠/亿 m³	分淮入沂工程/亿 m³	入海水道/亿 m³	总水量/亿 m³
		三河闸	高良涧闸（电站）	二河闸		
2007 年	7月9—29日	—	—	—	34.1	34.1
	7月9日至8月10日	—	—	7.5	—	7.5
	7月9日至9月12日	315.4	23.2	51.8		390.4

3.1.3　影响调蓄能力的因素

饶恩明等[21]将全国湖泊划分为五个区域，并建立了各区域湖泊洪水调蓄能力与湖面面积的模型，其结果表明湖泊面积越大，湖泊的调蓄能力越强。湖泊的演变往往会引起湖泊对洪水调蓄能力的变化。湖泊的演变受自然和人类因素的共同影响。地质构造运动、泥沙淤积和人类围垦的综合作用会使湖泊的面积和容积发生变化。范亚民等[12]分析了1930年以来洪泽湖水域面积的变化，结果表明洪泽湖的水域面积日益缩小，其中人类活动对水域面积的变化起主导作用。因此研究湖泊调蓄能力的影响因素有助于人类对洪水进一步的控制，能够在人类的控制下引导湖泊向有利于社会活动进行变化。

湖泊的调蓄能力还受到入湖洪水的形态、出湖水道的泄流能力等影响。洪泽湖对于不同形态的入湖洪水的调节能力是不同的，因此对于不同类型洪水的调蓄能力也是存在差异的。出湖水道的泄流能力不仅受到泥沙淤积和人工采砂的影响，还受到长江水位的顶托作用，这对洪泽湖的调蓄能力也会有一定的影响。

洪泽湖调蓄能力的影响因素及其影响程度的大小在互相耦合下导致湖泊调蓄能力的变化。因此，研究湖泊调蓄能力的影响因素以及各影响因素对调蓄能力的影响程度的大小对于分析湖泊的调蓄能力以及通过人为手段适当地改变湖泊的调蓄能力具有重要的意义。

3.2　南水北调东线工程运行对河湖水位和流量变化的影响

3.2.1　调水工程简介

南水北调东线工程从长江干流三江营引水，利用京杭大运河以及与其平行的河道输水，全长1156km，设13个梯级泵站，向黄淮海平原东部、山东半岛地区和京津冀地区提供生产生活用水。供水区内分布有淮河、海河、黄河流域的 25 座地市级及其以上城市，连通洪泽湖、骆马湖、南四湖、东平湖。出东平湖后分两路，一路向北经穿黄隧洞接小运河等河道输水到德州大屯水库，再至京津冀地区；另一路向东经山东半岛输水干线输水至威海米山水库。

南水北调东线一期工程主要供水目标是解决调水线路沿线和山东半岛地区的城市及工业用水，为了更大地发挥湖泊的调节作用，在《南水北调工程总体规划》中，提出了东线第一期工程将洪泽湖非汛期（10 月至次年 5 月）蓄水位由 12.81m 抬高至 13.31m，这可增加调节库容 8.2 亿 m³，效益非常显著。因此洪泽湖将成为南水北调东线输水干线上的主要调蓄湖泊之一，可增加淮河弃水的利用量，将充分在南水北调水资源优化配置中发挥重要作用并带来巨大效益。

对于其不利影响，因淮河干流入湖段本身呈倒比降，因此随之而来的负面影响主要是淮河干流受到洪泽湖水位顶托作用更加严重，必将影响淮河及洪泽湖流域的洪水下泄，以致使得该区域排涝更加困难，致使低洼地区淹没，从而加重沿洪泽湖入湖河道、周边圩区及低洼地区的洪涝灾害，对周边地区及人民的生产生活造成不利影响和较大损失。

3.2.2 调水工程运行前后河湖水位流量变化

自 2013 年年底开始，南水北调东线一期工程完成后，洪泽湖正常蓄水位已提高到 13.31m，较之前的蓄水位 12.81m 提高了 0.5m。因此以 2013 年为时间节点，结合淮河及洪泽湖 2010—2012 年及 2016—2018 年各测站水文实测数据，从各水文站水位关系及水面比降分析南水北调东线运行抬高洪泽湖蓄水位对淮河干流及洪泽湖水文情势的影响。

蒋坝站各年度非汛期实测水位如图 3.2 所示，由图可以看出，抬高洪泽湖蓄水位后，蒋坝站水位有明显的升高，平均水位由蓄水前的 12.96m 增加到蓄水后的 13.25m，抬高了 0.29m。这将会使洪泽湖及淮河干流周边 14.81m 以下圩区基本失去自排机会，全部靠抽排。加之外水位的抬高，圩堤渗漏量也会加大，泵站将不间断长时间的开机排除涝水，会加重装机负荷，增加排涝抗洪成本，致使农民及周边群众加重生产生活负担。

抬高蓄水位前后洪泽湖非汛期实测水位变化见表 3.6。由表 3.6 可以看出，自洪泽湖抬高蓄水位后，淮河干流浮山站及洪泽湖老子山站、蒋坝站各特征水位均有明显提高。以老子山站水位为例，抬高蓄水位前，2011—2012 年非汛期其平均水位为 13.03m，最高水位为 13.57m，最低水位为 12.27m；抬高蓄水位后，2017—2018 年非汛期其平均水位为 13.53m，最高水位为

13.91m，最低水位为 13.29m，均较 2011—2012 年非汛期各特征水位有明显提高，分别增加了 0.5m、0.34m 和 1.02m，这表明抬高洪泽湖蓄水位后明显抬高了老子山水位，水位增幅较为明显。

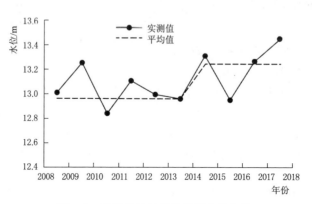

图 3.2　蒋坝站各年度非汛期水位变化

表 3.6　　　　　　　　　抬高蓄水位前后洪泽湖非汛期实测水位　　　　　　　　单位：m

测站	水位	抬　高　前		抬　高　后	
		2010—2011 年	2011—2012 年	2016—2017 年	2017—2018 年
浮山	平均水位	12.88	13.15	13.57	14.13
	最高水位	13.93	13.74	15.71	16.43
	最低水位	12.02	12.52	11.53	13.35
老子山	平均水位	12.56	13.03	13.29	13.53
	最高水位	12.95	13.57	13.87	13.91
	最低水位	11.99	12.27	11.52	13.29
蒋坝	平均水位	12.84	13.10	13.27	13.45
	最高水位	13.48	13.62	13.79	13.72
	最低水位	12.03	12.48	11.50	12.96

利用浮山站及老子山站 2010—2012 年及 2016—2018 年日实测水位，对两测站日水位关系进行了分析，如图 3.3 所示。由图可以看出，抬高蓄水位后，非汛期大部分水位明显提高，这进一步表明抬高蓄水位后，明显抬高了淮河干流浮山站及洪泽湖老子山站水位。而且还可看出浮山站与老子山站水位关系拟合曲线的斜率 k 值由 0.8076 增加至 1.6348，表明老子山站水位每抬高 1m，浮山站水位变化由原来的 0.8076m 增加至 1.6348m，这说明浮山站受洪泽湖水位顶托作用更加严重，非汛期期间，淮河干流更加难以注入洪泽湖，容易造成淮河干流入湖段洪涝及次生灾害的发生。

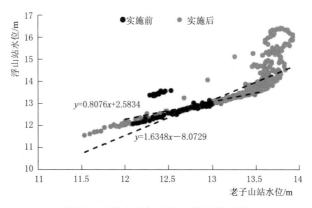

图 3.3　浮山站与老子山站水位关系

利用老子山站及小柳巷站 2010—2012 年及 2016—2018 年日实测水位、流量数据，对两测站日水位与流量关系进行了分析，如图 3.4 所示。抬高洪泽湖蓄水位后，必定会抬高非汛期洪泽湖水位，加上其对淮河干流的顶托作用，将会影响到淮河干流入湖流量。由图 3.4 可以分析得到，抬高洪泽湖蓄水位后，老子山站水位与小柳巷站流量关系发生较大变化，可以明显看出，老子山站水位与小柳巷站流量关系变化趋势线由原来的单一缓型曲线变为陡增的多项式曲线，这更进一步加重了淮河干流受洪泽湖水位顶托的影响。

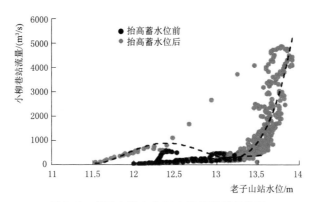

图 3.4　老子山站水位与小柳巷站流量关系

3.3　小　　结

本章论述了洪泽湖调蓄能力及南水北调东线运行对河湖水位流量影响，得出以下结论：

（1）通过分析洪泽湖调洪过程，研究洪泽湖对洪水的调蓄量和削峰作用，提出了能更准确表示湖泊对洪水滞蓄作用的参数——调节系数。根据洪泽湖调蓄洪水的特点，提出出湖水道的泄流能力也是湖泊调蓄能力的一项指标。研究结果表明，洪泽湖的调蓄能力自 1991 年以来逐渐增强，但出湖水道的泄流能力尚未达到设计泄流能力。通过分析影响洪泽湖调蓄能力的因素，表明人类活动对洪泽湖调蓄能力的影响起主导作用，适当的人类活动能增强湖泊的调蓄能力。在调洪过程中，由于洪泽湖出湖水道的泄流能力未达到设计泄流能力，建议采取适当的措施增强出湖水道的泄流能力，提升洪泽湖对洪水的调节能力。

（2）南水北调东线工程运行抬高洪泽湖蓄水位后，老子山站水位与小柳巷站流量关系发生较大变化，可以明显看出，老子山站水位与小柳巷站流量关系变化趋势线由原来的单一缓型曲线变为陡增的多项式曲线，这更进一步加重了淮河干流受洪泽湖水位顶托的影响。

第4章

淮河入洪泽湖段岸滩及三角洲时空演变

基于 1985—2019 年间 9 幅非汛期（10 月至次年 1 月）遥感图像，对淮河入洪泽湖段的岸滩进行了水边线提取，从洲滩面积、发育方向、形状指数以及岸线几方面研究分析了淮河入洪泽湖段岸滩及入湖三角洲演变的变化趋势，并且结合入出湖水沙量、人口数量和耕地面积、湖流等方面简要分析了岸滩变化的驱动因素[22-23]。

4.1　研究区域及数据来源

4.1.1　研究区域

研究区域以现代淮河入湖段洲滩存在的范围为依据，起于码头村直至马浪岗附近的河湖交汇区域（东经 118°14′4″~118°41′34″，北纬 32°56′39″~33°14′54″），如图 4.1 所示。主要经过淮安市的太平乡、河桥镇、古桑乡、官滩镇、老子山镇等乡镇，处于盱眙县、洪泽区两大行政区域之中。淮河入洪泽湖三角洲雏形大约形成于 19 世纪 50 年代，主体形成于 1947 年黄河北归后[13-14]。区域河段属于分汊河型，洲滩棋布，主要分为左右两汊河道（溜子河和淮河主汊），部分河段甚至达 3~4 汊。该地区以第四系全新河湖相漫滩沉积地层为主，土壤以粉质黏土、粉沙及沙为主。气候属于亚热带和暖温带半湿润季风气候区，为南北气候的过渡地带，季风气候明显、冷暖和旱涝转变突出。该区域动植物资源丰富，以八段沟为界限将入湖段洲滩分为前后两段，后段是渔业的主要生产基地，其上养殖的有鱼、虾、蟹、贝类等，此外还栖息有丹顶鹤、白鹤、天鹅、白额雁、灰鹤等珍稀动物，是我国南方重要的水鸟迁徙停歇地和越冬地，湿地资源极为丰富。

4.1.2　数据来源

4.1.2.1　美国陆地卫星简介

美国陆地卫星 Landsat 是地球资源卫星系列，从 1972 年 7 月 23 日发射 1

号星以来，截止到 2021 年共发射 8 颗（第 6 颗发射失败），其作用是观察与探测地表资源信息和环境变化。表 4.1 是 Landsat 卫星遥感数据主要参数。陆地卫星由于覆盖面积大、同步性能好、便于动态监测等优点，自发射以来即被用于岸线动态的研究[24-26]。

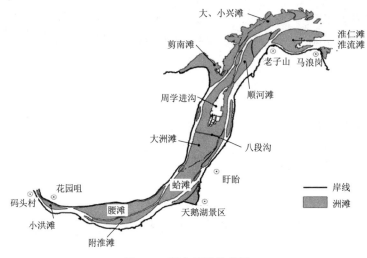

图 4.1　研究区域示意图

表 4.1　　　　　　　　Landsat 卫星遥感数据主要参数

卫星参数	Landsat1	Landsat2	Landsat3	Landsat4	Landsat5	Landsat7	Landsat8
卫星高度/km	915.0	915.0	915.0	705.0	705.0	705.0	705.0
倾角/(°)	103.143	103.155	103.155	98.9	98.2	98.2	98.2
经过赤道的时间	8：50am	9：03am	6：31am	9：45am	9：30am	10：00am	10：00am
重复周期/d	18	18	18	16	16	16	16
扫幅宽度/km	185	185	185	185	185	185	185
携带传感器	MSS	MSS	MSS	MSS、TM	MSS、TM	ETM+	OLI
发射时间	1972 年 7 月 23 日	1975 年 1 月 22 日	1978 年 3 月 5 日	1982 年 7 月 16 日	1984 年 3 月 1 日	1999 年 4 月 15 日	2013 年 2 月 11 日
运行情况	1978 年 退役	1982 年 退役	1983 年 退役	1983 年 TM 失效	2013 年 退役	2003 年 SLC 故障	仍然运行中

　　第一代陆地卫星发射了 Landsat1～Landsat3 共 3 颗卫星。3 颗卫星的星体形状和结构基本相同，其轨道设计高度为 915km，运行周期约为 1.72h。每幅图像的覆盖面积是 183km×98km，相邻两幅重叠 14km。在 Landsat1～Landsat3 发射成功的基础上，美国又先后发射了 Landsat4～Landsat5，并在技术上

做了改进。除了平台增加了多任务模块外，轨道高度下降为 705km，这使得 TM 波谱范围扩大和波段范围变窄，提高了波谱分辨率（地面分辨率为 30m），运行周期也降为 1.65h，重复周期为 16d。Landsat7 轨道参数与 Landsat4～Landsat5 基本相同，其主要特点是增加了一个 15m 空间分辨率的全色波段，与此同时热红外波段也由 120m 分辨率提高到 60m。2013 年 2 月 11 日，NASA 又发射了 Landsat8 卫星，Landsat8 在空间分辨率和光谱特性等方面与 Landsat7 保持了基本一致，Landsat8 上荷载了 2 个主要仪器：OLI（陆地成像仪）、TIRS（热红外传感器）。OLI（陆地成像仪）可以在全色图像上更好区分植被和非植被区域；同时新增两个波段应用于海岸带观测和云检测。Landsat8 上携带的 TIRS（热红外传感器）主要用于收集地球两个热区地带的热量流失，目标是了解所观测地带水分消耗。

4.1.2.2　遥感影像资料的选取

本次研究属于长时间多时相研究，从研究的范围、目的及精度等多方面比较，考虑到 Landsat 卫星系列数据具有存档数据较多、覆盖面较广、易于收集等优势，选取了 Landsat 卫星系列数据。由于 Landsat7 ETM＋机载扫描行校正器突然发生故障，导致获取的图像出现数据重叠和大约 25% 数据丢失，因此 2003 年 5 月 31 日之后的 Landsat7 所有数据都是异常的 [图 4.2(a)]，需要采用 SLC－off 模型对条带进行修复，而条带修复后对水边线识别影响较大，图 4.2（b）中条带修复后框线范围内水边线缺失，故本次研究剔除了这些数据。

 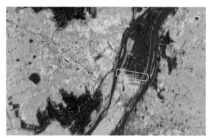

(a)条带缺失　　　　　　　　　　　　　　　(b)条带修复后

图 4.2　ETM 遥感卫星图

为了更加细致的研究洲滩变化，收集了 1985—2019 年淮河入洪泽湖河段的 TM 和 OLI 影像资料，影像时间间隔采取 2～5a，同时考虑到非汛期河滩的水陆边界较为清晰且易于监测的优点和为了减小水位变化所造成的不具可对比性和伪变化，所有数据均选择在水文条件近似、河道滩槽分明、云量较少的 10 月至次年 1 月内，来源于 USGS 网站（www.gscloud.cn），所选卫星影像成像及河道水位详情见表4.2，选取老子山站的水位数据作为误差分析的依据，其水位范围为12.66～13.40m，老子山站水位差相较于该段河道年内水位差（3～4m）起伏不大，加之大部分洲滩有稳定的堤防，相对于图像分辨率的限制所引起的误差影响可以忽略不计。

表 4.2　　　　　　　　　　遥　感　数　据　详　情

数据日期	卫星传感器	条带号	行编号	分辨率/m	老子山站水位/m
1985-11-18	Landsat4～Landsat5/TM	120	37	30	12.74
1990-10-31	Landsat4～Landsat5/TM	120	37	30	12.66
1995-12-23	Landsat4～Landsat5/TM	121	37	30	12.97
2000-10-10	Landsat4～Landsat5/TM	120	37	30	13.19
2005-10-31	Landsat4～Landsat5/TM	121	37	30	13.23
2009-10-03	Landsat4～Landsat5/TM	120	37	30	13.27
2013-12-01	Landsat8/OLI	120	37	15	12.71
2017-12-19	Landsat8/OLI	120	37	15	13.40
2019-01-16	Landsat8/OLI	120	37	15	13.19

4.2　遥感图像处理和提取方法

4.2.1　图像预处理

为了将原始图像转换为直接可用的图像，需要进行遥感预处理。主要操作有几何校正、数据重采样、辐射定标、大气校正、图像增强、平滑滤波、最大蒙版的确定、多区域图像分割等。利用2018年航摄的正射影像为基准影像，利用特征显著的同名控制点和多项式纠正模型进行图像的几何精度校正，将TM数据采用三次卷积算法重采样至与OLI数据同样的15m空间分辨率，以避免影像精度不同所带来的误差，几何配准精度控制在0.5个像元以内（即控制点的RMS误差不超过7.5m），符合图像变化检测的定位精度要求，处理后的影像坐标系统为WGS84投影坐标系。

4.2.2　提取方法

4.2.2.1　水边线的提取方法

由于单一的像素值并不能得到理想的图像信息，需要通过像素值之间的关系来体现，而图像分割就是第一步。图像分割方法主要有以下几种。

（1）阈值分割法[27]：基本原理是根据灰度直方图分布特性进行分割，缺陷是对背景和目标地物灰度值差异较大的图像处理结果较差，提取结果精度不高而且对噪声比较敏感，鲁棒性不高。

（2）区域分割法[28]：基于区域的分割方法是以直接寻找区域为基础的分割技术，该类算法对某些复杂物体或复杂场景的分割或者先验知识不足的图像分割效果较为理想。

（3）分水岭算法[29]：分水岭算法是一个非常好理解的算法，其概念和形成可以通过模拟浸入过程来说明。分水岭对微弱边缘具有良好的响应，图像中的噪声、物体表面细微的灰度变化都有可能产生过度分割的现象。

（4）边缘检测法[30]：边缘检测的图像分割算法通过检测包含不同区域的边缘来解决分割问题，可以说是人们最先想到也是研究最多的方法之一。边缘算子有很多种，主要有梯度、拉普拉斯、LOG、DOG、Canny 等。

（5）主动轮廓模型法（active contour models）[31]：这种方法是图像分割的一种重要方法，具有统一的开放式的描述形式，在实现主动轮廓模型时，可以灵活地选择约束力、初始轮廓和作用域等，以得到更佳的分割效果，所以主动轮廓模型方法受到越来越多的关注。这种动态逼近方法所求得的边缘曲线具有封闭、光滑等优点。

以快速而有效的提取水边线为目的，边缘检测法与简单的阈值分割法、区域分割法、主动轮廓模型法等相比，具有提取结果边缘较为完整、边界定位准确、提取效率较高等优点。最终选定边缘检测法作为提取方法。同时为提高水陆分离的效果，采取水体指数增强处理技术，MNDWI 水体指数作为水陆分离指标，其对水陆分界线的定位较准且在水边线提取领域取得了广泛的应用。在 IDL 编程语言的支持下实现了 Canny 边缘工具的编写，并利用该工具进行了水边线的提取。改进的归一化差异水体指数公式为

$$MNDWI = \frac{Green - MIR}{Green + MIR} \qquad (4.1)$$

式中：Green 和 MIR 分别为绿波段、中红波段。

4.2.2.2 洲滩水边线的解译标志

洲滩轮廓线是指常年形成的洲滩与河流或湖泊紧邻的水涯线，非雨季水涯线与常水位岸线的位置差别不大，判绘时可用水涯线代替岸线，即洲滩水边线。淮河常年入洪泽湖的水沙量占洪泽湖来水来沙量约8成，入湖三角洲属于河控型三角洲，潮汐与波浪作用较弱，三角洲前缘呈鸟足状。从实物角度来讲，是指在两岸防洪大堤和自然岸线的河流范围内，除去大面积相连的水面及与水体紧密相连纹理不深的湿地种类包括部分养殖塘与沟渠，余下即为洲滩部分，洲滩及地表解译标志和计算规则见表4.3。

41

表 4.3   洲滩及地表解译标志和计算规则

种类	解译图像	形状纹理	颜色标志	是否计算在洲滩内
湖泊		斑块面积较大,分界线明显	明亮的浅蓝色或者深蓝色	不计算在洲滩面积内
河流		斑块呈条带分布且较长,分界线较为平滑连续	浅蓝色至深蓝色	不计算在洲滩面积内
养殖塘、水田		斑块呈块状、网格状分布,边界线较为规则	深蓝色或者黑色,旁边一般有路和沟分布	围网或者边界较为连续或者闭合时计算在洲滩面积内
沟渠		斑块呈狭窄的条带状,有闭合端	深蓝色或者黑色,有一端或者两端被包围在洲滩内	只要沟渠有一端或者与河道或者与湖泊紧密连通时不计算在洲滩面积内
覆盖植被的白泥洲		无明显规则形状,边界线比较复杂	浅绿色、浅红色、暗红色或者褐色,靠近湖泊或河道	边界较为连续或闭合时计算在洲滩面积内
城镇居民用地		斑块呈辐射状分布,边界线没有规则	白色、蓝绿色,旁边一般伴有公路、大桥等	计算在洲滩面积内

4.2.3   后处理及精度验证

由于边缘检测法提取后的边缘依然达不到理想的效果,采取人机交互进行边缘修正平滑和填充空洞来优化提取结果。最终将得到的边缘信息转化为图层，结合 ArcGIS 统计分析功能统计出洲滩的面积、平面特征（重心移动方向、形状指数），再采用以上特征来说明洲滩的变化趋势。采用人工选取随机点的统计方法对提取的水边线进行精度评价，最终统计结果见表 4.4，表中数据为各个距离范围内随机点的个数。

表 4.4 水边线提取精度评价

年份	距 离/m							提取精度/%
	−60～−45	−45～−30	−30～−15	−15～15	15～30	30～45	45～60	
1985	2	0	7	171	14	4	2	85.5
1990	1	2	1	175	13	5	3	87.5
1995	5	2	4	173	8	4	4	86.5
2000	1	4	2	178	10	1	4	89.0
2005	0	2	5	180	8	4	1	90.0
2009	0	1	6	180	11	2	0	90.0
2013	0	3	1	187	7	2	0	93.5
2017	0	3	4	185	6	2	0	92.5
2019	0	2	2	190	6	0	0	95.0

在每幅原始图像基于解译规则沿岸滩边界线随机均匀拾取 200 个点。随后，计算每个随机点到提取水边线的最短距离，若随机点在陆地内侧，则其距离值为正；反之在水域一侧，为负。考虑到判读误差及几何位移误差，将评价距离指标界定一个像元以内（即距离为 −15～15m），计算随机点位于指标内的概率作为提取精度，提取精度均在 85.0% 以上，满足研究需要。

4.3 入湖段岸滩时空演变

4.3.1 入湖段岸滩近三十年的时空演变

4.3.1.1 入湖段洲滩的变化趋势

按洲滩相连的紧密程度、地物类型的相似度、灰度图像变化程度进行多区域分割，以八段沟为界将洲滩分为前后两大部分（图 4.1），共计约 30 块洲滩。其中地名按照卫星地图所记载确定，部分洲滩因没有查阅到名字，故而以邻近地名来命名。前段共分为 17 块，主要包括小洪滩、腰滩、附淮滩、蛤滩、蛤瓢滩、荷叶滩、牌坊滩、小佐滩、小溪滩、小洲滩、大洲滩、外溜子滩等。后段共分为 13 块，主要包括兴隆滩、剪南滩、家菱滩、顺河滩、丁滩、贾滩、小兴滩、大兴滩、淮仁滩、淮流滩、新滩等。1985—2019 年入湖洲滩面积变化如图 4.3 所示。

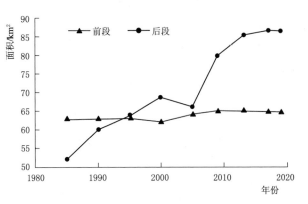

图 4.3　1985—2019 年入湖洲滩面积变化

由图 4.3 可得出 1985—2019 年的洲滩面积变化如下：洲滩前段、后段的面积均呈先上升后下降再上升的趋势。前段从 1985 年的 62.742km² 缓慢增长到 1995 年的 62.991km²，增长速度约 0.008km²/a。在 1995—2000 年间稍有缩减，减小 0.939km²，2000—2013 年间呈扩张趋势，13 年扩张约 2.756km²，2013—2019 年面积变化不大。后段从 1985 年的 51.883km² 快速增长到 2019 年的 86.432km²，增长速度为 1.016km²/a。在 1985—2000 年间快速增长 16.434km²，而在 2000—2005 年间略有缩减，从 2005 年开始直至 2013 年结束，8 年急剧扩张 19.164km²，约占变化前面积的 1/3。2013—2019 年期间面积增长速度明显下降。从整体来看，1985—2019 年入湖段洲滩呈扩张趋势，后段洲滩平均扩张速度为前段的 18 倍，因前段多为沙洲，而后段多为处于发育中的心滩，且后段倒比降更为严重，逆坡淤积更快。故而前段较为稳定，整体发育规律为 2013 年后趋于稳定。

由于单一的面积变化无法说明洲滩的发育方向和形状变化，因此引入平面特征来加以具体描述。入湖段洲滩平面特征包括洲滩的重心移动方向、形状指数，其中重心的移动方向代表着洲滩的发育方向，其偏移量代表着洲滩整体的偏移量。形状指数引用表征斑块形状的两个指数 SI_1 和 SI_2，分别为[32]

$$SI_1 = \frac{P}{A} \tag{4.2}$$

$$SI_2 = \frac{P}{2\sqrt{\pi A}} \tag{4.3}$$

式中：SI_1 为洲滩周长面积比；P 为洲滩周长，km；A 为洲滩面积，km²；SI_2 为洲滩与等面积的圆周长的比值。

指数 SI_1 表征洲滩破碎程度，该指数越大，洲滩越破碎和不规则。指数 SI_2 表征岸线的发育系数，该指数越大越有利于鱼类养殖和水生植物生长；该指数越低，人类活动越剧烈。

入湖段三角洲众多且大小差距较大，面积小且形状偏狭长的洲滩的指数值偏大，所以两个指数以各个洲滩的面积为权重进行加权计算，为了将洲滩重心的移动方向能够清晰表达，以 WGS84 大地投影坐标系表示其偏移距离。由图 4.4 可得出 1985—2019 年入湖洲滩发育方向。

(1) 前段洲滩 1985—2019 年整体平移趋势偏向东南，虽有往复但是偏移量不大。1995—2000 年偏移最为明显，东偏 160m、北偏 40m；而后 2000—2005 年又偏向西南折回，西偏 111m、南偏 80m，均是先呈偏西南而后又偏东北最终折回西南的往复式移动趋势，偏移量也在逐渐减小。从平面特征来讲，近十几年来前段洲滩也逐渐趋于稳定。

(2) 后段洲滩 1985—2019 年整体平移趋势偏向东北，往复性较前段并不

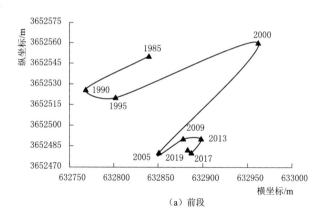

（a）前段

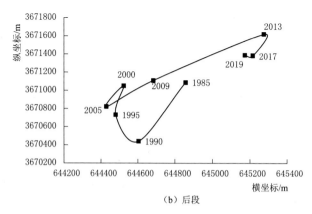

（b）后段

图 4.4 （一） 1985—2019 年入湖洲滩发育方向

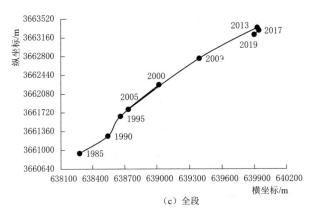

（c）全段

图 4.4（二）　1985—2019 年入湖洲滩发育方向

明显但偏移量较大。1995—2019 年重心有明显向东北延伸趋势，东偏 691m、北偏 660m，说明该段心滩不断向湖中发育。在 2013 年洲滩发育速度减缓后，部分洲滩如淮仁滩和淮流滩、新滩及其东侧心滩仍有向东侧洪泽湖方向扩张的趋势。1985—2019 年除 2000—2005 年整体洲滩一直向东北方向发育延伸，东偏 1621m、北偏 2277m，但 2013—2019 年较为稳定，偏移量不大。

由图 4.5 可得出 1985—2019 年的洲滩形状指数变化如下：

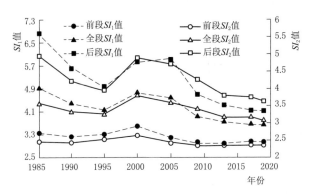

图 4.5　1985—2019 年入湖洲滩形状指数变化

（1）前段洲滩平面形状整体变化不大，后段洲滩平面形状与之相比变化程度较大。前段洲滩 1985—2019 年 SI_1 值与 SI_2 值的变化趋势相同，原因是两者有一定的相关性，1985—1990 年与 2000—2017 年两个指数都呈减小的趋势，在此期间三角洲的破碎度逐渐减小，洲滩上的连接河道或湖水的沟渠逐渐闭合，而且形状逐渐趋于规则；但 1990—2000 年两个指数呈略微增大趋势，这与这十年内来水丰枯季节的频繁交替有关[33]，引起了部分洲滩如附淮滩被侵蚀，导致其原来较为完整的洲滩被切割成一些细碎的小块洲滩，从而形状变得不规则。前段洲滩除去腰滩的洲头被冲刷和天鹅湖景区左侧洲滩出现大幅度扩张外，其余大部分洲滩的洲头洲尾均有向洲的两端略微延伸的趋势。2019 年与 2017 年相比，指数变化不大。

（2）后段洲滩 1985—2019 年 SI_1 值与 SI_2 值的变化趋势不太相同，1985—1995 年 SI_1 值与 SI_2 值的变化趋势均呈减小趋势，说明洲滩在河床自然演变下形状趋于闭合与规则；2000—2005 年 SI_1 值呈上升趋势而 SI_2 值却呈下降趋势，说明该段时间内后段洲滩受人类活动影响较大；有发育趋势的三角洲主体部分逐渐闭合、形状趋于平滑和规则，而其发育前端由众多碎小的洲滩组成却尚未连成一片，即其新发育的部分未与主体洲滩形成一个整体，所以破碎度有所增加，2013 年后洲滩形状未发生较大改变。

4.3.1.2 入湖段岸线和河流的演变概况

提取河道洲滩特征后并对部分岸线和河道的变化进行了分析，通过绘制不同时期的岸滩线（图 4.6）可发现：

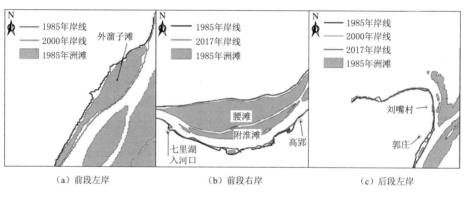

（a）前段左岸　　　　　（b）前段右岸　　　　　（c）后段左岸

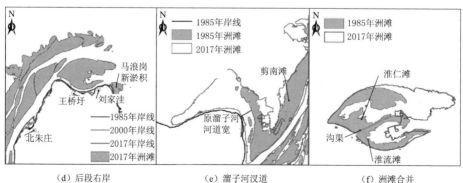

（d）后段右岸　　　　　（e）溜子河汊道　　　　　（f）洲滩合并

图 4.6　1985—2019 年入湖岸滩线变化

（注：2019 年岸滩线与 2017 年岸滩线重叠，所以图中只画了 2017 年岸滩线）

47

(1) 岸线方面：部分靠岸的洲滩淤积并发生并岸。前段洲滩左岸主要发生在外溜子滩处 [图 4.6 (a)]，从 1985 年的独立洲滩逐渐按照洲头方向到洲尾方向与左岸合并，直至 2000 年并岸完成；前段洲滩右岸淤积集中在从七里湖入淮河口左侧至高郓一带 [图 4.6 (b)]，边滩侵占原有河道，侵占最宽处可达 500m 左右，2013 年之后基本稳定。后段洲滩左岸在 1990—1995 年期间从左岸开始至郭庄一带出现并岸淤积及人工围垦的痕迹 [图 4.6 (c)]，直至 2009 年岸线形状基本闭合，2009—2017 年在龙河与溜子河交叉处发生淤积；后端洲滩右岸主要集中在北朱庄一带和王桥圩—刘家洼一带 [图 4.6 (d)]，增加部分主要为养殖塘和农田等人工围垦区域，2013—2017 年马浪岗东侧新淤积滩地有并岸趋势。2017—2019 年岸线无明显变化。以上围垦区域多发生在岸线较为曲折之处，说明岸线曲折多变处人类活动较强，且左汊边滩淤积较为严重，其原因是左汊溜子河与右汊相比含沙量较高，分流比却较小约占全部过流量的 4 成所致[34]。

(2) 河流方面：一些过流河道由于洲滩的发育淤积经历了由宽阔多汊至窄细的变化，例如溜子河分支河道 [图 4.6 (e)]。由于剪南滩区域的淤积，主汊由原来 700m 左右的河道缩窄到 30m（最窄处）以下；而部分滩地之间的细小沟渠也在逐渐缩窄，甚至有的过水沟渠因为滩地合滩趋势而消失，如淮仁滩和淮流滩之间的沟渠 [图 4.6 (f)]。入湖河道行洪效率在不断地下降是由于左汊淤积，而入湖左汊河道淤积的主要形式为左岸边滩扩张。

4.3.2　入湖三角洲的历史演变

自从 1194 年黄河在河南阳武决口南侵夺淮，使得散布在淮河右岸的泥墩湖、万家湖、富陵湖、白水塘、破釜塘等这些小型湖塘连为一体，于 1422 年修筑高家堰最终形成洪泽湖。洪泽湖形成后，淮河入湖后受湖水顶托而流速减慢泥沙落淤形成三角洲，其雏形大约形成于 19 世纪 50 年代。现代三角洲起点位于浮山附近 [图 4.7 (a)]，1880 年时存在大柳巷滩、鲍家滩、寇家滩等心滩；在沉积作用下三角洲不断向湖区发育，直至 1920 年大柳巷等滩范围扩大，鲍家滩和寇家滩并岸，形成冯公滩和赵公滩两个新的洲滩，而且在赵公滩以下有水下浅滩形成 [图 4.7 (b)]；1938 年黄泛前上述各洲滩已并岸，原本宽阔的淮河变窄，洪山头附近以下有杨家滩、牛尾滩、河瓢滩、大西滩和尺顷地滩形成 [图 4.7 (c)]；1947 年黄泛结束后大淤滩、淤滩、顺河滩、淮仁滩等形成，位于湖心的大淤滩面积达 200km²，在老子山以上河段也有洲滩形成 [图 4.7 (d)]，此时入湖三角洲的主体形成。1950 年后的变化则表现为缓慢增长和东移，平面上呈右偏型。

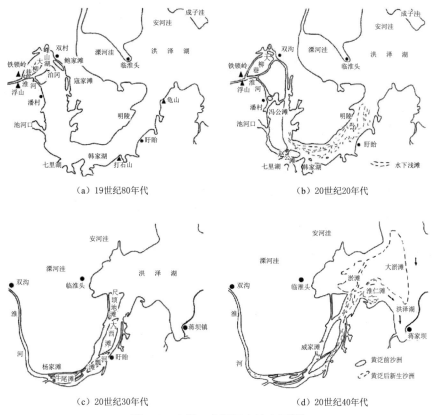

图 4.7　入湖三角洲历史演变图[13]

4.4　入湖段岸滩演变驱动力

淮河入洪泽湖岸滩演变是自然因素和人类活动共同作用的结果，其中人类活动能够在短时间内影响以及改变自然因素，是岸滩演变的主要驱动力。下面从自然因素和人类活动两方面来分析岸滩演变的原因。

4.4.1　自然因素影响

岸滩的冲淤变化与当地的泥沙出入量、气候变化、地质地貌都有密不可分的关系，其中泥沙出入量变化表现得尤为活跃。已有资料[35]显示淮河流域年均入湖沙量大于出湖沙量呈淤积趋势，且大多淤积在了淮河入湖河段，年平均淤积 327.48 万 m³，与该段洲滩扩张的研究结果相符。

选取了洪泽湖入湖来沙量与淤积量数据进行分析（图 4.8）。自 20 世纪 50

年代以来，上游相继建成石漫滩、燕山、白莲崖等多座水库，加上入淮分支河流的人工采砂，淮河入湖的来沙量与淤积量有微弱减小趋势。1975—1990 年的年均来沙量为 823.17 万 t，年均淤积量为 374.28 万 t。1991—2015 年的年均来沙量为 482.20 万 t，年均淤积量为 255.26 万 t。1991—2015 年相比 1975—1990 年年均来沙量减少 340.97 万 t，年均淤积量减少 119.02 万 t，前段洲滩在此期间年增长速度为 0.056km²/a，可见入湖沙量的减少导致了河床淤积的物质来源减少，故而前段洲滩发育较为缓慢。除了上游所带来的泥沙量，入湖河段本身的纵剖面冲刷也是泥沙来源之一，河道纵剖面显示 2005—2012 年淮河右汊河道由于人工采砂和两岸束水工程的影响，河道主槽发生了下切，这是 2005 年之后后段河床的泥沙来源和洲滩发育的物质基础。

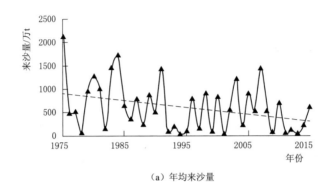

（a）年均来沙量

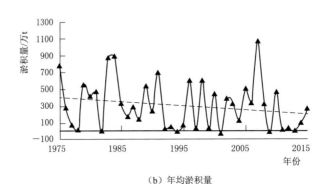

（b）年均淤积量

图 4.8　1975—2015 年入湖来沙量与淤积量变化图

4.4.2　人类活动影响

岸滩演变扩张不但与自然因素有关，还与人类活动的强弱有着密切联系。其中人类活动中对洲滩演变影响较大的主要包括对湿地的围垦圈圩、水利工程建设等。

4.4.2.1 人口增加与河口区围垦

根据淮安市统计年鉴显示，从 2003 年起当地人口数量和耕地面积（耕地面积包括种植农作物、种植桑树、茶树、果树和其他林木的土地、沿湖地区已围垦利用的"湖田"等面积）有明显增加的趋势。以洲滩后段研究区域所在盱眙县的人口数量与耕地面积变化（图 4.9）为例说明如下：盱眙县的人口从 2003 年的 68.24 万人增长到 2013 年的 79.27 万人，年增长率约为 0.1 万人，耕地面积与人口增长也从 2013 年后变缓，这与本章前述的后段洲滩面积变化趋势基本一致。人口数量不断增加，人们对农作物的需求也增大了，周边居民利用干旱湖水位降低的时机，在低于正常蓄水位的滩地上进行围垦圈圩，使得原有的芦苇荡滩地面积急剧减少，农业迅速发展，2003—2013 年盱眙县耕地面积共增加了 16189hm²，耕地面积与人口数量增长趋势有良好的一致性，说明人口数量的增长是洲滩扩张的内在驱动力。而后在养殖螃蟹的经济利益驱使下，人们在引水条件好且周围水质较好的耕地上开挖养殖塘或者沿湖泊进行围网养殖。已有相关研究表明[36]：在 2003—2013 年期间已有属于河流湖泊区域 17.12km² 面积的敞水区转出为养殖塘、挺水植物、乔灌植物群落，而且由于围垦与围网养殖降低了入湖水流的流速，加快了泥沙淤积速度，后段洲滩的发育系数从 2003 年的 4.90 到 2009 年的 4.28，再到 2019 年的 3.63，指数的持续降低表明人类活动尤其是围垦圈圩对洲滩发育所造成的影响越来越大。

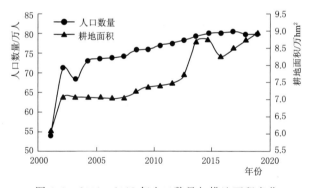

图 4.9　2001—2018 年人口数量与耕地面积变化

4.4.2.2 水利工程建设与入出湖流

人类还可以通过水利工程建设影响岸滩的发育。对前后洲滩的平面特征研究发现前段洲滩的发育系数从 2000 年后一直保持平稳，这与大型的河心滩如大洲滩等形成以及建立起牢固的防护堤有关，洲滩两侧防护堤的修建导致洲滩抗冲刷性增强，河流在沙洲洲头流速减缓，同时分汊后两股水流围绕沙洲形成环流在洲尾落淤，致使洲头洲尾有泥沙淤积。同时由于来沙量和淤积量较小，洲滩平面形态表现为洲头洲尾略为延伸的趋势。

盱眙—老子山段作为河湖水沙互馈的强交换作用区域，湖流作为塑造三角洲的直接动力，影响着三角洲发育方向；洪泽湖是一个以人工调蓄为主的湖泊，18 世纪具有明显的东北向吞吐流，而后随着洪泽湖大堤南端决口的冲开初步形成入江水道，20 世纪 50 年代初期三河闸的修建以及之后入江水道的多次整治，使得入江水道成为洪泽湖主要的出口，湖流主要沿老子山—三河闸一带，这也使得原来三角洲前缘方向改为右偏型。在 2003 年发生全流域性大洪水的情势下，于 7 月 4 日紧急启用刚刚验收的入海水道，入湖流量达到11969m³/s 以上，34d 共分泄洪水 44 亿 m³，宣泄洪水总量占比 14.7%，而后2007 年入海水道再度启用，共宣泄 34 亿 m³ 洪水，占比 12.4%。洪泽湖入出流格局的变化会影响湖流流态：相关水动力模型[37]研究发现二河闸泄流的增大会减弱原来老子山—三河闸一带的吞吐流，使得湖流向二河闸方向偏移，这与洲滩重心移动方向与变化一致。

4.5　小　　结

通过对 1985—2019 年淮河入洪泽湖段岸滩 9 幅非汛期影像的提取结果进行分析，得出以下结论：

（1）入湖前段洲滩演变趋势基本稳定，只是部分洲滩的洲头洲尾两端略微延伸；而后段心滩仍处于发育阶段，表现为向湖中延伸。但 2013—2019 年入湖段三角洲的面积、位置、平面形状均未发生太大改变，一定程度上说明在人类需求与自然营力二元驱动下，河口三角洲发育速度得到减缓。

（2）入湖段岸线 30 多年间有多处发育并侵占了原有的河道，左侧岸线的发育形式主要为并滩增长式，右侧岸线发育形式主要为围垦圈圩。

（3）前后段洲滩变化的影响因素有所不同。因为前段洲滩离湖区较远，受人类活动影响较小，在当前淮河流域来沙量减小趋势下和两侧堤防建立的前提下，洲滩无明显发育趋势；而后段洲滩为河湖强交换作用区域，人工采砂、围垦圈圩、水利工程的建设都会短时间内改变河湖演变的来水来沙条件和边界条件及影响周边生物和植物群落自然演变过程，人口增长所引起的社会需求是该段洲滩扩张的主要驱动力。

第 5 章

洪泽湖湖区围垦演变及其对库容的影响

在梳理洪泽湖历史筑屯围垦基础上，面对近些年来围湖造田以及洪泽湖水面面积和库容不断发生变化的情况，利用遥感和数字高程模型（digital elevation model，DEM）等技术分析了洪泽湖圈圩养殖时空演变和统计了围垦养殖对湖泊库容变化的影响，以及湖区洪水位及调蓄量对不同围垦条件的响应[23]。

5.1 湖区围垦信息提取及变化分析

5.1.1 洪泽湖历史上的筑塘屯垦

洪泽湖周边筑塘屯垦历史悠久[38]。春秋时代的蒲姑陂大致在洪泽湖的西北部，西汉时代，在射陂；东汉元和三年（公元 86 年），下邳相张禹开发蒲姑陂；建安四年（公元 199 年），典农校尉陈登筑破釜塘，并筑捍淮堰三十里（今洪泽湖大堤北段），以障富陵湖（洪泽湖前身的湖泊之一）之水；三国魏正始二年（公元 241 年），魏将邓艾创筑白水塘，置屯 49 所，屯田 12000 顷。以后破釜塘、白水塘屯田历代相沿，史不绝书。唐代始称洪泽湖，屯垦规模也较前代为大。隋、唐、宋时代，泗州汴口和楚州末口之间的航道，是以淮河连接的，而这里河宽浪阔，风波覆舟之害经常发生。北宋年间，沿淮河南岸相继开凿了沙河、洪泽新河、龟山运河作为漕河，同时，为防止陂塘威胁运道，一度废垦，因此宋代屯垦规模大为缩减。到了元代，漕运改道，洪泽湖屯田面积达 353 万亩，创洪泽湖区古代屯垦的最大规模。这时期的洪泽湖仍然淮湖互不相连，且陂塘灌区主要是在淮南。

近十几年来人类在湖区肆虐地进行围湖造田，加之多年来淮河自身的泥沙淤积，使得洪泽湖水面面积和库容不断发生变化。1954 年以后开始实施"蓄洪垦殖"工程，西起溧河东岸，东至张福河，沿高程 12.50m 地面建设防洪堤或挡浪堤，连同 1953 年已建的洪泽湖农场圩和三河农场圩，建圩 21 处保护面积共计 333.5km²。围垦是与水争地，虽然扩大了耕地面积，但同时削减了湖泊的调蓄功能。20 世纪 80 年代湖区管理部门决定除保留 2 个圩子以外，其余全部破圩还湖。20 世纪 90 年代以后，湖区加强渔政管理，采取破圩还湖、退耕还渔等措施，使得围湖造田的行为得到了有效遏制。但由于社会经济发展的需求，侵占湖区自由水面围垦养殖的现象屡禁不止，湖区的管理难度不断加大，湖区湿地的粗放式利用使得洪泽湖萎缩的危机仍然存在[39]，需要运用新型的技术手段如遥感技术来加强监测，进一步来实现地区经济的可持续发展和生态环境保护的双赢。

5.1.2　研究区域及研究方法

5.1.2.1　研究区域

洪泽湖面积大且岸线曲折，加之湖区附近的围垦，使得洪泽湖对水位变化较为敏感，因此需要确定研究范围。本次研究的时间范围为 1984—2016 年，根据遥感图像变化，确定最大边界范围为 1985 年 12 月 4 日蒋坝水位为 13.05m 时所提取的边界，如图 5.1 所示。

5.1.2.2　研究资料和方法

本次研究目的是分析 1985—2015 年湖区围垦的时空演变，但由于围垦边界受湖泊水位变化影响较为敏感，每期数据选取当年的遥感图像难以达到研究目的，再加以该地区的遥感图像资料丰富，故而每

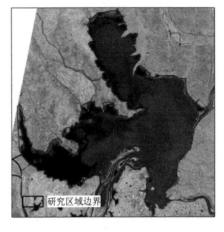

图 5.1　1985 年遥感影像图及研究区域边界

个研究时期统计 3 年内影像数据来进行处理，对应的时间节点为 1985 年（1984—1986 年 Landsat 系列卫星数据）、1995 年（1994—1996 年 Landsat 系列卫星数据）、2005 年（2004—2006 年 Landsat 系列卫星数据）和 2015 年（2014—2016 年 Landsat 系列卫星数据）。

此次收集 1984—2016 年洪泽湖湖区覆盖边界范围的 TM、ETM、OLI 共 65 幅影像资料，来源于 USGS 网站，然后筛除云量较高、无法包含所有研究区域范围和图像质量较差的图像，最终剩下 28 幅可用图像，平均每期 6～8 幅，满足研究之用。所选卫星影像成像及湖区水位见表 5.1。

表 5.1   湖区围垦遥感图像数据

时间节点	数 据 日 期	分辨率/m	蒋坝水位/m
1985 年	1984 - 10 - 30、1985 - 03 - 23、1985 - 04 - 08、1985 - 11 - 18、1985 - 12 - 04、1986 - 02 - 06、1986 - 11 - 05、1986 - 12 - 07	30	12.33~13.10
1995 年	1994 - 04 - 01、1994 - 09 - 24、1995 - 01 - 14、1995 - 01 - 30、1995 - 04 - 04、1995 - 04 - 20、1995 - 05 - 22	30	11.85~13.19
2005 年	2005 - 02 - 26、2005 - 06 - 02、2005 - 09 - 06、2005 - 10 - 08、2005 - 10 - 24、2006 - 09 - 09、2006 - 10 - 11	30	12.65~13.29
2015 年	2014 - 01 - 02、2014 - 04 - 08、2015 - 04 - 11、2015 - 04 - 27、2015 - 05 - 13、2016 - 04 - 29	15/30	12.84~13.36

对于特定地物的提取分类方法大约经历了三个阶段。第一阶段为人工解译，即根据遥感工作者多年的经验进行手工划分，此种方法耗时巨大且极易受判断水准的影响。第二阶段为基于光谱的计算机自动分类，可以分为两种：监督分类与非监督分类。监督分类又称"训练分类法"，用被确认类别的样本像元法去识别未经分类的地物像元；非监督分类也称为"点群分类"或者"聚类分析"。与监督分类有所不同，不必获得地物的先验知识，而是按照不同的相似地物聚类的定义方法来统计特征差别，然后达到分类的目的，最后由生产者对已分类的地物进行属性确认和修改。后来进一步成了基于专家知识的决策树分类方法，该方法是基于遥感图像数据及其他空间数据，通过专家经验总结、简单的数学统计和归纳方法等，获得分类规则并进行遥感分类，此分类规则易于理解，而且其分类过程也符合人的认知过程。第三阶段为面向对象特征的自动提取。由于单一的光谱信息有时候容易信息冗杂，造成分类效率低下，而且有时候利用单一的光谱信息无法进行某些地物区分分类。所以在利用光谱信息的同时，该方法集合临近像元为对象用来识别感兴趣的光谱要素，充分利用高分辨率的全色和多光谱数据的空间、纹理和光谱信息来分割和分类的特点，以高精度的分类结果或者矢量输出。它主要分成两部分过程：对象构建和对象的分类。影像对象构建主要用了影像分割技术，常用分割方法包括基于多尺度的、基于灰度的、纹理的、基于知识的及基于分水岭的等分割算法。比较常用的就是多尺度分割算法，这种方法综合遥感图像的光谱特征和形状特征，计算图像中每个波段的光谱异质性与形状异质性的综合特征值，然后根据各个波段所占的权重，计算图像所有波段的加权值，当分割出对象或基元的光谱和形状综合加权值小于某个指定的阈值时，进行重复迭代运算，直到所有分割对象的综合加权值大于指定阈值即完成图像的多尺度分割操作。简单来说，该方法与前一种方法最大的不同就是分类对象不同，面向对象方法的分类对象是经过分割后的一块块斑块，这与监督分类那些以单个像元为分类对象的方法不同，极

大地利用了图像的空间纹理特征，以达到更细致、更深层次的信息挖掘和分类。

搜集了1985—2015年的研究区域历史卫星图像和相关文献[38]来认识地物大致变化，弥补野外调查的不足。同时，对于过去的地物分类精度取决于对近些年来地物信息精确认识，因此收集了2010年、2015年、2017年的土地利用现状图（分辨率为30m）来进行精度验证，湖区依据2019版土地利用现状分类结合实际情况分为湿地植被、水域、养殖场、农田、建筑用地5类，随后利用混淆矩阵来进行精度评价，面向对象的监督分类方法的精度结果较好且分离度较高，Kappa系数值为91.46%，满足研究精度要求。在充分认识研究区域地物的光谱信息的基础上，本次研究采用面向对象的分类方法，图像分割的好坏一定程度上决定了分类效果的精度，通过不断试验确定分割阈值范围为50～70，合并阈值范围为65～80，分割波段为多光谱所有波段，纹理大小设置为5，之后利用Spectral Mean（光谱平均值）、Rectangular Fit（矩形形状度量系数）提取出来农田（农业圩）、养殖塘（渔业圩）两类地物的信息。当前淮安市规划范围内的圩区分为两种：圈圩和围网。自20世纪80年代以来，以"水下坝，水上网"为特点的围网养殖逐渐兴起[40]，但在养殖的过程中养殖户为保水产免受湖区水灾的影响，水下坝逐渐加高加宽使其露出湖水面形成封闭的塘口，从而使得原来自由的湖面面积失去调蓄作用，而水下坝较低的围网对湖泊的调蓄防洪影响较小，所以利用同期多幅图像提取信息进行叠加来识别不易受水位影响的围垦区，即基本不参与调蓄防洪的区域。最后通过人机交互在分辨率高于1m的遥感图像采集的围垦区域信息作为验证数据，取有效重叠面积的均值作为精度评价结果，高达92.3%满足研究要求。

5.1.3　围垦养殖区的时空演变

5.1.3.1　围垦养殖区的空间分布特征

通过卫星影响遥感解译，分析2020年最新一期结果发现：目前农业圩和渔业圩沿湖滨区域均有分布。围垦养殖总面积共达279.16km²，其中养殖区面积占比较大，可达228.03km²，而围垦区面积仅51.13km²。围垦区较为集中地分布在入湖口和溧河洼区域，其他围垦区散落在其他湖滨区域。养殖区分布在沿湖区域（除洪泽湖大堤外），主要集中在入湖口、安河洼、成子洼等区域，如图5.2所示。

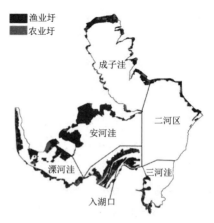

图5.2　2020年围垦养殖区分布

5.1.3.2　围垦养殖区空间变化特征

按围垦出现频率的计算方法，计算湖区研究区域内每个像元出现的频率，并最终得到各期围垦频率分布图。频率（F）划分为 5 个等级：$F = 0$ 为自由水面区；$0 < F \leq 40\%$ 为水面潜力区；$40\% < F \leq 70\%$ 为围垦敏感区；$70\% < F < 100\%$ 为围垦潜力区；$F = 100\%$ 为围垦稳定区。围垦养殖区分布如图 5.3 所示。

从图 5.3（a）可以看出，1985 年围垦养殖区主要分布在入湖口的中部、成子洼的北部、安河洼的西部和北部，溧河洼的西部和南部、三河洼的南部有零星分布。而到了 1995 年［图 5.3（b）］，入湖区的围垦养殖区呈辐射状扩大，已经占据一定的原有水面面积；安河洼原来湖滨围垦养殖区向湖心发展，在湖泊边界处开始连成一片；成子洼的北部地区也有所发展，而且二河区沿湖岸线开始出现围垦养殖痕迹，与此同时三河洼的围垦区由南部向西南部延伸。2005 年的分布［图

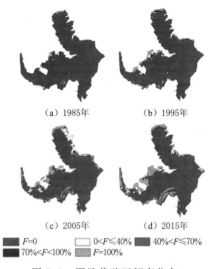

(a) 1985年　　(b) 1995年

(c) 2005年　　(d) 2015年

■ $F = 0$　　□ $0 < F \leq 40\%$　　■ $40\% < F \leq 70\%$
■ $70\% < F < 100\%$　　■ $F = 100\%$

图 5.3　围垦养殖区频率分布

5.3（c）］显示，溧河洼入湖部分左侧岸线湖滨围垦区出现频率增大且区域向湖中延伸，中部和东北部出现大量围网和养殖塘；入湖口的围垦养殖区连成一块块洲滩，洲滩距离湖泊较近的地方频率较低，这是因为该地区水位变化复杂；安河洼、成子洼、三河洼、二河区均有发展，且具有一定的规模，其中安河洼主要分布在北部和西北部，成子洼主要分布在北部和东南湖岸线沿线，三河洼主要分布在其西侧湖湾处，二河区分布没有明显变化只是向湖中延伸发展。2015 年［图 5.3（d）］与 2005 年相比，整体的分布没有较大变化，只是湖区的围垦养殖区的堤防逐渐增高，使得原来易受湖区水位影响的区域逐渐变为围垦稳定区，但成子湖的围网养殖区域呈明显下降趋势。

5.1.3.3　围垦养殖区时间变化特征

通过统计 28 幅农业圩、渔业圩各期平均面积可知（图 5.4），由于 1980—1990 年开始了对洪泽湖的综合开发[41]，制定了《洪泽湖综合开发》，1985—1995 年农业圩、渔业圩分别增长了 18.50km² 、40.34km² ；而后在水产养殖经济利益的驱动下，同时因为缺乏对非法圈圩的及时管理和有效惩罚力度，新

一轮的无序和过度的围垦圈圩开始[42]，其中水产养殖面积显著增长，1995—2005 年渔业圩增长了 116.36km²，接近 1995 年面积的 2 倍。自 2012 年以来，江苏省水利厅对湖区开展了三期清障工作，严厉打击非法圈圩[39]，使得湖区围垦圈圩得到了有效遏制，2005—2015 年农业圩、渔业圩仅增长了 15.85km²、21.84km²。

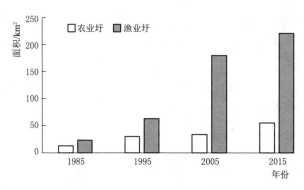

图 5.4　1985—2015 年圈圩面积平均值

上述围垦养殖频率统计面积见表 5.2。1985—2015 年自由水面面积不断缩小，其中 1995—2005 年减少的速度最快，与此同时湖区其他堤防出现围星痕迹的面积有明显的增长；而 2005—2015 年湖泊参与调蓄的水面面积几乎没有变化，下降速率仅为 0.96km²/a，随着一些围网的水下坝不断加高加宽和洲滩边缘建起堤防，使得围垦稳定区面积大幅增长，增大了拆除的难度和成本。

表 5.2　　　　　　　　　　　　湖区围垦养殖频率统计

频　率	$F=0$	$0<F\leqslant40\%$	$40\%<F\leqslant70\%$	$70\%<F<100\%$	$F=100\%$
1985 年面积/km²	1573.06	16.70	8.57	9.86	18.80
1995 年面积/km²	1488.34	39.11	11.56	20.37	63.50
2005 年面积/km²	1303.36	106.81	35.01	53.74	129.76
2015 年面积/km²	1293.73	55.38	29.19	17.25	232.15
1985—1995 年变化率/(km²/a)	−8.47	2.24	0.30	1.05	4.47
1995—2005 年变化率/(km²/a)	−18.50	6.77	2.35	3.34	6.63
2005—2015 年变化率/(km²/a)	−0.96	−5.14	−0.58	−3.65	10.24

5.2　遥感与 DEM 相结合的洪泽湖库容复核

5.2.1　当前推求洪泽湖库容存在的问题

　　洪泽湖作为淮河中下游结合部的大型水库，也是我国重要的湿地和生态保护区之一，对周围地区的防洪和维持环境平衡都具有重大作用。而洪泽湖库容曲线在研究工程调蓄防洪效益和水文模拟中是必要的基础资料，结合相关文献和资料发现，当前在推求洪泽湖库容上有以下三点问题：第一点就是自 20世纪 50 年代以后，湖滨地区结束了"水落随人种，水涨任人淹"和"种湖田贩私盐，捞到一年是一年"的自然耕作状态，洪泽湖周边地区得到了进一步的开发利用，土地利用模式变化较大，尤其是湖区围垦养殖的不断扩张，再加以泥沙不断在入湖口的淤积，洪泽湖的库容复核已很有必要。第二点就是湖区范围界定的问题，圩区不断地向湖中延伸和水利工程的建立，使得湖区自然和人工岸线发生了显著变迁，而且不同时期的湖泊水位边界明显不同，因此必须要对湖泊边界做明确的界限。第三点就是库容推求的方法，我国传统的水库库容曲线测量方法是依靠对库区蓄水前地形图的测量，再加以蓄水后采用 GPS 定位与水深测量相结合的方法进行量测。该方法不仅耗时费力，而且针对这种湖泊来说也难以适用，所求库容并不能反映真实水面上升过程。而遥感技术作为20 世纪 70 年代新兴技术，在水库水位面积测定方面得到了广泛应用。但是单一的遥感测定有一个不容忽视的问题，就是时空分辨率的问题，湖泊的一些关键水位如最高、最低水位时候的影像数据可能缺失，而且还受到云量和成像质量的影响导致数据不能应用；同时在库容曲线的精度要求下，较小水位间隔可能需要大量的遥感数据。因此本次计算在阅读文献和结合湖区实际情况的基础上，尝试采取遥感技术与数字高程模型（digital elevation model，DEM）相结合的方法[43-45]重新复核洪泽湖的库容曲线，为接下来的调洪演算提供可用的库容曲线。

5.2.2　洪泽湖水位与面积的关系

　　首先根据 2013 年实测湖泊地形资料 DEM（处理后精度为 60m）提取边界，具体方法是将 DEM 导入 ArcGIS 中，提出来的软边作为确定边界的依据，再结合堤防分布情况和遥感分类的结果最终确定湖泊边界。其次就是选取遥感数据进行水面提取，由于地形数据是 2013 年的，为保证湖泊边界范围的一致性，影像时间范围选取 2009—2016 年共 19 幅，洪泽湖蒋坝水位范围为11.63～13.63m，平均水位间隔约 0.10m，满足研究需要。同样以 MNDWI

为提取指标，根据水面解译规则进行分割，得到解译水面面积。然后利用 DEM 计算与所有遥感水位对应的湖区淹没面积，即 DEM 地形所对应的水面面积（表 5.3）。

表 5.3 DEM 水面面积与解译水面面积对应表

日　　期	DEM 水面面积/km²	解译水面面积/km²	蒋坝水位/m	日　　期	DEM 水面面积/km²	解译水面面积/km²	蒋坝水位/m
2016-09-20	1241.23	1218.84	11.63	2014-04-08	1413.78	1437.37	13.02
2013-08-27	1273.00	1255.03	11.76	2013-04-02	1420.62	1445.43	13.17
2009-06-29	1311.65	1259.92	11.93	2016-04-29	1422.05	1447.98	13.21
2016-09-04	1333.97	1285.83	12.06	2009-10-03	1424.74	1451.14	13.30
2009-07-15	1353.82	1313.20	12.22	2015-04-11	1426.31	1453.46	13.36
2010-08-19	1370.95	1338.31	12.39	2010-03-28	1427.06	1453.92	13.39
2009-04-26	1400.66	1425.25	12.78	2011-09-23	1427.99	1455.96	13.43
2014-01-02	1404.28	1427.70	12.84	2010-03-12	1430.40	1457.98	13.56
2009-03-25	1406.49	1430.86	12.88	2010-04-29	1431.47	1460.80	13.63
2011-01-10	1407.57	1431.98	12.90				

随后建立 DEM 水面面积和解译水面面积的相关关系曲线，得到的相关关系计算回归方程为

$$y = 0.0028x^2 - 6.2473x + 4637 \tag{5.1}$$

上式相关系数的平方值为 $R^2 = 0.9817$

式中：y 为遥感解译水面面积，km²；x 为 DEM 求得的水面面积，km²；R 为相关系数。

5.2.3 洪泽湖水位与库容的关系

根据水利工程调度研究[46]，可知洪泽湖各种运用条件下的蒋坝水位，利用式（5.1）求出起算水位以上的实际水面面积，见表 5.4。

表 5.4 洪泽湖起算水位以上各运用条件水位对应的实际水面面积

序号	运　用　条　件	蒋坝水位/m	DEM 水面面积/km²	实际水面面积/km²
1	起算水位	10.81（11.00）	1035.12	1170.42
2	死水位	11.11（11.30）	1144.48	1154.63
3	通航最低水位	11.31（11.50）	1205.37	1174.86
4	旱限水位	11.61（11.80）	1282.21	1230.02
5	汛限水位	12.31（12.50）	1380.46	1348.73

序号	运 用 条 件	蒋坝水位/m	DEM 水面面积/km²	实际水面面积/km²
6	抬高前兴利水位	12.81（13.00）	1412.78	1399.59
7	抬高后兴利水位（警戒水位）	13.31（13.50）	1429.35	1427.93
8	通航最高水位	14.81（15.00）	1436.46	1440.57
9	设计洪水位	15.81（16.00）	1436.84	1441.25
10	校核洪水位	16.81（17.00）	1437.00	1441.54

注　高程为 1985 国家基准高程（括号内高程为废黄河高程）。

根据水位与水面面积关系推求库容的方法有等高距梯形公式或等高距棱台公式法，对于洪泽湖这种形态宽阔平坦的水库型湖泊，宜采用等高距棱台公式法，库容按 0.01m 的水位间隔叠加，计算公式为

$$V = \sum_{i=1}^{m} \frac{1}{3}(S_{i-1} + \sqrt{S_{i-1}S_i} + S_i)\Delta H_i \tag{5.2}$$

式中：V 为库容，m³；ΔH_i 为相邻两个水面的水位差，m，这里取 0.01m；S_i、S_{i-1} 分别为第 i、$i-1$ 个水位分段水面面积，m²；m 为水位分段数。

由于缺少起算水位以下的遥感数据，而且起算水位以下的库容地形较为复杂，因此起算水位以下的库容需要借助 DEM 资料推求[47]。根据实际库底形态特征将水体分为 n 个三棱柱体，通过对每个三棱柱体的体积求和，即可得起算库容，计算公式为

$$V = \sum_{i=1}^{n} \left[H - \frac{1}{3}(h_{i1} + h_{i2} + h_{i3}) \right] P_i \tag{5.3}$$

式中：H 为指定水位的高程面，m；h_{i1}、h_{i2}、h_{i3} 分别为第 i 个 DEM 三角网三个角点的高程，m；P_i 为第 i 个三角网面积值，m²；n 为三棱柱体总个数。

从起算库容开始，计算每隔 0.01m 的水面面积和库容，然后叠加到起算库容上，最终得到每一水位下的库容。

5.3　湖区围垦养殖影响下的调洪演算

5.3.1　围垦养殖对库容的影响

据江苏省水利勘测设计研究院 1995 年实测资料统计，自 20 世纪 60 年代以来洪泽湖 12.31m 以下围垦养殖共 207.30km²。根据 2015 年的圩区调查资料显示，洪泽湖蓄水线范围内的圈圩约 2 万个，面积约 330km²，类型基本为埂围养殖含少量种植，另外还有约 164km² 的围网养殖。

据 20 世纪 90 年代遥感调查和实测，洪泽湖蒋坝水位为 12.31m 时湖区水

面面积 1575.5km²，比 20 世纪 50 年代初测算的 2068.9km² 减少了接近 1/4。通过资料收集得到了 20 世纪 50 年代初和 1997 年的库容曲线，再加上本章推求的现状库容曲线，对这 3 种库容进行了对比分析（表 5.5）。

表 5.5　　　　　　　　　围垦养殖对库容影响统计

蒋坝水位/m	20 世纪 50 年代初		1997 年		现　状	
	面积/km²	库容/亿 m³	面积/km²	库容/亿 m³	面积/km²	库容/亿 m³
10.81 (11.00)	1160.30	6.40	808.40	4.21	1170.40	4.59
11.31 (11.50)	1484.20	13.15	1151.00	8.92	1174.90	10.38
11.81 (12.00)	1809.40	21.52	1397.60	15.21	1274.70	16.49
12.31 (12.50)	2068.90	31.27	1575.50	22.31	1348.70	23.07
12.81 (13.00)	2151.90	41.92	1698.70	30.11	1399.60	29.94
13.31 (13.50)	2231.90	52.95	1770.00	38.35	1427.90	37.02
13.81 (14.00)	2296.90	64.27	1812.80	46.85	1437.30	44.19
14.31 (14.50)	2339.10	75.85	1850.40	55.51	1439.70	51.39
14.81 (15.00)	2359.90	87.58	1884.10	64.32	1440.60	58.59
14.81 (15.00)	2377.50	99.45	1913.70	73.32	1441.00	65.79
15.81 (16.00)	2392.90	111.20	1942.20	82.45	1441.20	73.00
11.11～13.31 (11.30～13.50)	42.50（兴利库容）		31.31（兴利库容）		28.97（兴利库容）	
12.31～15.81 (12.50～16.00)	79.93（调洪库容）		60.14（调洪库容）		49.93（调洪库容）	

注　高程为 1985 国家基准高程（括号内高程为废黄河高程）。

从表 5.5 中可知，自 20 世纪 50 年代以来，截至 1997 年 10.81m 水位以下的库容减少约 2.19 亿 m³，而现状推求的库容有少许的增加，这是因为随着淮河的全面治理，入湖泥沙逐年减少，淤积日趋减弱，湖盆地形除入湖口处的淤积外变化甚微，但洪泽湖采砂活动却屡禁不止。2007 年洪泽湖发现丰富且优质的黄沙资源，非法采砂日益猖獗，由原来的几十艘增加到 2016 年的 600 多艘[48]，采砂使得二河区的尚咀附近和成子洼北部地区湖底出现深坑，最低处可达 2.8m，低于湖底平均高程约 7.70m。与 20 世纪 50 年代相比，1997 年和现状的兴利库容分别减少了 26.33% 和 31.84%，而调洪库容分别减少了 24.76% 和 37.53%，在不考虑破圩滞洪的前提下，洪泽湖的调蓄能力明显下降。

5.3.2　调洪演算计算原理和条件

湖区圈圩使得洪泽湖的库容发生了明显的缩小，对洪泽湖整个调蓄过程的水位产生直接影响，所以需要对洪泽湖的库容进行调洪演算，从而确定围垦对湖水位的影响。忽略洪水入库至泄洪建筑物的行洪时间和整个湖泊水位波动等因素，仅考虑坝前水平面以下的库容对洪水的调节作用。调洪演算基本原理如下。

$$\overline{Q}\Delta t - \overline{q}\Delta t = \left(\frac{Q_1+Q_2}{2} - \frac{q_1+q_2}{2}\right)\Delta t = V_2 - V_1 \tag{5.4}$$

式中：Q_1、Q_2 分别为时段初、末时刻的入湖流量，m^3/s；q_1、q_2 分别为时段初、末时刻的出湖流量，m^3/s；V_1、V_2 分别为时段初、末时刻的湖区蓄水量，m^3；$\overline{Q}$ 为计算时段内的平均入湖流量，m^3/s；$\overline{q}$ 为计算时段内的平均出湖流量，m^3/s；Δt 为计算时段，s，根据实际洪水涨落工程和水文资料来定，计算中取 1d。

在实际入湖洪水过程线已知的情况下，即 Q_1、Q_2、$\overline{Q}$ 已知，而作为起算的初始条件 V_1、q_1 也已知，只剩下 V_2、q_2 两个未知数，一个方程不能求解两个未知数，必须建立湖泊下泄流量 q 和蓄水量的关系，即

$$q = f(V) \tag{5.5}$$

洪泽湖调洪方式采用分级泄洪的方式，洪泽湖的下泄流量和调度是以水位为条件的，调洪下泄能力统一采用入海水道一期建成后现状工况，当前的出湖水道下泄能力见表5.6。通过联立求解式（5.4）和式（5.5），即可得到调洪演算结果。

表 5.6　　　　　　　　　　　洪泽湖出湖水道现状泄洪能力

蒋坝水位 /m	入江水道 /(m³/s)	苏北灌溉总渠 /(m³/s)	分淮入沂 /(m³/s)	入海水道 /(m³/s)	合计 /(m³/s)
12.31（12.50）	4800	800	0	0	5600
12.81（13.00）	5900	800	0	0	6700
13.31（13.50）	7150	1000	0	1380	9530
13.31（13.50）	7150	1000	1000	1600	10750
13.81（14.00）	8600	1000	1650	2000	13250
14.31（14.50）	10050	1000	2070	2080	15200
14.81（15.00）	11600	1000	2510	2270	17380
15.31（15.50）	12000	1000	2900	2270	18170
15.81（16.00）	12000	1000	3000	2270	18270

注　高程为1985国家基准高程（括号内高程为废黄河高程）。

5.3.3　调洪演算结果

本次调洪演算的计算方案为：在 20 世纪 50 年代初、1997 年、现状这 3

种不同的库容下，选取 1991 年型、2003 年型、2007 年型和 100 年一遇设计洪水 4 种入湖洪水，1991 年、2003 年、2007 年这 3 年洪水重现期均为 10～20 年一遇，其中 2003 年、2007 年洪水量级相当，1991 年洪水量与这两年相比较小一些。由于缺少周边滞洪区的资料，本次计算不考虑围垦区和滞洪区。计算结果见表 5.7。

表 5.7　　　　　　　　　　　　洪泽湖调洪演算结果

洪水标准	工况	蒋坝最高水位/m	高于 13.31m 天数/d	高于 14.31m 天数/d	单次调蓄量/亿 m³
1991 年型	20 世纪 50 年代	13.55 (13.74)	12	0	17.82
	1997 年围垦	13.58 (13.77)	12	0	14.35
	现状围垦	13.59 (13.78)	12	0	12.74
2003 年型	20 世纪 50 年代	13.71 (13.90)	20	0	30.75
	1997 年围垦	13.78 (13.97)	21	0	24.01
	现状围垦	13.80 (13.99)	21	0	21.01
2007 年型	20 世纪 50 年代	13.43 (13.62)	18	0	18.42
	1997 年围垦	13.48 (13.67)	19	0	14.85
	现状围垦	13.51 (13.70)	20	0	13.23
100 年一遇	20 世纪 50 年代	15.22 (15.41)	42	18	66.13
	1997 年围垦	15.48 (15.67)	42	20	54.09
	现状围垦	15.70 (15.89)	42	22	48.40

注　高程为 1985 国家基准高程（括号内高程为废黄河高程）。

由表 5.7 可知，当 1991 年型洪水来临时，洪泽湖围垦养殖区和滞洪区均不滞洪时，1997 年围垦工况与 20 世纪 50 年代围垦工况相比，会抬高蒋坝最高水位 0.03m，超过警戒水位 13.31m 天数不变，单次调蓄量减少 3.47 亿 m³；而现状围垦工况与 20 世纪 50 年代围垦工况相比，会抬高蒋坝最高水位 0.04m，超过警戒水位 13.31m 天数不变，单次调蓄量减少 5.08 亿 m³。

当 2003 年型洪水来临时，洪泽湖围垦养殖区和滞洪区均不滞洪时，1997 年湖区围垦工况与 20 世纪 50 年代围垦工况相比，会抬高蒋坝最高水位 0.07m，超过警戒水位 13.31m 天数增加 1d，单次调蓄量减少 6.74 亿 m³；而现状围垦工况与 20 世纪 50 年代围垦工况相比，会抬高蒋坝最高水位 0.09m，超过警戒水位 13.31m 天数增加 1d，单次调蓄量减少 9.74 亿 m³。

当 2007 年型洪水来临时，洪泽湖围垦养殖区和滞洪区均不滞洪时，1997 年湖区围垦工况与 20 世纪 50 年代围垦工况相比，会抬高蒋坝最高水位 0.05m，超过警戒水位 13.31m 天数增加 1d，单次调蓄量减少 3.57 亿 m³；而现状围垦工况与 20 世纪 50 年代围垦工况相比，会抬高蒋坝最高水位 0.08m，超过警戒水位 13.31m 天数增加 2d，单次调蓄量减少 5.19 亿 m³。

当 100 年一遇洪水来临时，洪泽湖围垦养殖区和滞洪区均不滞洪时，1997 年湖区围垦工况与 20 世纪 50 年代围垦工况相比，会抬高蒋坝最高水位 0.26m，超过警戒水位 13.31m 天数不变，超过 14.31m 天数增加 2d，单次调蓄量减少 12.04 亿 m³；而现状围垦工况与 20 世纪 50 年代围垦工况相比，会抬高蒋坝最高水位 0.48m，超过警戒水位 13.31m 天数不变，超过 14.31m 天数增加 4d，单次调蓄量减少 17.73 亿 m³。

5.4 小 结

利用遥感和 DEM 等技术，分析洪泽湖圈圩养殖时空演变和统计围垦养殖对库容变化影响，以及进行湖区洪水位及调蓄量对不同围垦条件的响应，研究结果表明：

（1）现状下的洪泽湖围垦养殖区较为集中的分布在入湖口和溧河洼区域，其余部分散落在其他湖滨区域。其中渔业圩区面积占比重较大，可达 228.03km²，而农业圩区面积仅 51.13km²。圈圩养殖出现及增长主要在 2005 年以前，溧河洼入湖部分左侧岸线湖滨围垦区出现频率增大且区域向湖中延伸；入湖口的围垦养殖区近十几年连成一块块洲滩，洲滩出现频率与离湖泊的距离成正比；安河洼主要分布在北部和西北部且频率逐渐增大，该区域的围垦趋于稳定；成子洼主要分布在北部和东南湖岸线沿线，三河洼主要分布在其西侧湖湾处，二河区分布没有明显变化只是向湖中延伸发展。

（2）1985—2015 年洪泽湖自由水面面积不断缩小，其中 1995—2005 年减少的速度最快，与此同时湖区伴随有新的堤防出现，围垦痕迹的面积有明显的增长；而 2005—2015 年湖泊参与调蓄的水面面积几乎没有变化，下降速率仅 0.96km²/a，随着一些围网的水下坝不断加高加宽和洲滩边缘建起堤防，使得围垦稳定区面积大幅增长，增大了拆除的难度和成本。

（3）自 20 世纪 50 年代以来，截至 1997 年起算水位以下的洪泽湖库容减少约 2.19 亿 m³，而现状推求的库容有少许的增加；现状与 20 世纪 50 年代相比，湖区汛限水位以下的水面面积和库容分别减少了 34.8％和 26.2％；而就兴利库容来讲，1997 年和现状分别减少了 26.3％和 31.8％，而调洪库容分别减少了 24.8％和 37.5％。

（4）在不考虑破圩滞洪的前提下，对于 1991 年、2003 年、2007 年 10～20 年一遇型洪水，1997 年围垦工况洪泽湖最高水位抬高 0.03～0.07m，单次调蓄量减少 3.47 亿～6.74 亿 m³，现状工况最高水位抬高 0.04～0.09m，单次调蓄量减少5.08亿～9.74亿 m³；围垦所抬高水位和调蓄减少量随着洪水量级增大而增加；而对于100年一遇洪水，两种围垦工况下最高水位分别抬高0.26m和0.48m，单次调蓄量分别减少12.04亿 m³和17.73亿 m³，湖区超过14.31m水位以上天数分别增加2d和4d，综上可知洪泽湖的调蓄能力随着围垦的加剧而明显下降。

第6章

洪泽湖入出湖水沙变化分析

利用洪泽湖入出湖各支流代表水文站 1975—2015 年实测年径流量和年输沙量数据，分析入出湖水量和沙量分布特征。采用 M－K 趋势检验法对入出洪泽湖水量和沙量进行趋势分析。为得到所研究水文时间序列较为精确的突变点，分别利用时序累计值曲线法、M－K 突变检验法、Pettitt 突变检验法和滑动 t 检验法对洪泽湖入出湖的径流量和输沙量时间序列进行突变检验。在此基础上，从流域降水、水资源开发利用和水库滞沙 3 个主要影响因素分析了洪泽湖水沙变化[49-51]。

6.1 洪泽湖年际入出湖水沙时间分布

6.1.1 数据来源

本章分析数据为淮河流域入出洪泽湖河流 10 个代表水文站径流量、年输沙量数据，因测站测验泥沙的时间不同步，选取的分析时段为 1975—2015 年，数据来源为长系列《中华人民共和国水文年鉴·淮河流域水文资料》、《淮河片水资源公报》和《中国河流泥沙公报》。降雨数据均来自"中国气象数据网"(http：//data. cma. cn/site/index. html)。

6.1.2 洪泽湖年际入出湖水沙分析

洪泽湖 1975—2015 年际入出湖水量和沙量分布分别见表 6.1 和表 6.2。由表可知，洪泽湖 1975—2015 年多年平均入湖水量为 289.20 亿 m^3，其中淮河干流多年平均入湖水量为 250.13 亿 m^3，占入湖总水量的 86.49%。多年平均出湖水量为 268.01 亿 m^3，58.96% 出湖水量经三河闸泄入长江，经二河闸排出水量占出湖总水量的 29.23%，高良涧闸排出水量占出湖总水量的 12.81%。洪泽湖多年平均入湖沙量为 615.26 万 t，淮河干流多年平均入湖沙量为 532.45 万 t，占入湖总沙量的 86.54%。多年平均出湖沙量 313.56 万 t，三河闸多年平均输沙量 212.88 万 t，占出湖总沙量的 67.89%，二河闸多年平均输沙量占出湖总沙量 20.08%，高良涧闸输沙量仅占出湖总沙量的 12.03%。

表 6.1　　　　　　　　　　洪泽湖年际入出湖水量分布　　　　　　　　单位：亿 m³

年份	入湖水量	出湖水量	年份	入湖水量	出湖水量	年份	入湖水量	出湖水量
1975	521.00	519.00	1989	217.90	288.00	2003	771.20	829.50
1976	150.00	148.00	1990	268.30	242.00	2004	217.00	171.40
1977	227.00	205.00	1991	638.40	664.90	2005	516.70	518.60
1978	46.00	48.00	1992	113.80	77.60	2006	281.16	243.50
1979	221.00	186.00	1993	219.40	182.20	2007	449.71	428.00
1980	467.00	447.00	1994	95.20	39.00	2008	256.34	228.36
1981	152.00	143.00	1995	119.20	74.10	2009	150.98	146.11
1982	475.00	421.00	1996	400.70	370.60	2010	371.56	322.64
1983	434.80	375.30	1997	140.80	158.60	2011	107.61	159.71
1984	553.70	499.00	1998	505.80	497.80	2012	128.18	76.47
1985	409.00	315.70	1999	83.00	49.70	2013	96.93	88.21
1986	186.00	148.70	2000	380.40	361.70	2014	212.14	185.84
1987	431.40	381.40	2001	58.80	103.60	2015	393.84	371.81
1988	163.10	101.00	2002	225.20	170.20	平均	289.20	268.01

表 6.2　　　　　　　　　　洪泽湖年际入出湖沙量分布　　　　　　　　单位：万 t

年份	入湖沙量	出湖沙量	年份	入湖沙量	出湖沙量	年份	入湖沙量	出湖沙量
1975	2118.00	1350.00	1989	873.40	337.20	2003	1230.00	903.00
1976	486.00	217.00	1990	500.40	265.70	2004	227.70	106.10
1977	519.00	456.00	1991	1446.30	755.20	2005	916.00	416.00
1978	80.00	73.00	1992	93.00	72.50	2006	526.00	189.30
1979	967.00	412.00	1993	196.00	146.30	2007	1451.00	376.00
1980	1280.00	864.00	1994	44.10	52.50	2008	540.00	222.20
1981	997.00	529.00	1995	112.80	47.70	2009	76.00	100.30
1982	154.00	162.00	1996	800.00	200.00	2010	710.80	244.00
1983	1455.50	580.10	1997	163.10	133.80	2011	80.06	68.00
1984	1701.70	809.50	1998	915.00	312.00	2012	120.10	87.20
1985	651.70	325.20	1999	100.30	70.10	2013	48.40	53.60
1986	359.10	185.30	2000	850.00	416.30	2014	217.70	128.00
1987	790.30	509.30	2001	20.80	55.10	2015	623.00	357.00
1988	237.60	107.00	2002	546.90	161.30	平均	615.26	313.56

1975—2015 年洪泽湖多年平均入出湖水沙量如图 6.1 所示。由图 6.1 可知，1975—2015 年间洪泽湖多年平均入出湖水量和沙量均呈波状浮动，每年入湖水量和出湖水量相差不大，较为统一。除 1982 年、1994 年、2001 年、2009 年、2013 年外，洪泽湖入湖沙量均大于出湖沙量，总体呈淤积状态。水沙量变化表现出密切的相关性，具有较为明显的多水多沙，少水少沙特性。淮河流域 1975 年、1983 年、1991 年、2003 年和 2007 年发生较大洪水，入湖水沙量突出；1978 年、1986 年、1992 年、1994 年、2000 年、2001 年旱灾严重，洪泽湖来水来沙均有显著减小。

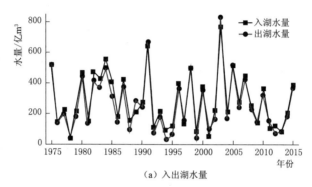

（a）入出湖水量

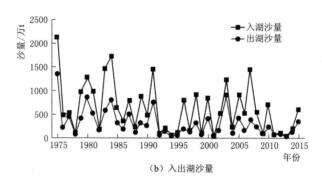

（b）入出湖沙量

图 6.1　洪泽湖多年入出湖水沙量

图 6.2 和图 6.3 分别为洪泽湖入出湖水沙的相关关系，并给出了线性回归方程及相应的相关系数平方值 R^2。不难看出，洪泽湖入湖水沙和出湖水沙相关系数的平方值在 0.6 左右，这表明洪泽湖入出湖水沙量具有较强的相关关系。

采用式（6.1）变差系数 C_v 来说明洪泽湖入出湖水沙量 1975—2015 年时间序列分布的离散程度。

$$C_v = \frac{\sigma}{\mu} \tag{6.1}$$

式中：σ 为多年水沙量时间序列的均方差；μ 为多年水沙量的平均值。

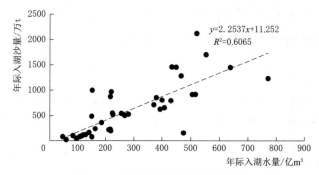

图 6.2　洪泽湖入湖水沙相关关系

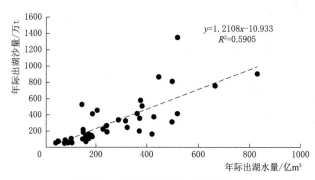

图 6.3　洪泽湖出湖水沙相关关系

由于淮河流域主要径流来源于降水，而且降水量在年内和年际变化幅度较大，故而洪泽湖入出湖水沙量时间序列的 C_v 值较大。变差系数 C_v 越大，表明该时间序列离散程度越大，分布越不集中。经计算，洪泽湖入湖水量 C_v 值为 0.612，洪泽湖出湖水量 C_v 值为 0.678，出湖水量的 C_v 值较入湖水量大，表明出湖水量的年际变化比入湖水量大；洪泽湖入湖沙量 C_v 值为 0.855，洪泽湖出湖沙量 C_v 值为 0.913，出湖沙量的 C_v 值较入湖沙量大，表明出湖沙量的年际变化比入湖沙量大。入出湖沙量的 C_v 值均比入出湖水量的 C_v 变化大，说明沙量的年际变化较水量大。出湖水沙量的 C_v 值比入湖水沙量的 C_v 大，说明出湖水沙量的变化较入湖水沙量大。

6.2　洪泽湖入出湖水沙趋势分析

6.2.1　M-K 趋势检验法

采用 M-K 趋势检验法对入出洪泽湖水量和沙量进行趋势分析。曼-肯德尔（Mann-Kendall）非参数检验方法（简称 M-K 检验方法）常被应用于径流、水位、降水及泥沙等长时间水文序列的趋势和突变分析之中[52-53]。M－K趋势检验法的变量可以不遵从某一特定分布，且检验不受少数异常值干扰，能够客观地表征样本序列整体变化趋势，适用于水文变量的趋势检验。

M－K趋势检验法的研究过程在于，对于含有 n 个样本的时间序列 x_1，x_2，$\cdots$，x_n，构造一个秩序列 S_k，S_k 反映的是第 i 时刻数值大于 j 时刻数值个数的累计数，表达式为

$$S_k = \sum_{i=1}^{k} r_i \qquad (k = 2, 3, \cdots, n) \qquad (6.2)$$

其中
$$r_i = \begin{cases} 1, & x_i > x_j \\ 0, & x_i \leqslant x_j \end{cases} \qquad (j = 1, 2, \cdots, i)$$

在时间序列随机独立的假定下，定义统计量为

$$UF_k = \frac{S_k - E(S_k)}{\sqrt{Var(S_k)}} \qquad (k = 2, \cdots, n) \qquad (6.3)$$

式中：UF_k 为统计量，$UF_1 = 0$；$E(S_k)$、$Var(S_k)$ 分别为秩序列 S_k 的均值和方差，并且当 x_1，x_2，$\cdots x_n$ 相互独立时，$E(S_k)$、$Var(S_k)$ 具有相同分布，则可由式（6.4）和式（6.5）计算得出。

$$E(S_k) = \frac{n(n+1)}{4} \qquad (6.4)$$

$$Var(S_k) = \frac{n(n-1)(2n+5)}{72} \qquad (6.5)$$

UF_k 为标准正态分布，它是以时间序列 x_1，x_2，$\cdots$，x_n 计算得到的统计量序列，给定显著性水平 α，查正态分布表[54]，如果 $|UF_i| > U_a$，则表明序列存在明显趋势性变化。

时间序列整体的趋势变化检验统计量计算式为[55]

$$S_{MK} = \sum_{i=1}^{n-1} \sum_{j=i+1}^{n} sign(x_j - x_i) \qquad (6.6)$$

其中
$$sign(x_j - x_i) = \begin{cases} 1, & x_j - x_i > 0 \\ 0, & x_j - x_i = 0 \\ -1, & x_j - x_i < 0 \end{cases}$$

式中：sign 为数学符号函数。

M－K趋势统计量计算式为

$$Z = \begin{cases} \dfrac{S_{MK} - 1}{\sqrt{Var(S_{MK})}}, & S > 0 \\ 0, & S = 0 \\ \dfrac{S_{MK} + 1}{\sqrt{Var(S_{MK})}}, & S < 0 \end{cases} \qquad (6.7)$$

其中　　　$Var(S_{MK}) = \dfrac{n(n-1)(2n+5) - \sum\limits_{k=1}^{m} t_k(t_k-1)(2t_k+5)}{18}$

如果不存在相关性，则

$$Var(S_{MK}) = \dfrac{n(n-1)(2n+5)}{18}$$

式中：Z 为 M－K 趋势统计量数值，当 Z 值为正时，表示增大趋势；Z 值为负时，表示减小趋势；m 为约束组的数目；t_k 为第 k 组的数据组的数目。

6.2.2　水沙变化趋势

对 1975—2015 年洪泽湖入湖、出湖水沙进行 M－K 趋势检验，得到 M－K 趋势统计量 Z 见表 6.3。以 1975 年为计算原点，计算得到的多年平均洪泽湖入湖、出湖水沙正序的 M－K 统计量 UF 序列如图 6.4 所示。入湖水量和出湖水量 1975—2015 年 M－K 趋势统计量 Z 分别为 -0.98 和 -0.60，减小趋势不明显，这与近 50 年来淮河流域年径流量总体呈现减小趋势，变化趋势不明显的结论一致[56]。入湖水量和出湖水量在 1982—1991 年间出现不明显增加趋势，其余均基本呈现减小趋势。其中，1994—2005 年入湖水量和出湖水量 M－K 统计值 UF 贴近显著性 $\alpha = 0.05$ 时的临界值 -1.96，减小趋势相对较为显著。但 1975—2015 年整个研究期间入湖水量和出湖水量的 M－K 统计值 UF 均小于显著性水平，无显著变化趋势，洪泽湖入、出湖水量变化属于正常波动。

表 6.3　　　　洪泽湖多年入出湖水量和沙量 M－K 趋势统计量 Z

项　目	入湖水量	出湖水量	入湖沙量	出湖沙量
趋势统计量	-0.98	-0.60	-1.83	-2.53
检验判别	$|Z| = 1.96$	$|Z| = 1.96$	$|Z| = 1.96$	$|Z| = 1.96$
显著性水平	无明显减小	无明显减小	小幅减小	明显减小

1975—2015 年洪泽湖入湖沙量和出湖沙量 M－K 趋势统计量 Z 分别为 -1.83 和 -2.53，入湖沙量呈现小幅减小趋势，出湖沙量则超过显著性水平，减小趋势较为显著。入湖沙量除 1981 年和 1983—1987 年 M－K 统计值 UF 大于 0 呈增大趋势外，其余均呈现减小趋势。出湖沙量除 1981 年、1984 年、1985 年 M－K 统计值 UF 大于 0 外，其余各年均小于 0，呈现明显减小趋势。入出湖沙量 1994—2004 年和 2011—2015 年 M－K 统计值 UF 均超过临界值 -1.96，减小趋势突出。

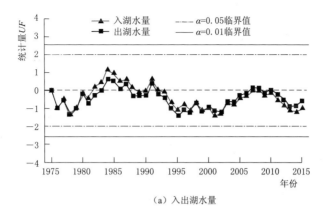

（a）入出湖水量

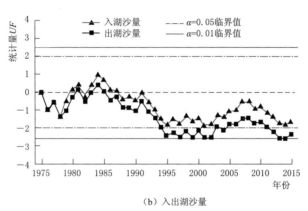

（b）入出湖沙量

图 6.4 洪泽湖入出湖水量和沙量 M-K 趋势统计量

6.3 洪泽湖入出湖水沙突变分析

6.3.1 突变检验方法

目前，突变检验分析方法有许多种，但不同的突变检验方法灵敏度不同，所得结果会略有差异[57]。

6.3.1.1 时序累计值曲线法

时序累计值曲线法是通过点绘水文变量的累积过程线，判断累计过程线的斜率是否发生显著变化。若斜率未发生变化或变化不显著，则说明水文时间序列突变不显著；若发生显著变化，则斜率发生变化的年份即为突变点。此方法计算简便，判断直观，但只能辨别较为明显的突变点，还需配合其他突变检验法进行分析。

6.3.1.2 M-K 突变检验法

M-K 突变检验法除了可以用于检测时间序列的变化趋势外，还可以用于突变检验。将所研究对象时间序列 x_1，x_2，$\cdots$，x_n 逆序，重复式（6.2）～式（6.5）过程，并定义

$$UB_k = -UF_k \qquad (k-n, \ n-1, \ \cdots, \ 2) \qquad (6.8)$$

使 $UB_1 = 0$，绘制 UF_k 及 UB_k 曲线。如果这两条曲线出现交点且交点在置信区间临界线的范围之内，那么交点对应的序列时刻便是突变开始的时刻。但 M-K 突变检验法不适用于存在多个或多尺度突变的序列[58]。即当置信区间内有多个交点时，可能存在伪变点，需去除杂点[52]。

6.3.1.3 Pettitt 突变检验法

Pettitt 突变检验法是一种与 M-K 突变检验法相似的非参数检验方法，由于 Pettitt A. N. 最先用于检测突变点，故将其称为 Pettitt 突变检验法。该方法是一种基于秩的非参数统计检验方法，具有操作简便、明确突变的时间、识别一个水文序列突变点等优点。

Pettitt 突变检验法可以弥补 M-K 突变检验法不能识别真伪变点的缺陷。Pettitt 突变检验法与 M-K 突变检验法一样，需要构造一个秩序列。对于样本容量为 n 的时间序列 x_1，x_2，$\cdots$，x_n，其对应的秩序列为

$$S_P = 2\sum_{i=1}^{k} r_i - k(n+1) \qquad (k=2, \ 3, \ \cdots, \ n) \qquad (6.9)$$

不同的是 Pettitt 突变检验法 r_i 分为以下 3 种情况进行定义

$$r_i = \begin{cases} 1, & x_i > x_j \\ 0, & x_i = x_j \\ -1, & x_i < x_j \end{cases} \qquad (j=1, \ 2, \ \cdots, \ i)$$

Pettitt 突变检验法是直接利用秩序列来检测突变点的，若在第 t_0 年出现显著突变，则有

$$k_{t_0} = \max |S_P| \qquad (6.10)$$

计算统计量为

$$P = 2e^{-6k_{t_0}^2 (n^2 + n^3)} \qquad (6.11)$$

在给定的显著性水平 α 下，若 $P < \alpha$，则认定 t_0 为显著性变点。这里选取显著性水平为 $\alpha = 0.5$。Pettitt 突变检验法只能识别长序列中一个变点，但水文序列中可能存在多个变点，所以需要多次重复使用识别。这里通过以下方法识别长序列的全部变点：①首先利用 Pettitt 突变检验法得到一级突变点；②基于一级突变点将水文长序列划分为两部分，分别进行 Pettitt 检验，如果无显著性变点，则无二级变点，若有显著性变点则重复之前步骤，直至找到序列中全部变点。

组合突变检验法即首先利用 M-K 突变检验法,分析可能存在的突变点,然后利用 Pettitt 突变检验法识别去除伪变点,找到真实突变点。该方法既弥补了 M-K 突变检验法无法辨识真伪突变点的缺陷,也能更科学准确地识别到全部突变点。

其步骤为:①首先利用 M-K 突变检验法,分析可能存在的突变点;②利用 Pettitt 突变检验法识别所有的突变点;③根据 M-K 突变检验法得到的可能突变点来验证 Pettitt 突变检验法得到的突变点是否显著,如果 Pettitt 突变检验法识别的突变点与 M-K 突变检验法识别的突变点不同或不在突变区域内,则该突变点为非显著性变点;④利用 Pettitt 显著性变点去除 M-K 突变检验法中的伪变点,找到真实突变点。

6.3.1.4 滑动 t 检验法

滑动 t 检验法是用来检验两组样本平均值的差异是否显著的突变检验法,其在研究过程中对时间序列中的两段子序列均值有无显著性差异进行判定,一旦均值差异超过了一定的显著性水平,可以认为有突变发生。对于具有 n 个样本量的时间序列,设置某一时刻为基准点,统计量 T 的计算公式为

$$T = \frac{\overline{x_1} - \overline{x_2}}{S_T \sqrt{\dfrac{1}{n_1} + \dfrac{1}{n_2}}} \tag{6.12}$$

其中 $$S_T = \sqrt{\frac{(n_1 - 1)S_1^2 + (n_2 - 1)S_2^2}{n_1 + n_2 - 2}}$$

式中:$\overline{x_1}$、$\overline{x_2}$ 分别为前后子序列的均值;S_1^2、S_2^2 分别为前后子序列的方差;n_1、n_2 分别为前后子序列的长度;对于给定的显著性水平 α,查 t 分布表得到临界值 T_α,若 $|T| < T_\alpha$,则表明该点存在显著性突变,即为突变点。

为得到所研究时间序列较为精确的突变点,分别利用时序累计值曲线法、M-K 突变检验法、Pettitt 突变检验法和滑动 t 检验法对洪泽湖入出湖的径流量和输沙量时间序列进行突变检验,以得到所研究时间序列的精确突变点。

6.3.2 水量突变分析

6.3.2.1 时序累计值曲线法

采用时序累计值曲线法,点绘洪泽湖时序累计入出湖水量曲线如图 6.5 所示。由图分析可得,洪泽湖累计入出湖水量曲线斜率变化并不明显,因此可以初步推断,洪泽湖 1975—2015 年入出湖水量没有发生显著性突变。

6.3.2.2 组合突变检验法

计算 1975—2015 年洪泽湖入出湖水量正、逆序列 M-K 统计量序列及 Pettitt 突变点识别曲线如图 6.6 所示。入湖水量 M-K 突变检验在显著性临界

曲线间，入湖水量正逆序列曲线的交点有多个，分别在 1976—1979 年、1991 年、1996—2002 年和 2008 年间，但 UF 曲线未超过临界线。在进行 Pettitt 突变点识别，得到突变点 $t=1991$ 年，$P=0.59>0.50$，即突变点不是显著的，因此入湖水量无突变点。

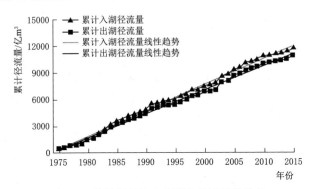

图 6.5　洪泽湖累计入出湖水量及线性趋势

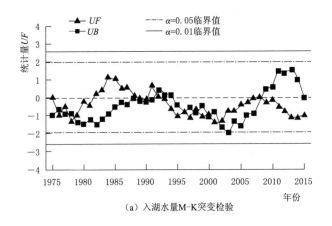

（a）入湖水量 M-K 突变检验

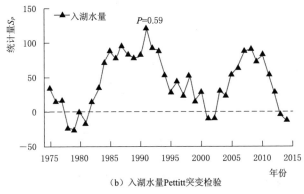

（b）入湖水量 Pettitt 突变检验

图 6.6（一）　洪泽湖入出湖水量 M-K 突变检验和 Pettitt 突变检验

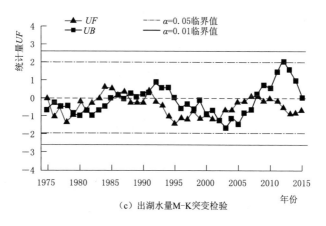

（c）出湖水量M-K突变检验

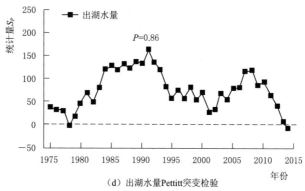

（d）出湖水量Pettitt突变检验

图 6.6（二） 洪泽湖入出湖水量 M-K 突变检验和 Pettitt 突变检验

出湖水量正逆序列曲线的交点位于 1975—1981 年、1986—1991 年、2000—2002 年和 2008 年，但 UF 曲线未超过临界线。经过 Pettitt 突变点识别，得到 $t=1991$ 年，$P=0.86>0.50$，突变点并非显著变点，M-K 置信曲线内的交点为伪变点，出湖水量无突变点。

6.3.2.3 滑动 t 检验法

在使用滑动 t 检验法时，为了避免误差影响，对子序列长度 L 选取 5、10 和 15 三种工况，分析不同子序列长度水文时间序列的突变情况，分析结果如图 6.7 所示。由图可知，洪泽湖入出湖水量滑动 t 检验统计量均位于置信区间内，没有显著突变点，说明洪泽湖 1975—2015 年入出湖水量没有发生显著性突变。

综上所述，洪泽湖 1975—2015 年入出湖水量无突变点，没有发生显著性突变。

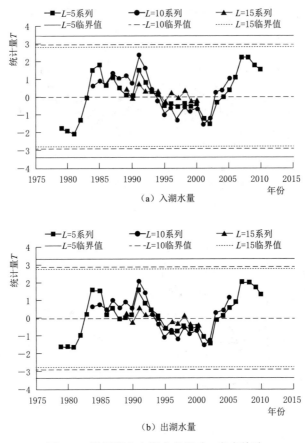

（a）入湖水量

（b）出湖水量

图 6.7　洪泽湖入出湖水量滑动 t 突变检验

6.3.3　沙量突变分析

6.3.3.1　时序累计值曲线法

采用时序累计值曲线法，点绘洪泽湖时序累计入出湖沙量曲线，结果如图 6.8 所示。由图可知，洪泽湖累计入出湖沙量曲线斜率变化并不明显，因此可以初步推断，洪泽湖 1975—2015 年入出湖沙量没有发生显著性突变。

6.3.3.2　组合突变检验法

计算 1975—2015 年洪泽湖入湖沙量正、逆序列 M-K 统计量序列及 Pettitt 突变点识别曲线如图 6.9 所示。入湖沙量 M-K 统计量序列曲线交点发生在 1988—1991 年和 2003—2007 年，但 UF 曲线未超过临界曲线。经过 Pettitt 突变点识别，得到 $t = 1991$ 年，$P = 0.20 < 0.50$，确定 1991 年为一级突变点。将长时间水文序列根据一级突变点划分为两个序列：1975—1991 年

和 1991—2015 年，对其进行 Pettitt 二级突变点识别，分别得到 $t=1984$ 年，$P=1.38>0.50$ 和 $t=2008$ 年，$P=0.92>0.50$，即不存在二级突变点。综上入湖沙量在 1991 年有发生突变的可能[49]。

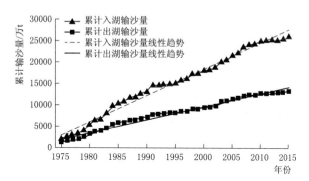

图 6.8　洪泽湖累计入出湖沙量及线性趋势

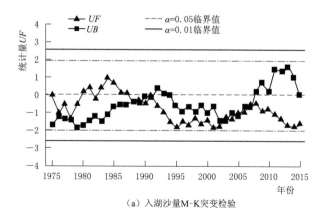

（a）入湖沙量 M-K 突变检验

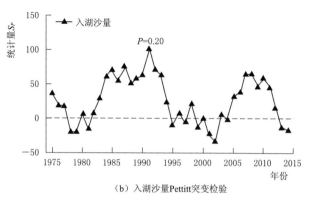

（b）入湖沙量 Pettitt 突变检验

图 6.9（一）　洪泽湖入湖沙量 M－K 突变检验和 Pettitt 一、二级突变点识别

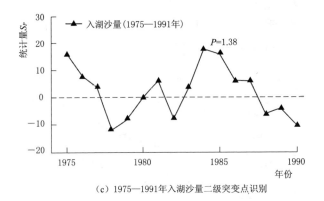

（c）1975—1991年入湖沙量二级突变点识别

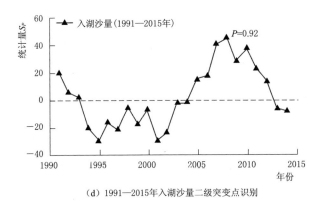

（d）1991—2015年入湖沙量二级突变点识别

图 6.9（二）　洪泽湖入湖沙量 M－K 突变检验和 Pettitt 一、二级突变点识别

出湖沙量正、逆序列 M－K 统计量序列及 Pettitt 突变点识别曲线如图 6.10 所示。在置信区间内的交点为 1987—1988 年，UF 曲线超过 $\alpha = 0.05$ 临

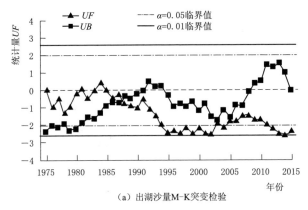

（a）出湖沙量M-K突变检验

图 6.10（一）　洪泽湖出湖沙量 M-K 突变检验和 Pettitt 一、二级突变点识别

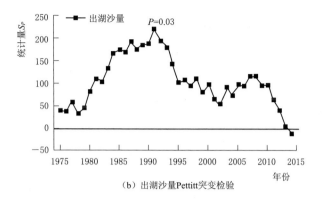

（b）出湖沙量Pettitt突变检验

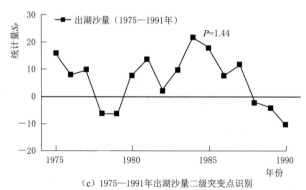

（c）1975—1991年出湖沙量二级突变点识别

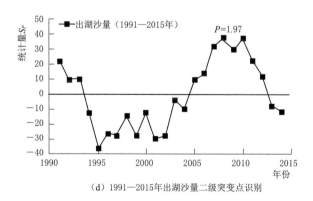

（d）1991—2015年出湖沙量二级突变点识别

图 6.10（二）　洪泽湖出湖沙量 M－K 突变检验和 Pettitt 一、二级突变点识别

界曲线但未超过 $\alpha = 0.01$ 临界曲线，认为出湖沙量可能存在突变点，但不显著。而经 Pettitt 突变点识别，得到一级突变点 $t = 1991$ 年，$P = 0.03 < 0.50$，确定 1991 年为出湖沙量的一级突变点。进行 1975—1991 年和 1991—2015 年的二级突变点识别，分别得到 $t = 1984$ 年和 $t = 2008$ 年，$P = 1.44 > 0.50$ 和

$P=1.97>0.50$，突变点不显著，即不存在二级突变点。因此，出湖沙量的突变点为1991年[49]，但突变是否显著仍需结合其他方法进行确定。

6.3.3.3 滑动 t 检验法

在使用滑动 t 检验法分析时，为了避免误差影响，对子序列长度 L 选取5、10和15三种工况，分析不同子序列长度水文时间序列的突变情况，分析结果如图6.11所示。由图可知，洪泽湖入出湖沙量滑动 t 检验统计量均位于置信区间内，没有显著突变点，说明洪泽湖1975—2015年入出湖沙量没有发生显著性突变。

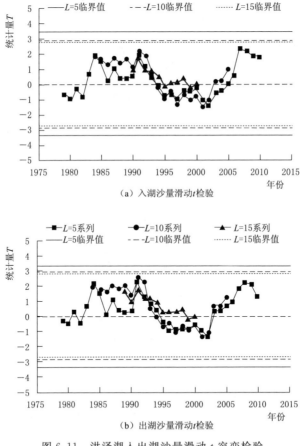

（a）入湖沙量滑动t检验

（b）出湖沙量滑动t检验

图 6.11　洪泽湖入出湖沙量滑动 t 突变检验

综上所述，洪泽湖1975—2015年入出湖沙量没有发生显著性突变，但在1991年有明显转折点。

6.4 洪泽湖水沙变化成因

6.4.1 水量变化成因

影响流域来水量变化的主要因素有降水量和人类活动用水量，下面就从这两方面对入出洪泽湖水量变化进行分析。首先分析降水量变化对入出湖水量变化的影响。由上述分析得到洪泽湖入湖水量和出湖水量变化趋势一致，且 M－K 趋势统计量 Z 相近。所以这里主要分析降水量变化对入湖水量变化的影响，而降水量对出湖水量变化的影响不再赘述。由图 6.12（a）可以看到，降水量和入湖水量变化较为同步，入湖水量随着降水量的变化而变化。1975年、1983 年、1991 年、2003 年和 2007 年淮河流域发生特大洪水，洪泽湖降水量超过 1000mm 时，入湖水量明显增加。1978 年、1986 年、1992 年、1994年、2000 年、2001 年淮河流域降水量减少，出现旱灾，入湖水量骤减。因降

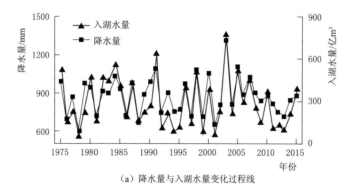

（a）降水量与入湖水量变化过程线

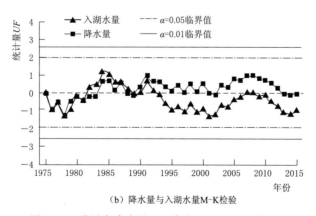

（b）降水量与入湖水量M-K检验

图 6.12 洪泽湖降水量、入湖水量和 M－K 统计量图

水量减少，连续旱灾的出现，1992—2003 年入湖水量减小趋势明显，M-K 统计量值 UF 贴近 $\alpha=0.05$ 临界值。

对多年降水量数据进行 M-K 趋势分析，得到 1975—2015 年降水量 M-K 趋势统计值 Z 为 -0.05，降水量呈现不明显减小趋势，降水量与入湖水量变化趋势一致。已有文献指出近 50 年淮河流域降水年际波动较为强烈，总体呈现降水强度不明显减小趋势[59-60]，与研究结果相符。由图 6.12（b）可见，1975—1982 年降水量呈现减小趋势，1983 年以后基本呈现增加趋势，2007 年以后，降水量增加趋势不断减弱，2013—2015 年呈现出微弱的减小趋势。

1993 年前，降水量的变化趋势与入湖水量基本一致，降水量对入湖水量变化起主导作用。选择 1975—1993 年为整个研究时段的基准期，对年降水量和年际入湖水量进行回归分析，如图 6.13 所示，得到基准期入湖水量和年降水量的相关关系为 $y=1.0656x-640.72$，相关系数的平方值 $R^2=0.8007$，这表明降水量与入湖水量之间具有较强的相关性。

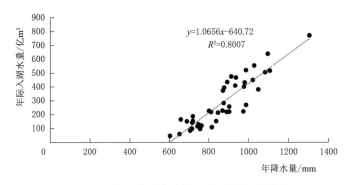

图 6.13　年降水量与年际入湖水量相关关系

1993 年以后，降水量呈增大趋势，而入湖水量呈现减小趋势，则是因为随着社会经济不断发展，流域水资源开发利用程度对入湖水量的影响程度加大。表 6.4 为 1993—2015 年淮河流域用水量数据，1993—2015 年用水量由 404.35 亿 m^3 增加到 540.15 亿 m^3，M-K 趋势检验得到趋势统计量 $Z=4.72$ 远超过 $\alpha=0.05$ 显著水平，用水量增加趋势突出。据统计 1994—2004 年期间，淮河流域经济增长 1.35 倍，人口增长了 800 万人[61]。随着人口增长，生活用水、建设生产用水、农业灌溉用水和水产养殖等活动的快速发展，使得水资源开发利用程度不断增加，水资源开发利用率超过 60%[62]。这成为 1993 年后洪泽湖入湖水量减少的主要原因。

表 6.4			1993—2015 年淮河流域用水量				单位：亿 m³	
年份	1993	1994	1995	1996	1997	1998	1999	2000
用水量	404.35	435.98	457.10	485.32	469.54	480.53	519.19	468.98
年份	2001	2002	2003	2004	2005	2006	2007	2008
用水量	536.80	530.41	410.87	493.19	479.63	521.62	487.07	544.22
年份	2009	2010	2011	2012	2013	2014	2015	
用水量	572.12	571.69	586.05	577.01	569.76	536.73	540.15	

6.4.2 沙量变化成因

输沙量与来水量密切相关，上述趋势分析中得到 1994—2005 年入湖水量有不显著减少，输沙量在 1994—2005 年也有轻微显著减少，入湖、出湖水沙增减变化趋势较为一致。但水量的变化趋势均未超过显著性水平，入湖、出湖沙量减小趋势相对较为突出。表明除受来水量变化影响外，人类活动因素对输沙量变化的影响较大。

为合理开发水能资源，减少淮河流域洪涝灾害，自 20 世纪 50 年代起，淮河流域进行了大规模的水库建设和开发。目前，淮河流域先后建成了 18 座大型水库，总库容达到 133.15 亿 m³，调蓄洪水库容最高可达 88.9 亿 m³[56]。统计洪泽湖上游大、中型水库 1975—2015 年水库库容，分析水库库容变化对洪泽湖入湖沙量变化的影响，如图 6.14 所示。研究时段并非淮河流域水库建设的繁荣时期，这里按照洪泽湖上游，淮河流域大、中型水库的建成时间和库容变化对时间节点进行划分，将时段划分为：1975—1978 年、1979—1991 年、1992—2015 年。1975—2015 年水库库容由 147.5 亿 m³ 增加到 158.54 亿 m³，时段入湖沙量平均值由 798.05 万 t 减少到 521.53 万 t，时段出湖沙量平均值

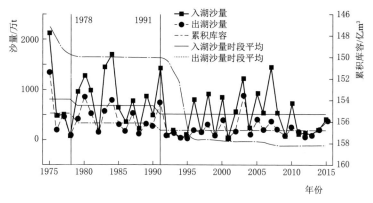

图 6.14 洪泽湖入出湖沙量和洪泽湖上游水库总库容历年变化关系

由 523.87 万 t 减少到 226.94 万 t。入湖沙量和出湖沙量随着修建水库的总库容的增加而减少，说明上游水库滞洪拦沙是入出洪泽湖沙量减少的原因之一。

6.5 小　　结

利用入出洪泽湖各支流代表水文站 1975—2015 年实测年径流量和年输沙量数据，分析入出洪泽湖水量和沙量分布特征。在此基础上，从流域降水、水资源开发利用和水库滞沙 3 个主要影响因素分析了洪泽湖水沙变化。研究结果表明：

（1）洪泽湖水沙空间分布。洪泽湖入湖水量和入湖沙量主要来自淮河干流，淮河干流多年平均入湖水量和沙量分别占洪泽湖多年入湖总水量和沙量的 86.49% 和 86.54%；洪泽湖出湖水量和沙量主要经三河闸排入长江，三河闸多年平均出湖水量和沙量分别占出湖总水量和沙量的 58.96% 和 67.89%。

（2）采用 M-K 趋势检验法对入出洪泽湖水量和沙量进行趋势分析，得到 1975—2015 年洪泽湖入湖、出湖水量显著性水平 $\alpha = 0.05$ 的置信区间内，无明显减小趋势；入湖沙量有小幅减小趋势，出湖沙量 M-K 趋势统计量 Z 超过置信区间，有明显减小趋势。

（3）基于时序累计值曲线法、M-K 突变检验法、Pettitt 突变检验法和滑动 t 检验法，对洪泽湖入湖、出湖水量和沙量进行突变分析。结果表明，洪泽湖入出湖水量在 1975—2015 年无突变点。入出湖沙量在 1975—2015 年也未发生显著突变，但在 1991 年有个转折点，入出湖沙量减小趋势相对较为明显。

（4）对洪泽湖水沙变化的影响因素进行分析。降水量与入湖水量的变化呈现明显的一致性，且降水量与入湖水量的变化趋势在 1993 年前较为统一，1993 年后出现降水量增大趋势和入湖水量减小趋势。分析原因这与 1993 年后流域供水量急剧增加、水资源开发利用程度提高相关，工农业及生活用水的增加、水资源的不断开发，减少了入湖径流。洪泽湖入湖、出湖沙量减小趋势相对明显，主要原因是受到上游水库滞洪拦沙和洪泽湖泥沙持续淤积的影响。

第7章

洪泽湖水位变化趋势及入湖水沙序列
周期性分析

首先利用蒋坝水文站 1959—2019 年近 61 年的水位数据,采用 M-K 非参数检验方法,分别从年度水位和月度水位两方面出发研究洪泽湖历年来年特征水位、月平均水位变化趋势及突变特征;然后根据洪泽湖 1975—2015 年近 41 年的来水来沙量数据,在统计分析的基础上,采用小波分析方法对洪泽湖近 41 年的来水来沙序列进行研究,分析洪泽湖入湖水沙序列的时空变化规律及特征,找出水沙序列存在的主要时间尺度,分析水沙序列的丰枯变化过程,并预测未来短时间内的水沙变化趋势[63-64]。

7.1 数据来源及处理

针对洪泽湖历年来年特征水位、月平均水位变化趋势及突变分析,选用蒋坝水文站作为洪泽湖代表水位站,利用蒋坝水文站 1959—2019 年近 61 年的逐日水位数据,数据来源为长序列《中华人民共和国水文年鉴·淮河流域水文资料》及滁州水位综合服务系统(http://183.167.204.72:8001/czweb/web-site/default.aspx),分别从年度水位和月度水位两方面出发,利用 M-K 非参数检验方法研究洪泽湖历年来水位变化趋势和突变特征。

针对洪泽湖年入湖水沙序列周期性分析,为更好地反映天然条件下洪泽湖水沙序列的特性变化,选用受人工控制影响较小的洪泽湖年入湖水沙量进行研究,收集了洪泽湖 1975—2015 年实测年径流量和年输沙量数据,数据来源于《中华人民共和国水文年鉴·淮河流域水文资料》、《淮河片水资源公报》、《中国河流泥沙公报》和部分相关文献,进而统计得出洪泽湖近 41 年的来水来沙序列。首先对其进行距平(中心化)处理,其次为消除"边界效应"的影响,利用 Matlab 软件对距平后的数据进行延伸处理。在统计分析的基础上,对距平、延伸后的年来水来沙序列进行整理,利用 Matlab 软件对其进行连续小波变换并计算小波系数[65],进而绘制出洪泽湖年来水来沙量距平序列(经过距平、延伸后）小波系数实部和模方等值线，小波方差和主周期变化趋势。

7.2 洪泽湖水位变化趋势及突变分析

7.2.1 年特征水位变化趋势及突变分析

洪泽湖水位同时受天然条件（入湖河流来水量、降水等）和人工调控的双重影响，因此根据其历年来实测水位数据，采用 M-K 检验方法研究其变化发展的原因及趋势。

图 7.1 为洪泽湖年特征水位过程线及趋势线。由此可以分析得到，总体来看洪泽湖 1959—2019 年近 61 年内的年平均水位、年最高水位和年最低水位在整体上均呈现出一个增加的趋势，但期间也存在着明显的上下波动。

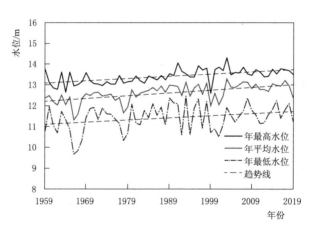

图 7.1 洪泽湖年特征水位过程线及趋势线

表 7.1 为洪泽湖年特征水位趋势性分析结果。由此可以看到，年平均水位和年最高水位的 M-K 趋势统计量 Z 分别为 5.16 和 5.02，通过了 $\alpha=0.05$ 的显著性检验，整体均呈现出异常显著的增加趋势；年最低水位的趋势统计量 Z 为 2.12，同样通过了显著性检验，但整体呈现出较显著的增加趋势。

表 7.1　　　　　　　　　　洪泽湖年特征水位趋势性分析结果

特征水位	上升趋势时段	下降趋势时段	突变年份	趋势统计量 Z	趋势变化显著性
年平均水位	其余时段	1961—1969 年	1982	5.16	异常显著增加
年最高水位	1979—2019 年	1959—1978 年	1986	5.02	异常显著增加
年最低水位	其余时段	1962—1970 年	1982	2.12	较显著增加

图 7.2 为洪泽湖年特征水位 M-K 突变分析，由图可以分析得到年平均水位、年最高水位和年最低水位的变化趋势。首先针对总体趋势变化来看，三种特征水位基本在 1979 年之前均存在着一个增减性的波动变化，趋势变化程度均不显著；1980 年之后便开始呈现一个增加的趋势，尤其是年平均水位和年最高水位分别在 1984 年和 1990 年之后突破临界线，增加趋势开始显著，而年最低水位则呈现出一个变化幅度波动增加的趋势；针对突变点来看，三种特征水位的突变年份均在 20 世纪 80 年代期间。

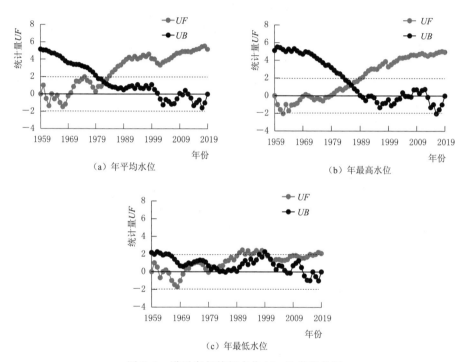

（a）年平均水位 （b）年最高水位

（c）年最低水位

图 7.2 洪泽湖年特征水位 M-K 突变分析

7.2.2 月平均水位变化趋势及突变分析

图 7.3 为洪泽湖历年来各月份平均水位分布。由图可以分析得到，洪泽湖近 61 年来各月份的平均水位变化线类似于平"V"形，3 月的平均水位在一年中是最高的，6 月的平均水位在一年中是最低的。洪泽湖流域的汛期一般在 5—9 月，非汛期一般在当年 10 月至次年 4 月。因此从非汛期的 10 月开始，洪泽湖为满足农业及城市需水便开始蓄水；而在汛期 5 月开始，为发挥洪泽湖对淮河流域的洪水调蓄作用同时满足周边农作物的用水需求，水位开始降低。

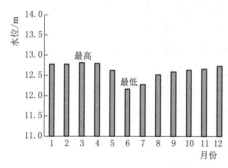

图 7.3　洪泽湖各月份平均水位分布

表 7.2 为洪泽湖月平均水位趋势分析结果，图 7.4 为洪泽湖各月份平均水位 M-K 突变分析。由此可以分析得到，首先针对总体趋势变化来看，近 61 年来洪泽湖各月份的 M-K 趋势统计量 Z 均大于 0，说明各月份的平均水位均存在着一个增加趋势，除 7 月的非显著增加和 8 月的较显著增加外，其他各月份的增加趋势均为异常显著。

具体来看，1—6 月各月份基本在 1972 年之前存在着一个降低的趋势，降低趋势均基本未突破临界线，降低趋势不显著；1972 年之后则存在着一个增加的趋势，基本在 20 世纪 80 年代便突破临界值，增加趋势开始呈现异常显著态势。7 月、9 月和 10 月的水位基本是在前期存在着一个增减性的波动变化，后期则是出现增加趋势；8 月、11 月和 12 月的水位在整体上基本存在着增加的趋势；针对突变点来看，除 10 月以外，其他各月份基本在 20 世纪 80 年代左右存在着突变点。

表 7.2　　　　　　　　　　　　洪泽湖月平均水位趋势分析结果

月份	上升趋势时段	下降趋势时段	突变年份	趋势统计量 Z	趋势变化显著性
1	1959—1970	1971—2019	1984	4.97	异常显著增加
2	1959—1971	1972—2019	1984	4.95	异常显著增加
3	1959—1971	1972—2019	1982	5.18	异常显著增加
4	1959—1972	1973—2019	1981	5.11	异常显著增加
5	1959—1972	1973—2019	1984	4.64	异常显著增加
6	1959—1971	1972—2019	1983	3.17	异常显著增加
7 *	1970—1976 1985—2019	1977—1984	1973，1983	1.52	非显著增加
8	1959—2019	—	1986	2.07	较显著增加
9	1965—1967	其余时段	1984	3.58	异常显著增加
10	其余时段	1963—1966	1968	3.65	异常显著增加
11	1959—2019	—	1977，1979	4.10	异常显著增加
12	1959—2019	—	1980	4.79	异常显著增加

*　7 月水位在 1959—1970 年存在着多个增减变化。

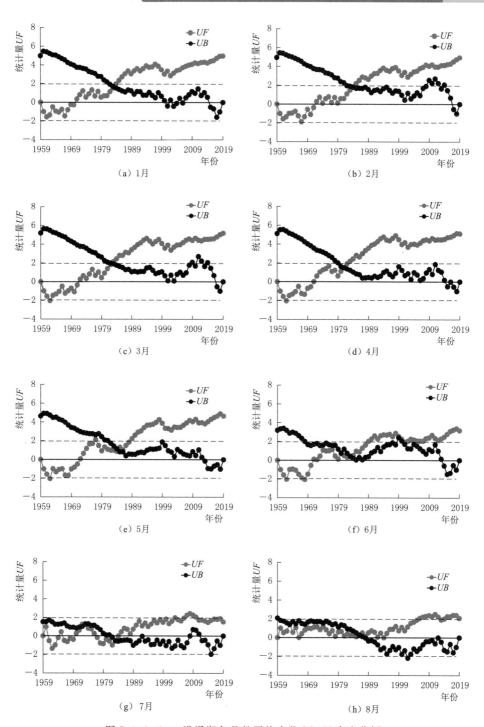

图 7.4（一） 洪泽湖各月份平均水位 M-K 突变分析

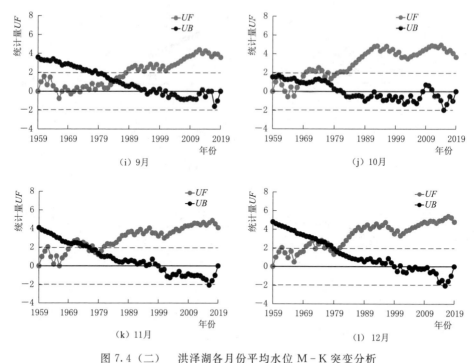

图 7.4（二）　洪泽湖各月份平均水位 M－K 突变分析

7.3　洪泽湖年入湖水沙序列周期性分析

7.3.1　小波分析方法

7.3.1.1　小波函数

小波函数是指具有振荡性、能够迅速衰减到 0 的一类函数。小波分析的基本思想就是用一簇小波函数来表示或逼近某一信号或函数，因此小波函数是小波分析的关键所在。定义小波函数 $\psi(t) \in L^2(R)$ 且满足

$$\int_{-\infty}^{+\infty} \psi(t)\mathrm{d}t = 0 \tag{7.1}$$

式中：$\psi(t)$ 为小波函数，它可通过尺度的伸缩和时间轴上的平移构成如下一簇函数系：

$$\psi_{a,b}(t) = |a|^{-1/2} \psi\left(\frac{t-b}{a}\right) \qquad (a, b \in R, a \neq 0) \tag{7.2}$$

式中：$\psi_{a,b}(t)$ 为子小波；a 为无量纲时间尺度因子，反映小波的周期长度；b 为平移因子，反映时间上的平移；R 为全体实数。

对水文时间序列进行周期性分析和识别的方法有多种，而小波分析在识别水文时间序列的周期性过程中，可以识别被复杂变化过程所掩盖的局部特征而被广泛应用。目前，可选用的小波函数很多，如 Morlet 小波、Mexican hat 小波、Haar 小波和 Meyer 小波等，鉴于所研究对象的水文特征，选用 Morlet 小波函数来分析洪泽湖近 41 年水沙序列的多时间尺度变化特征[66-68]。

7.3.1.2　小波变换

定义 $L^2(R)$ 为在实轴上、可测的平方可积函数空间，若函数 $f(t) \in L^2(R)$ 且满足

$$\int_{-\infty}^{+\infty} |f(t)^2| \, \mathrm{d}t < \infty \qquad (7.3)$$

那么对于给定的能量有限信号 $f(t) \in L^2(R)$，连续小波变换定义为

$$W_f(a,b) = |a|^{-1/2} \int_{-\infty}^{+\infty} f(t) \, \overline{\psi}\left(\frac{t-b}{a}\right) \mathrm{d}t \qquad (7.4)$$

式中：$W_f(a,b)$ 为小波变换系数；$\overline{\psi}\left(\dfrac{t-b}{a}\right)$ 为 $\psi\left(\dfrac{t-b}{a}\right)$ 的复共轭函数。

由式（7.4）可知小波分析的基本原理，即通过增加或减小时间尺度 a 来得到信号的低频或高频信息，从而实现对信号不同时间尺度的分析；通过改变 b 则可以实现空间局部特征分析。

7.3.1.3　小波方差

对于离散时间序列，小波方差 $Var(a)$ 可以根据方差公式计算得出，其计算式为

$$Var(a) = \frac{1}{n} \sum_{j=1}^{n} W^2(a, x_j) \qquad (7.5)$$

式中：$W(a,x_j)$ 代表时间尺度因子为 a、平移因子为 x_j 时的小波变换系数，对于复小波函数的 $W^2(a,x_j)$ 而言，即为小波变换系数模的平方；n 为时间尺度 a 下求得的小波变换系数总个数。

由式（7.5）可知，在时间尺度 a 处，小波方差 $Var(a)$ 等于每个样本对应的小波变换系数平方 $W^2(a,x_j)$ 的均值。而小波方差图即为小波方差随时间尺度 a 的变化过程，它能反映不同时间尺度 a 下的信号波动的能量分布情况，因此小波方差图可用来确定所研究信号存在的主周期。

7.3.2　洪泽湖年来水序列小波分析

7.3.2.1　年来水量小波变换的实部和模方时频分析

小波系数实部等值线能反映所研究水文序列在各时间尺度上的周期变化规律。为能比较清楚地说明小波系数实部等值线图在年来水量多时间尺度分析中的作用，利用 Suffer 软件对其进一步处理和修饰，得到图 7.5 所示的洪泽湖

年来水距平序列小波系数实部等值线。其中，实线表示小波系数实部值为正，代表洪泽湖年来水量丰水期；虚线表示小波系数实部值为负，代表洪泽湖年来水量枯水期；粗实线表示零点等值线，即年来水量丰枯变化临界线。

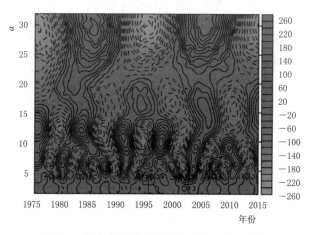

图 7.5　年来水距平序列小波系数实部等值线

由图 7.5 可以清楚地看出洪泽湖年来水量演变过程中存在的多时间尺度特征。总的来说，在其演变过程中主要存在着 $(23\sim32)a$、$(14\sim20)a$、$(9\sim13)a$ 以及 $(5\sim8)a$ 的 4 类时间尺度的周期变化规律，其中，在 $(23\sim32)a$ 时间尺度上存在丰枯交替的准 2 次震荡，在整个研究时域上表现得较为稳定，具有全域性；在 $(14\sim20)a$ 时间尺度上存在丰枯交替的准 3 次震荡，主要发生在 1986 年以后；在 $(9\sim13)a$ 时间尺度上存在丰枯交替的准 6 次震荡，同样具有全域性；在 $8a$ 以下时间尺度的周期变化比较杂乱，表明在小尺度周期下，洪泽湖年来水量变化频繁，规律性较差。

小波系数的模平方值相当于小波能量谱，可以分析出不同周期的震荡能量，其值越大，对应时段或尺度的能量就越强。同样利用相关软件对其进行处理后，得到图 7.6 所示的洪泽湖年来水距平序列小波系数模方等值线。

图 7.6 中上方暗色区域表示小波系数模平方值较大的区域，可以看出在整个研究时域中洪泽湖年来水量在各时间尺度下的强弱分布情况。其中，$(26\sim32)a$ 时间尺度的能量非常强，周期分布比较明显，几乎占据整个研究时域，震荡中心在 2004 年左右；$(9\sim14)a$ 时间尺度的能量也十分强，周期显著，但具有局域性，主要发生在 2003 年之前，震荡中心在 1996 年左右；$(2\sim5)a$ 时间尺度主要发生在 1997—2006 年，能量表现较弱，同样具有局域性，震荡中心在 2003 年左右。

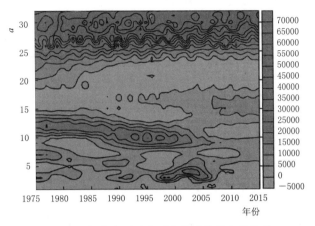

图 7.6　年来水距平序列小波系数模方等值线

7.3.2.2　年来水量小波方差及周期特性分析

小波方差图能反映所研究水文序列的波动能量随时间尺度 a 的分布情况，可以用来确定水文序列演变过程中存在的主周期。图 7.7 为洪泽湖年来水距平序列演变的小波方差，可以分析出，洪泽湖近 41 年来的年来水序列存在 4 个较为明显的峰值，它们依次对应着 30a、11a、6a 和 4a 的时间尺度。其中，最大峰值对应着 30a 的时间尺度，说明 30a 左右的周期振荡最强，为洪泽湖近 41 年来的年来水量变化的第一主周期；11a 时间尺度对应着第二峰值，为第二主周期；6a 和 4a 的时间尺度同样对应着两个峰值，但方差值相对较小。这说明上述 4 个周期的波动控制着洪泽湖年来水量在整个研究时域内的变化特征。

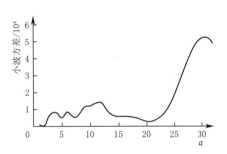

图 7.7　洪泽湖年来水距平序列小波方差

根据小波方差检验的结果，绘制出了洪泽湖年来水距平序列演变的 4 个主周期小波系数实部变化过程线，图 7.8 为洪泽湖年来水距平序列演变的 4 个主周期小波系数实部变化过程线。

由图 7.8 可以分析出在不同时间尺度下洪泽湖年来水量演变过程中存在的平均周期及丰枯变化特征。图 7.8 （a） 显示，在 30a 时间尺度上，年来水量的平均变化周期为 20 年左右，大约经历了 2 个周期的丰枯转换，年来水量偏丰时段为 1981—1991 年和 2001—2011 年，年来水量偏枯时段为 1975—1981 年、1991—2001 年和 2011—2015 年，同时可以预测 2015 年之后未来短时间内洪泽湖年来水量将进入枯水期且将处于枯水峰值期；图 7.8 （b） 显示，在

11a 时间尺度上，年来水量的平均变化周期为 8 年左右，大约经历了 5 个周期的丰枯转换，同时可以预测 2015 年之后未来短时间内洪泽湖年来水量将进入相对丰水期；图 7.8（c）显示，在 6a 时间尺度上，年来水量变化的平均变化周期为 4 年左右，大约经历了 10 个周期的丰枯转换，同时可以预测 2015 年之后未来短时间内洪泽湖年来水量将进入相对丰水期；图 7.8（d）显示，在 4a 时间尺度上，不同时域年来水量变化差异比较大，予以忽略。

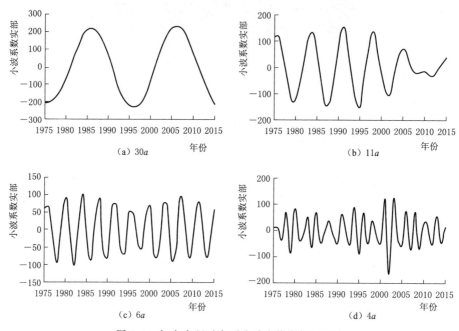

图 7.8　年来水距平序列小波变换实部过程线

由此可看出，洪泽湖 1975—2015 年来水序列在整个研究时域上的分布特征不均匀，具有显著的局域化特征。同时，不同特征时间尺度下的洪泽湖年来水量丰枯变化过程不同，年来水量丰枯变化与时间尺度大小有紧密联系，但存在着 11a 和 30a 的主周期。淮河多年平均入湖水量占洪泽湖入湖水量的 86.49%[49]，洪泽湖年来水量存在的主周期与淮河上游水文站年径流量存在的主周期相似[69]，充分说明分析结果的合理性。

7.3.3　洪泽湖年来沙序列小波分析

7.3.3.1　年来沙量小波变换的实部和模方时频分析

图 7.9 为洪泽湖年来沙距平序列小波系数实部等值线。可以分析出，在洪泽湖年来沙量演变过程中存在着 (23～32)a、(9～15)a 以及 (5～8)a 的 3 类时间

尺度的周期变化规律。其中，在 $(23\sim32)a$ 时间尺度上出现了丰枯交替的准 2 次震荡；在 $(9\sim15)a$ 时间尺度上存在准 5 次震荡，可以看出以上 2 个时间尺度的周期变化在整个研究时域上表现得较为稳定，具有全域性；在 $(5\sim8)a$ 时间尺度上存在着丰枯交替，但在 1992—1998 年时段内出现"间断"现象。

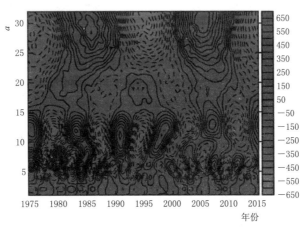

图 7.9　年来沙距平序列小波系数实部等值线

图 7.10 为洪泽湖年来沙距平序列小波系数模方等值线。可以分析出，在整个研究时域中洪泽湖年来沙量在各时间尺度下的强弱分布情况，其中，$(26\sim32)a$ 时间尺度的能量非常强，周期分布比较明显，几乎占据整个研究时域，震荡中心在 2004 年或 2012 年左右；$(10\sim14)a$ 时间尺度的能量也比较强，周期显著，同样具有全域性，震荡中心在 1991 年左右；$(5\sim8)a$ 时间尺度主要发生在 1987 年之前，能量表现较为显著，但具有局域性；$(3\sim4)a$ 时间尺度上同样存在着周期分布，能量表现很弱并存在局域性。

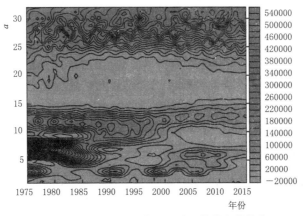

图 7.10　年来沙距平序列小波系数模方等值线

7.3.3.2 年来沙量小波方差及周期特性分析

图 7.11 为洪泽湖年来沙距平序列演变的小波方差。可以分析出，洪泽湖近 41 年来的年来沙序列存在 4 个较为明显的峰值，它们依次对应着 30a、

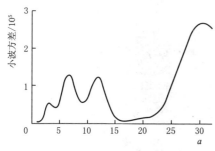

图 7.11 洪泽湖年来沙距平序列小波方差

12a、7a 和 3a 的时间尺度。其中，最大峰值对应着 30a 的时间尺度，说明 30a 左右的周期振荡最强，为洪泽湖近 41 年来的年来沙量变化的第一主周期，与年来水量变化的第一主周期一致；12a 和 7a 时间尺度对应的峰值几乎相等；3a 的时间尺度同样对应着峰值，但方差值相对较小。这说明上述 4 个周期的波动控制着洪泽湖年来沙量在整个研究时域内的变化特征。

根据小波方差检验的结果，绘制出了洪泽湖年来沙距平序列演变的 4 个主周期小波系数实部变化过程线（图 7.12）。由图 7.12 可以分析出洪泽湖年来沙量演变过程中存在的平均周期及丰枯变化特征。图 7.12 (a) 显示，在 30a 时间尺度上，年来沙量的平均变化周期为 20 年左右，大约经历了 2 个周期的丰枯转换，年来沙量偏多时段为 1981—1991 年和 2001—2011 年，年来沙量偏少时段为 1975—1981 年、1991—2001 年和 2011—2015 年，同时可以预测

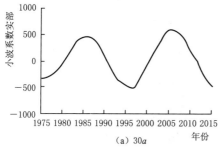

（a）30a

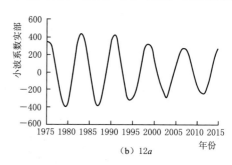

（b）12a

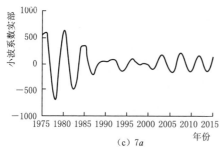

（c）7a

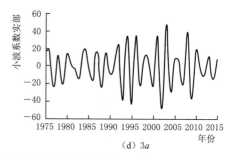

（d）3a

图 7.12 年来沙距平序列小波变换实部过程线

2015 年之后未来短时间内洪泽湖年来沙量将进入少沙期且将处于少沙峰值期，淮河多年平均来沙量占洪泽湖总来沙量的 86.54%[49]，倪晋等[70]分析得出淮河含沙量在 2015 年之后未来一段时间内也将继续处于少沙期，也从另一方面说明了本次分析结果的合理性；图 7.12（b）显示，在 12a 时间尺度上，年来沙量的平均变化周期为 8 年左右，大约经历了 5 个周期的丰枯转换，同时可以预测 2015 年之后未来短时间内洪泽湖年来沙量将进入相对多沙期；图 7.12（c）、（d）显示，在 7a 和 3a 时间尺度上，不同时域年来沙量变化差异比较大，予以忽略。综上，也表明 12a 时间尺度为洪泽湖近 41 年来年来沙量变化的第二主周期，洪泽湖年来沙序列存在着 12a 和 30a 的主周期。

7.3.4 洪泽湖年来水量和年来沙量时序累计值分析

除了使用上述小波分析法对洪泽湖年入湖水沙序列进行周期性分析外，还采用时序累计值曲线法对洪泽湖年入湖水沙序列进行周期性分析，以相互验证。图 7.13（a）为洪泽湖时序累计年来水量和年来沙量变化过程线。可以看出，洪泽湖时序累计年来水量和年来沙量变化过程线均呈非直线状态，说明洪

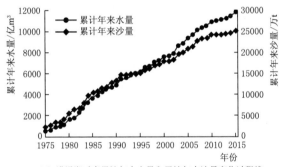

（a）洪泽湖时序累计年来水量和累计年来沙量变化过程线

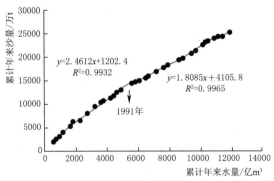

（b）洪泽湖年来水量和年来沙量时序双累计曲线

图 7.13 洪泽湖累计年来水量和累计年来沙量分析

泽湖年来水量和年来沙量年际变化波动较大，存在着明显的丰枯变化现象；但两者之间存在着基本相同的趋势性变化，说明洪泽湖入湖水沙存在着同增同减，即多水多沙、少水少沙的特性，同时也说明流域随径流挟带入湖的泥沙是洪泽湖入湖沙量的主要来源。

图 7.13（b）为洪泽湖年来水量和年来沙量时序双累计曲线。可以分析出，洪泽湖年来水量和年来沙量双累计曲线约在 1991 年出现转折点，洪泽湖累计年来水量和累计年来沙量相关关系趋势线斜率 k 值由 2.4612 下降到 1.8085，斜率整体呈减小趋势，说明洪泽湖年来沙量存在着趋势性减少。

时序累计值曲线分析结果与上述小波分析结果一致。

7.4　小　　结

本章研究了洪泽湖历年来水位趋势变化及突变特性和年来水来沙序列的周期性变化特征，得到以下结论：

（1）对年特征水位来说，总的来看洪泽湖近 61 年内的年平均水位、年最高水位和年最低水位在整体上均存在着一个增加的趋势；年平均水位和年最高水位呈现出异常显著的增加趋势，而年最低水位则呈现出较显著的增加趋势。具体来看，1980 年之后，尤其是年平均水位和年最高水位，分别在 1984 年和 1990 年之后便开始呈现一个显著的增加趋势，而年最低水位则呈现出一个波动增加的趋势；3 种特征水位的突变年份均在 20 世纪 80 年代期间。

（2）对月平均水位来说，洪泽湖近 61 年来各月份的平均水位变化线类似于平 "V" 形，3 月的平均水位最高，6 月的平均水位最低。整体来看，洪泽湖近 61 年来各月份的水位均存在着一个增加趋势，除 7 月的非显著增加和 8 月的较显著增加外，其他各月份的增加趋势均为异常显著。具体说，1—6 月各月份的水位在 1972 年之前存在着一个降低的趋势，降低趋势均基本不显著；1972 年之后则存在着一个增加的趋势，基本在 20 世纪 80 年代之后便开始呈现出一个异常显著的增加趋势；7 月、9 月和 10 月的水位基本是在前期存在着一个增减性的波动变化，后期则是呈现出增加趋势；8 月、11 月和 12 月的水位在整体上基本呈现出一个增加的趋势。针对突变点来看，除 10 月以外，其他各月份基本在 20 世纪 80 年代左右存在着突变点。

（3）洪泽湖年来水序列存在着 4 个时间尺度的周期变化，在（23～32)a、（9～13)a 时间尺度上存在着全域性的丰枯交替；洪泽湖年来沙序列存在着 3 个时间尺度的周期变化，在（23～32)a、（9～15)a 时间尺度上存在着全域性的丰枯交替。不同时间尺度下，洪泽湖年来水来沙序列丰枯变化趋势不同，丰枯变化过程与时间尺度大小有紧密联系。

（4）洪泽湖年来水序列存在着 11a 和 30a 的主周期，年来沙序列存在着 12a 和 30a 的主周期，年来水量与年来沙量的变化周期相似；洪泽湖年来水来沙序列存在着同样的第一主周期，为 30a 特征时间尺度，在洪泽湖年来水年来沙丰枯变化趋势中起着主导作用，在该特征时间尺度下，可以预测 2015 年之后未来短时间内洪泽湖年来水量来沙量将分别进入到枯水期和少沙期且都将处于相应的峰值期。

（5）小波分析结果表明，洪泽湖年来水来沙序列具有多时间尺度变化特征，并且通过对洪泽湖年来水来沙序列在不同特征时间尺度下的周期分析，同样可看出其存在着多水多沙、少水少沙的特性，即来水趋势在一定程度上控制着来沙趋势，与时序累计值曲线法分析结果相一致。

第8章

淮河中游水沙特征及河湖水沙
交换程度分析

利用数理统计方法、概率检验方法、时间序列分析方法等多种方法交叉互补，通过拓展研究时间序列的长度，系统分析淮河中游河道水沙的年际变化和年内变化特征，并简要阐述变化成因；然后构建淮河干流及洪泽湖水沙交换强度的判别指标，以判别指标为变量重点分析河湖水沙交换强度。河湖水沙交换强度反映了淮河干流对洪泽湖调蓄量和湖盆冲淤的影响，以及河湖水沙的稳定作用关系[51]。

8.1 淮河中游河道水沙变化特征

8.1.1 年际变化特征

8.1.1.1 轮次分析

若水文变量具有时间上的相依性，这些变量的数值常常出现成组的现象，即连续出现高于某水平值的一组数值后，紧接着是连续出现低于该水平值的一组数值，并且交替发生。例如河流出现丰水年组后接着出现枯水年组，按照此规律交替变化。对于水文变量时间序列，这种成组现象持续的时间长度和累积量与时间序列的相关结构具有密切联系，因此可用随机过程理论中的轮次分析方法来进行探讨[71]。

对于给定的水文序列 x_t（$t=1$，2，3，…，n）和切割水平 Y，当 x_t 在一个或多个时段内连续小于 Y 值，则出现负轮次；相反，则出现正轮次。相应各轮次的时段和，称为轮次长 l。对于一个轮次长 l，相应各轮次时段内的 $|x_t-Y|$ 之和，称为轮次和 d。一般重点对负轮次进行研究。一组水文序列通过切割，可以得到 M 个轮次长，即 l_1，l_2，…，l_M，同时有 M 个轮次和与之对应，即 d_1，d_2，…，d_M，这两个序列被称为轮次序列。利用这两个轮次序列分别计算轮次长和轮次和的最大值、平均值和均方差。

$$l_n^* = \max(l_1, l_2, \cdots, l_M) \tag{8.1}$$

$$\overline{l}_n = \frac{1}{M}\sum_{j=1}^{M} l_j \tag{8.2}$$

$$s_n(l) = \left[\frac{1}{M-1}\sum_{j=1}^{M}(l_j - \overline{l}_n)^2\right]^{1/2} \tag{8.3}$$

$$d_n^* = \max(d_1, d_2, \cdots, d_M) \tag{8.4}$$

$$\overline{d}_n = \frac{1}{M}\sum_{j=1}^{M} d_j \tag{8.5}$$

$$s_n(d) = \left[\frac{1}{M-1}\sum_{j=1}^{M}(d_j - \overline{d}_n)^2\right]^{1/2} \tag{8.6}$$

式中：$\overline{l}_n$ 和 $\overline{d}_n$ 分别为 M 个轮次长与轮次和的平均值；$s_n(l)$ 和 $s_n(d)$ 分别为 M 个轮次长与轮次和的均方差；l_n^* 和 d_n^* 分别为 M 个轮次长与轮次和的最大值。

采用轮次分析研究方法，选用 $Y = \overline{x}$（$\overline{x}$ 为水文时间序列 x_t 的平均值）作为切割水平，分别对正阳关和蚌埠水文站 1951—2018 年的年径流量和年输沙量进行轮次分析，计算结果见表 8.1 和表 8.2。

表 8.1　　　　　　　淮河中游河道主要测站年径流轮次分析

站名	切割水平/亿 m³	负轮次数	负 轮 次 长			负 轮 次 和		
			最大轮次长/a	平均值/a	均方差	最大轮次和/亿 m³	平均值/亿 m³	均方差
正阳关	213.17	7	6	4	1.41	−493.68	−330.72	125.48
蚌埠	265.31	8	6	3.38	1.49	−643.95	−367.07	207.93

表 8.2　　　　　　　淮河中游河道主要测站年输沙量轮次分析

站名	切割水平/万 t	负轮次数	负 轮 次 长			负 轮 次 和		
			最大轮次长/a	平均值/a	均方差	最大轮次和/万 t	平均值/万 t	均方差
正阳关	765.48	3	34	13.67	14.38	−16970.89	−6269.77	7566.83
蚌埠	786.35	6	15	5	4.69	−6615.35	−2288.38	2176.87

从表 8.1 和表 8.2 中可以得知，正阳关和蚌埠两个水文站中，径流量负轮次个数相差不大，负轮次长的统计量也较为接近，负轮次和的统计量有一定差距，蚌埠水文站统计量的绝对值要大于正阳关水文站，说明淮河中游河道不同河段的径流量枯水变化规律较为一致。

在输沙量轮次分析中，蚌埠水文站的负轮次个数要大于正阳关水文站，负轮次长的统计量值和负轮次和的统计量绝对值，正阳关水文站均大于蚌埠水文站。说明淮河中游河道不同河段的输沙量枯沙变化规律有一定的差异，正阳关水文站所在河段的枯沙程度比蚌埠水文站所在河段严重。

8.1.1.2 丰枯统计

利用距平分析方法对正阳关和蚌埠水文站径流量和输沙量时间序列的丰枯变化进行详细分析，从而进一步补充轮次分析的结果。

由距平分析方法可得水文序列的距平百分率，距平百分率是判断水文丰枯的常用指标之一，它可以反映某时段内的水文变量相较常年偏多或偏少的程度。距平百分率 k_i 可以划分为 5 个等级，见表 8.3，其计算公式为

$$k_i = \frac{p - \overline{p}}{\overline{p}} \times 100\% \tag{8.7}$$

其中

$$\overline{p} = \frac{1}{n} \sum_{i=1}^{n} p_i$$

式中：k_i 为第 i 年的距平百分率；p 为水文序列某时刻值；$\overline{p}$ 为研究时段内水文序列变量的平均值；n 为研究年数。

表 8.3 距平百分率等级划分表

级别	枯 水	偏 枯	平 水	偏 丰	丰 水
k_i	$k_i < -20\%$	$-20\% \leqslant k_i < -10\%$	$-10\% \leqslant k_i \leqslant 10\%$	$10\% < k_i \leqslant 20\%$	$k_i > 20\%$

对径流量距平分析，如图 8.1 所示，正阳关和蚌埠水文站径流的丰枯整体

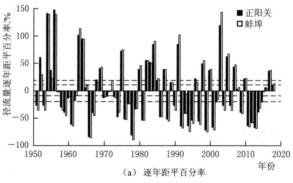

（a）逐年距平百分率

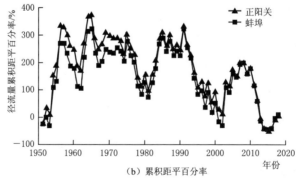

（b）累积距平百分率

图 8.1 淮河中游径流量距平百分率变化

呈交替出现的变化规律,两个水文站的变化规律具有一致性。且由表 8.4 可知,枯水年出现频率最高,其次是丰水年,偏丰、偏枯及平水年出现的频率相对较低。可见,淮河中游河道的旱涝灾害频发。

对输沙量距平分析,如图 8.2 所示,正阳关和蚌埠水文站整体变化规律相似,并未出现明显的丰枯交替变化规律。由表 8.5 可知,枯沙年出现的频率较高,其次是丰沙年,偏丰、偏枯及平沙年出现的频率较低。淮河中游河道 20 世纪 50 年代为丰沙期;在进入 20 世纪 60 年代后,丰沙期与枯沙期交替出现;到 20 世纪 80 年代中期后,由丰沙期转为枯沙期;至 2010 年后两个测站的输沙量一直处于枯沙期状态。

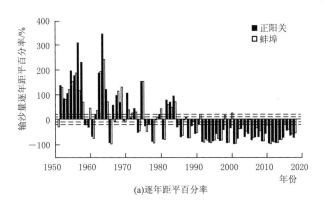

(a)逐年距平百分率

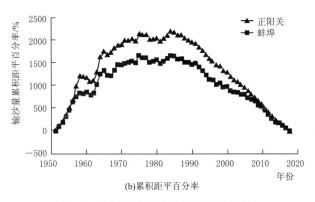

(b)累积距平百分率

图 8.2　淮河中游输沙量距平百分率变化

表 8.4　　　　　淮河中游主要测站年径流量距平百分率统计分析

站名	枯水年出现次数	偏枯年出现次数	平水年出现次数	偏丰年出现次数	丰水年出现次数	连丰年出现次数	连枯年出现次数
正阳关	28	7	8	3	22	3	5
蚌埠	27	6	8	5	22	3	5

表 8.5　　　　　　淮河中游主要测站年输沙量距平百分率统计分析

站名	枯沙年出现次数	偏枯年出现次数	平沙年出现次数	偏丰年出现次数	丰沙年出现次数	连丰年出现次数	连枯年出现次数
正阳关	40	1	6	1	20	4	4
蚌埠	32	3	7	2	24	5	4

8.1.1.3　趋势变化

在对正阳关和蚌埠水文站的时间序列进行趋势性分析时，同时采用多年滑动平均趋势分析法和 M-K 趋势检验法，进而得到 1951—2018 年径流量和输沙量的趋势变化规律。

使用多年滑动平均趋势分析法，可以滤去数据中存在的短期不规则变化，经过此方法处理后，长时间序列中短于滑动长度的周期成分将被大大削弱，使得自身的趋势性呈现更加明显，其计算过程如下。

设水文时间序列 x_t 为 x_1，x_2，$\cdots$，x_n，对指定数量的前期值和后期值取平均值，进而求得新的时间序列 y_t，新时间序列较原时间序列更为光滑，计算公式为

$$y_t = \frac{1}{2k+1}\sum_{i=-k}^{k}x_{t+i} \tag{8.8}$$

式中：x_t 为原始水文时间序列；样本个数为 n；$t = k+1$，$k+2$，$\cdots$，$n-k$；k 为单侧平滑时距。

多年滑动平均分析中，采用 5 年滑动平均（$k=2$）进行计算，所得结果如图 8.3 所示。从结果中可知，正阳关和蚌埠水文站的径流量 5 年滑动平均数据随时间呈现波动变化，线性趋势为轻微的下降趋势；而这两个水文站的输沙量，随时间呈现显著的下降趋势，且正阳关水文站输沙量减少趋势更为明显。

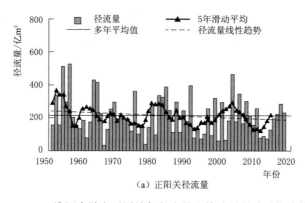

（a）正阳关径流量

图 8.3（一）　淮河中游主要测站年径流量和输沙量滑动平均趋势分析

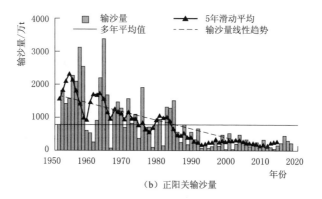

（b）正阳关输沙量

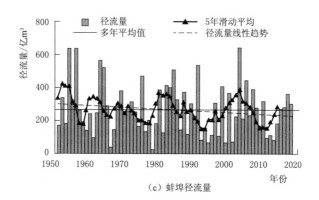

（c）蚌埠径流量

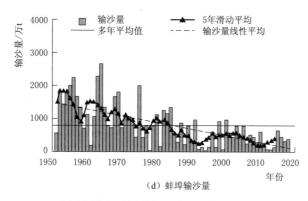

（d）蚌埠输沙量

图 8.3（二）　淮河中游主要测站年径流量和输沙量滑动平均趋势分析

　　M－K 趋势分析中，分析过程如图 8.4 所示，计算所得的趋势统计量 Z 见表 8.6。图 8.4（a）中正阳关径流量 UF 统计量在 1960 年后均小于 0，但仍在 $\alpha=0.05$ 临界值内，说明径流量时间序列呈不显著的降低变化趋势。图 8.4（b）中正阳关输沙量统计量 UF 在 1960 年后（除 1964 年、1965 年外）均小于 0，且在 20 世纪 80 年代前后逐渐超过 $\alpha=0.05$ 临界值，在 80 年代后期超过了 $\alpha=0.01$ 临界值，说明输沙量时间序列在 20 世纪 80 年代前呈不显著减小趋势，之后呈显著减小趋势，在进入 80 年代后期呈异常显著减小趋势。图 8.4（c）中蚌埠径流量统计量 UF 在 1959 年后均小于 0，但仍在 $\alpha=0.05$ 临界值内，说明径流量时间序列呈不显著的降低变化趋势。图 8.4（d）中蚌埠输沙量统计量 UF 在 1959 年后基本小于 0，且在 20 世纪 80 年代前后逐渐超过 $\alpha=0.05$ 临界值，在 80 年代后期逐渐超过了 $\alpha=0.01$ 临界值，说明输沙量时间序列在 20 世纪 80 年代前呈不显著减小趋势，之后呈显著减小趋势，在 80 年代后期之后呈异常显著减小趋势。通过对表 8.6 年径流量和输沙量时间序列整体变化趋势分析，正阳关和蚌埠的径流量趋势统计量 Z 分别为 -1.20 和 -0.97，其值均小于 0 但未超过 $\alpha=0.05$ 临界值，说明正阳关和蚌埠径流量时间序列呈不显著减小趋势。正阳关和蚌埠的输沙量趋势统计值 Z 分别为 -6.12 和 -5.22，其值均小于 0 且超过 $\alpha=0.01$ 临界值，说明正阳关和蚌埠输沙量时间序列呈异常显著减小趋势。

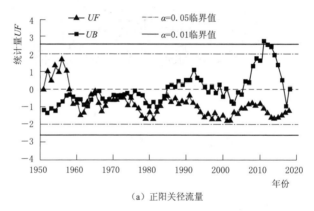

（a）正阳关径流量

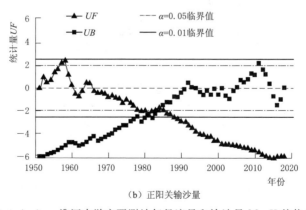

（b）正阳关输沙量

图 8.4（一）　淮河中游主要测站年径流量和输沙量 M-K 趋势分析

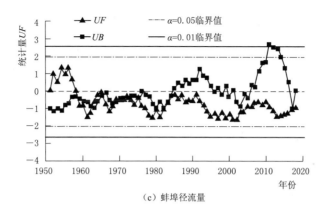

（c）蚌埠径流量

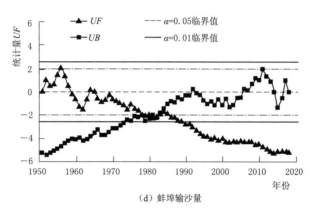

（d）蚌埠输沙量

图 8.4（二） 淮河中游主要测站年径流量和输沙量 M－K 趋势分析

对比 5 年滑动平均趋势分析法和 M－K 趋势检验法两者的结果，两者分析结果相一致，即正阳关与蚌埠水文站 1951—2018 年径流量时间序列均呈不显著减小趋势，而输沙量时间序列均呈显著性减小趋势。

表 8.6　淮河中游河道主要测站年径流量和输沙量 M－K 趋势分析统计量

项　目	径　流　量		输　沙　量	
	正阳关	蚌埠	正阳关	蚌埠
趋势统计量 Z	−1.20	−0.97	−6.12	−5.22
趋势性	减小	减小	减小	减小
显著性	不显著	不显著	异常显著	异常显著

8.1.1.4　突变检验

分别利用时序累计值曲线法、M－K 突变检验法、Pettitt 突变检验法和滑

动 t 检验法对淮河中游正阳关及蚌埠水文站的径流量和输沙量时间序列进行突变检验，得到所研究时间序列的精确突变点。

采用时序累计值曲线法，点绘正阳关和蚌埠水文站的时序累积径流量和输沙量，绘制结果如图 8.5 所示。由图可知，正阳关及蚌埠水文站的累积径流量曲线斜率变化并不明显，而累积输沙量曲线斜率在 1980 年附近发生了显著性变化，因此可以初步推断，淮河中游河道的径流量没有发生显著性突变，而输沙量发生过显著性突变。

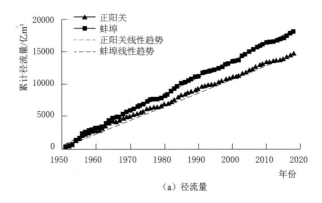

（a）径流量

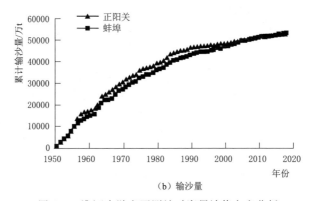

（b）输沙量

图 8.5　淮河中游主要测站时序累计值突变分析

采用 M-K 突变检验法分析，结果如图 8.4 所示，正阳关与蚌埠水文站径流量的 UF 和 UB 曲线的交点均位于置信区间内，但统计量值没有超过临界曲线，说明径流量时间序列不存在显著突变点。而输沙量的 UF 和 UB 曲线，两个时间序列的交点发生在 1984 年，且统计量值超过了临界曲线，说明在 1984 年正阳关和蚌埠水文站的输沙量发生了显著性改变。

Pettitt 突变检验结果如图 8.6 所示，正阳关站径流量在 1991 年的突变统计量 $P=0.65>0.50$，突变不显著；蚌埠站径流量在 1991 年的突变统计量

$P=0.76>0.50$，突变不显著；正阳关站输沙量在 1985 年的突变统计量 $P=1.26\times10^{-7}<0.50$，突变显著；蚌埠站输沙量在 1984 年的突变统计量 $P=1.12\times10^{-5}<0.50$，突变显著。因此，淮河干流径流量没有显著突变点，输沙量在 1984 年和 1985 年左右发生显著突变。

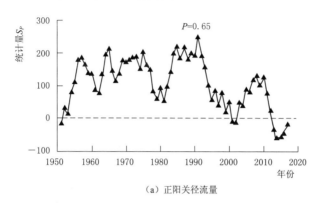

（a）正阳关径流量

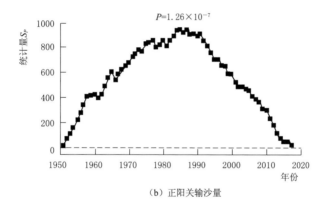

（b）正阳关输沙量

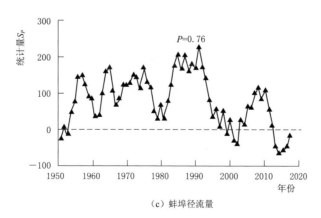

（c）蚌埠径流量

图 8.6（一）　淮河中游主要测站 Pettitt 突变分析

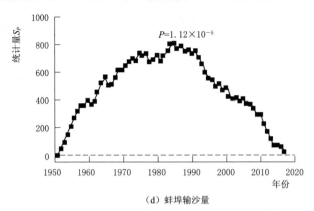

（d）蚌埠输沙量

图 8.6（二）　淮河中游主要测站 Pettitt 突变分析

　　在使用滑动 t 检验分析方法时，为了避免误差影响，对子序列长度 L 选取 5、10 和 15 三种工况，分析不同子序列长度水文时间序列的突变情况，分析结果如图 8.7 所示。由图可知，正阳关和蚌埠水文站的各工况径流量滑动 t

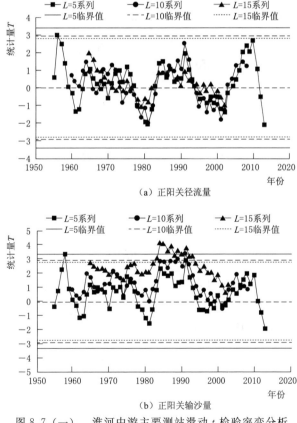

（a）正阳关径流量

（b）正阳关输沙量

图 8.7（一）　淮河中游主要测站滑动 t 检验突变分析

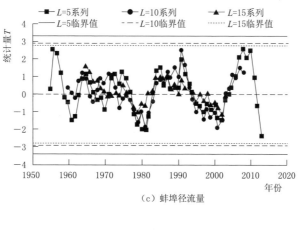

（c）蚌埠径流量

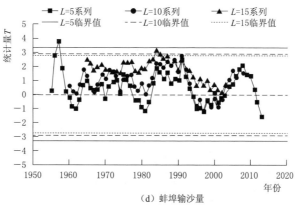

（d）蚌埠输沙量

图 8.7（二）　淮河中游主要测站滑动 t 检验突变分析

检验统计量均位于置信区间内，没有显著突变点；而输沙量滑动 t 检验统计量中，正阳关水文站在 1957 年、1984 年和 1991 年存在显著突变点，而蚌埠水文站在 1957 年和 1984 年存在显著突变点。

综合上述 4 种突变检验法可得，在 1951—2018 年间，淮河中游河道的径流量未发生显著性突变；而输沙量在 1984 年前后发生了显著性突变，突变性由正阳关至蚌埠显著性有减弱的趋势。正阳关站突变前多年平均输沙量为 1264.63 万 t，突变后多年平均输沙量为 266.34 万 t；蚌埠站突变前多年平均输沙量为 1170.89 万 t，突变后多年平均输沙量为 401.81 万 t。

第 6 章研究表明，洪泽湖 1975—2015 年入出湖水量不存在显著突变点，此结论与淮河干流河道 1951—2018 年径流量不存在显著突变点相一致。而洪泽湖入出湖 1975—2015 年沙量不存在显著突变点，但在 1991 年有个转折点，入出湖沙量减小趋势相对较为明显。此结论不同于本节分析得到的淮河干流河道 1951—2018 年输沙量在 1984 年前后发生较为显著的突变。原因可能是：淮河干流河道输沙量时间序列的突变分析采用的是 1951—2018 年的数据，而受水文数据的限制，洪泽湖入出湖沙量时间序列的突变分析采用的是 1975—2015 年的数据，突变分析计算结果表明水文时间序列选取的长度在一定程度上影响着突变点的显著性。此外，淮河干流仅选取了正阳关和蚌埠两个水文站的输沙量数据进行分析，而蚌埠站至洪泽湖入湖口老子山处距离 170km，此河段人工采砂较为严重，且淮河洪山头以下的入湖段易发生淤积，而根据突变分析结果淮河中游河道输沙量的突变性由正阳关至蚌埠显著性逐渐减弱，因此蚌埠以下河段在人工采砂和泥沙沉积的作用下输沙量突变显著性有逐渐减弱的趋势。故多种原因导致第 6 章所分析的洪泽湖入出湖沙量时间序列的突变性不显著。

8.1.1.5 周期统计

基于小波分析方法，得到了正阳关和蚌埠水文站 1951—2018 年径流量和输沙量时间序列的小波系数实部等值线、模方等值线、小波方差和小波变换实部过程线，如图 8.8～图 8.11 所示。其中，小波系数实部等值线可以用来判断不同时间尺度上时间序列特征值未来趋势变化，如图 8.8 所示。小波系数的

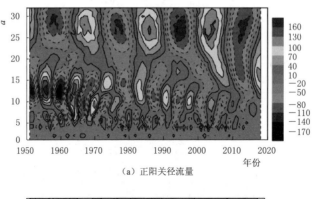

（a）正阳关径流量

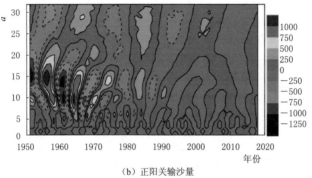

（b）正阳关输沙量

图 8.8（一） 淮河中游主要测站小波系数实部等值线

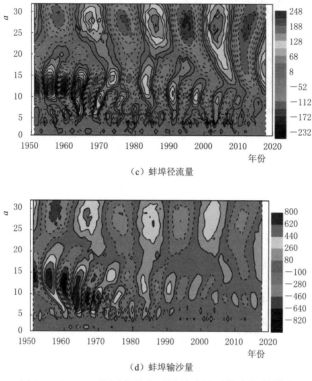

（c）蚌埠径流量

（d）蚌埠输沙量

图 8.8（二）　淮河中游主要测站小波系数实部等值线

模方等值线相当于小波能量谱，通过分析可以得出不同周期的振荡能量，如图 8.9 所示。通过小波方差图及小波变换实部过程线图（图 8.10 和图 8.11）可以对各种尺度的扰动强弱和周期变化特征进行识别，来确定年径流量和年输沙量随时间演化过程的主要周期。时间尺度中所对应最大的峰值处，对应的周期变化最为强烈，为研究时间序列变化的第一主周期，即以此年为一个周期的演

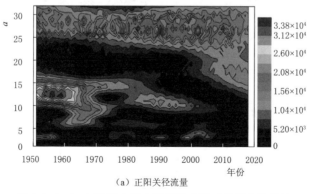

（a）正阳关径流量

图 8.9（一）　淮河中游主要测站小波系数模方等值线

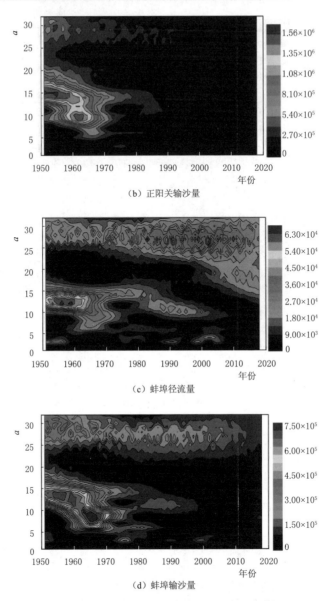

（b）正阳关输沙量

（c）蚌埠径流量

（d）蚌埠输沙量

图 8.9（二）　淮河中游主要测站小波系数模方等值线

变规律最为明显；同理，第二峰值对应的是第二主周期。

　　对图 8.8～图 8.11 进行统计分析，正阳关及蚌埠两站的年径流量与输沙量存在明显的尺度变化特征。为使分析结果更为直观，绘制了表 8.7～表 8.10，对时间序列小波系数的实部、模方、方差进行详细分析，得到了相应的时间尺度、周期数、显著性及趋势性，对正阳关及蚌埠水文站径流量与输沙量的周期性有了较为全面的认识，既总结了相应时间序列的历史周期性变化规律，还分析出了未来短期内的变化趋势。

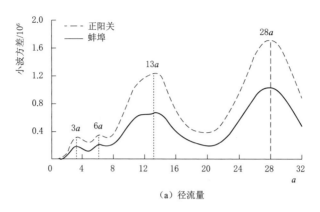

（a）径流量

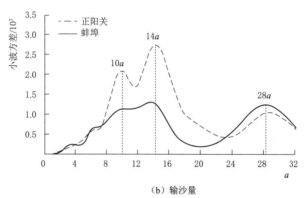

（b）输沙量

图 8.10   淮河中游主要测站小波方差

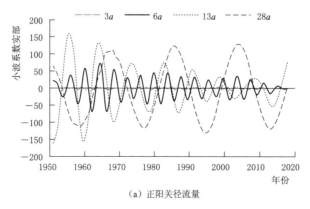

（a）正阳关径流量

图 8.11（一）   淮河中游主要测站主要时间尺度下小波变换实部过程线

117

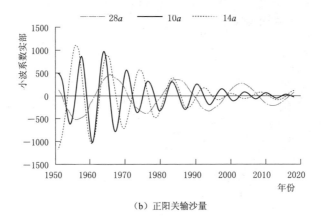

（b）正阳关输沙量

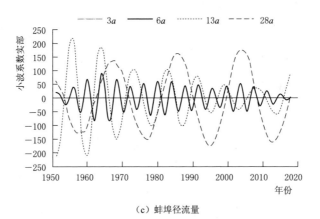

（c）蚌埠径流量

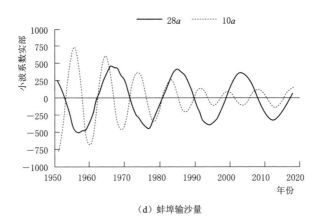

（d）蚌埠输沙量

图 8.11（二）　淮河中游主要测站主要时间尺度下小波变换实部过程线

表 8.7　　　　　　　　　正阳关站年径流量时间序列小波分析

项目	要　素	特　征			
实部分析	时间尺度	$(3\sim7)a$		$(10\sim15)a$	$(22\sim30)a$
	尺度类型	小尺度		中尺度	大尺度
	丰枯交替振荡次数	不显著		9	4
	显著性	不显著		显著	显著
模方分析	时间尺度	$(2\sim4)a$		$(10\sim15)a$	$(25\sim30)a$
	振荡趋势性	不显著		能量逐渐减弱	能量持续波动
	显著性	不显著		1951—1965 年振荡中心能量较强	贯穿整个研究域
方差分析	时间尺度	$3a$	$6a$	$13a$	$28a$
	主周期数	第四	第三	第二	第一
	丰枯变换次数	不显著	16	7	3
	波动趋势性	不显著	逐渐减弱	逐渐减弱	持续波动
	短期径流趋势	不显著	由少转多	达到峰值，进而开始减少	由少转多

表 8.8　　　　　　　　　蚌埠站年径流量时间序列小波分析

项目	要　素	特　征			
实部分析	时间尺度	$(3\sim7)a$		$(10\sim20)a$	$(22\sim30)a$
	尺度类型	小尺度		中尺度	大尺度
	丰枯交替振荡次数	不显著		9	4
	显著性	不显著		显著	显著
模方分析	时间尺度	$(2\sim4)a$		$(10\sim16)a$	$(25\sim30)a$
	能量振荡趋势性	不显著		能量逐渐减弱	能量逐渐增强
	显著性	不显著		1951—1965 年振荡中心能量较强	贯穿整个研究域
方差分析	时间尺度	$3a$	$6a$	$13a$	$28a$
	主周期数	第四	第三	第二	第一
	丰枯变换次数	不显著	16	7	3
	波动趋势性	不显著	逐渐减弱	逐渐减弱	逐渐增强
	短期径流趋势	不显著	由少转多	达到峰值，进而开始减少	由少转多

表 8.9　　　　　　　　　正阳关站年输沙量时间序列小波分析

项目	要　素	特　征	
实部分析	时间尺度	$(8\sim20)a$	$(25\sim30)a$
	尺度类型	中尺度	大尺度

续表

项目	要　素	特　　　征		
实部分析	丰枯交替振荡次数	5		3
	显著性	显著		不显著
模方分析	时间尺度	(8~20)a		(25~30)a
	振荡趋势性	能量逐渐减弱		能量逐渐减弱
	显著性	1951—1960 年振荡中心能量较强		不显著
方差分析	时间尺度	10a	14a	28a
	主周期数	第二	第一	第三
	丰枯变换次数	10	7	3
	波动趋势性	逐渐减弱	逐渐减弱	逐渐减弱
	短期输沙量趋势	达到谷底，进而开始增多	达到峰值，进而开始减少	达到峰值，进而开始减少

表 8.10　　　　　　　　　　蚌埠站年输沙量时间序列小波分析

项目	要　素	特　　　征	
实部分析	时间尺度	(5~20)a	(25~30)a
	尺度类型	中尺度	大尺度
	丰枯交替振荡次数	7	4
	显著性	显著，周期性逐渐减弱	显著，周期性逐渐减弱
模方分析	时间尺度	(5~20)a	(25~30)a
	振荡趋势性	能量逐渐减弱	能量持续，呈逐渐减弱的趋势
	显著性	1951—1980 年振荡中心能量较强	1951—1960 年振荡中心能量较强
方差分析	时间尺度	14a	28a
	主周期数	第二	第一
	丰枯变换次数	7	3
	波动趋势性	逐渐减弱	逐渐减弱
	短期输沙量趋势	达到峰值，进而开始减少	达到峰值，进而开始减少

正阳关站年径流量时间序列小波分析结果见表 8.7，在实部分析中，存在着 $(3~7)a$、$(10~15)a$ 和 $(22~30)a$ 的 3 类时间尺度的周期变化规律，在 $(22~30)a$ 处振荡最为强烈，周期性显著且具有全域性。在模方分析中，年径流量在变化域中的波动能量曲面上有两个较强的能量聚集中心，波动影响的能量尺度范围为 $(10~15)a$ 和 $(25~30)a$。其中，$(10~15)a$ 尺度的波动能量在研究域中呈逐渐减弱的趋势，波动能量在时域上强集中的影响范围是 1951—1965 年；$(25~30)a$ 尺度的波动能量在研究域中持续波动，且贯穿整个研究域。方差分析中，存在着 $3a$、$6a$、$13a$、$28a$ 四个主周期，其中 $28a$ 为第

一主周期，在全域中丰枯变换次数为 3 次，径流量呈现由枯转丰的变化趋势。

蚌埠站年径流量时间序列小波分析结果见表 8.8，在实部分析中，存在着 $(3\sim7)a$、$(10\sim20)a$ 和 $(22\sim30)a$ 的 3 类时间尺度的周期变化规律，在 $(22\sim30)a$ 处振荡最为强烈，周期性显著且具有全域性。在模方分析中，年径流量在变化域中的波动能量曲面上有两个较强的能量聚集中心，波动影响的能量尺度范围为 $(10\sim16)a$ 和 $(25\sim30)a$。其中，$(10\sim16)a$ 尺度的波动能量在研究域中呈逐渐减弱的趋势，波动能量在时域上强集中的影响范围是 1951—1965 年；$(25\sim30)a$ 尺度的波动能量在研究域中持续波动，且能量逐渐增强并贯穿整个研究域。方差分析中，存在着 $3a$、$6a$、$13a$、$28a$ 四个主周期，其中 $28a$ 为第一主周期，在全域中丰枯变换次数为 3 次，径流量呈现由枯转丰的变化趋势。

正阳关站年输沙量时间序列小波分析结果见表 8.9，在实部分析中，存在着 $(8\sim20)a$ 和 $(25\sim30)a$ 的 2 类时间尺度的周期变化规律，在 $(8\sim20)a$ 处振荡最为强烈，周期性显著且持续到 20 世纪 80 年代。在模方分析中，年径流量在变化域中的波动能量曲面上有 1 个较强的能量聚集中心，波动影响的能量尺度范围为 $(8\sim20)a$。波动能量在研究域中呈逐渐减弱的趋势，波动能量在时域上强集中的影响范围是 1951—1980 年。方差分析中，存在着 $10a$、$14a$ 和 $28a$ 三个主周期，其中 $14a$ 为第一主周期，在全域中丰枯变换次数为 7 次，径流量呈现由丰转枯的变化趋势。

蚌埠站年输沙量时间序列小波分析结果见表 8.10，在实部分析中，存在着 $(5\sim20)a$ 和 $(25\sim30)a$ 的 2 类时间尺度的周期变化规律，在 $(25\sim30)a$ 处振荡最为强烈，周期性显著且持续到 20 世纪 80 年代。在模方分析中，年径流量在变化域中的波动能量曲面上有两个较强的能量聚集中心，波动影响的能量尺度范围为 $(5\sim20)a$ 和 $(25\sim30)a$。其中，$(5\sim20)a$ 波动能量在研究域中呈逐渐减弱的趋势，波动能量在时域上强集中的影响范围是 1951—1980 年；$(25\sim30)a$ 波动能量在研究区域中呈逐渐减弱的趋势，且贯穿整个研究域。方差分析中，存在着 $14a$ 和 $28a$ 两个主周期，其中 $28a$ 为第一主周期，在全域中丰枯变换次数为 3 次，输沙量即将达到峰值，并呈现由丰转枯的变化趋势。

相同水文站的径流量与输沙量时间序列的周期性存在一定的差异，但主周期的时间尺度较为接近，仍具有一定的相关性，存在包含与被包含的关系。且均存在较大尺度下的丰水期（丰沙期）或枯水期（枯沙期），也均存在小尺度下的丰枯嵌套现象，较大时间尺度下的径流量或输沙量丰枯转变点要少于较小时间尺度下的丰枯转变点，且不同时间尺度下的转变点时间及个数不一致。正阳关及蚌埠水文站的径流量时间序列周期性相一致，径流量仍将处于近期内较高的水平；而输沙量时间序列的周期性也较为近似，输沙量未来将处于减少的变化趋势。

8.1.1.6 关联性判定

由于小波分析方法在实际应用中只能研究单个时间序列的时频变化特征，而针对多个时间序列间的相互影响规律或时频相关性的识别却难以开展研究。在传统小波分析的基础上，一种新的多信号时间尺度分析技术——交叉小波变换[72-73]应运而生，它结合了小波变换和交叉谱分析，因此不仅可以分析两组时间序列间的相关程度，还可以反映所研究不同时间序列在时域和频域上的位相结构和细部特征。采用交叉小波变换分析方法，对淮河中游正阳关和蚌埠的径流量和输沙量时间序列进行交叉小波分析，绘制交叉小波功率谱与交叉小波凝聚谱。

连续小波变换（continuous wavelet transform，CWT）采用的是 Morlet 小波函数

$$\psi(t) = \pi^{-1/4} e^{iw_0 t} e^{-t^2/2} \tag{8.9}$$

式中：w_0 为频次；t 为时间；当 $w_0 = 6$ 时，认为小波的尺度参数几乎等于傅里叶周期。

小波能量谱的定义为

$$W_X(a,\tau) = C_X(a,\tau) C_X^*(a,\tau) = |C_X(a,\tau)|^2 \tag{8.10}$$

式中：$C_X(a,\tau)$ 为水文时间序列 x_t 的小波变换系数；$C_X^*(a,\tau)$ 为复共轭。

在分析过程中，可以将小波能量谱正规化为 $W_X(a,\tau)/\sigma^2$，用于表示时间尺度信号的强弱，进而可以识别多时间尺度演变和突变特征。小波影响锥（cone of influence，COI）表示的是小波谱区域以及相应的边缘效应，小波谱值 COI 的变换会下降 e^{-2}。通常情况下，背景功率谱采用的是红噪声检验，且红噪声检验过程采用的是一阶自回归方程。

两组任意研究变量时间序列 $x(t)$ 和 $y(t)$ 之间的交叉小波谱（cross wavelet transform，XWT）定义为

$$W_{XY}(a,\tau) = C_X(a,\tau) C_Y^*(a,\tau) \tag{8.11}$$

式中：$C_X(a,\tau)$ 为时间序列 $x(t)$ 的小波变换系数；$C_Y^*(a,\tau)$ 为时间序列 $y(t)$ 的小波变换系数的复共轭。

小波相干（wavelet coherence，WTC）是反映两组小波变换在时频域相干程度的量，其定义为

$$R^2(a,\tau) = \frac{|S'[a^{-1} W_{XY}(a,\tau)]|^2}{S'[a^{-1}|W_X(a,\tau)|^2] S'[a^{-1}|W_Y(a,\tau)|^2]} \tag{8.12}$$

式中：S' 为平滑算子。

小波凝聚谱可以反映两组小波变换在时频域中的相干程度，交叉小波相位角反映的是两组时间序列在不同时域的滞后特性，根据相位角的正负可以分析出时域内两组时间序列的相关性[74]。

在研究意义上，交叉小波功率谱主要是为了突出所研究两组时间序列在时频域中高能量区的相关关系，而交叉小波凝聚谱则是侧重于研究两组时间序列在低能量区的相关性。在绘制的图形中，颜色的深浅表示能量密度的相对变化，具体高低情况如对应标尺所示。粗实线表示通过显著性水平为 0.05 的红噪声检验，细实线表示的是小波边界效应影响锥。箭头表示两组时间序列间的相位关系，箭头方向向右（→）和向左（←）分别表示两组时间序列之间为同相位或反相位，呈正相位或负相位的关系。而箭头方向向上（↑）和向下（↓）分别表示两组时间序列前者比后者落后或提前 1/4 个周期，呈非线性相关关系。

在对各水文要素开展基于 Morlet 小波的周期性分析后，为了探明不同水文要素时间序列的相关性，进而采用交叉小波变换分析方法开展研究，对淮河中游正阳关和蚌埠水文站的径流量和输沙量时间序列进行交叉小波分析，绘制交叉小波功率谱与交叉小波凝聚谱，如图 8.12 和图 8.13 所示。

由图 8.12 可以得知，正阳关径流量与输沙量时间序列的相关关系存在周期性波动，且低能量区的显著性强于高能量区。径流量与输沙量的交叉小波功率谱共振周期高能量区主要分布在（4~9）a（1955—1975 年）、（1~2）a（1980 年），交叉小波凝聚谱中通过显著性检验的共振周期范围较大，主要分布在（1~9）a（1950—2000 年）、（15~17）a（1980—2010 年）。两组时间序列基本为同相位变化，且呈现出较强的正相位关联性。

由图 8.13 可以得知，蚌埠径流量和输沙量时间序列的相关关系也存在周期性波动，低能量区的显著性也强于高能量区。径流量与输沙量的交叉小波功率谱共振周期高能量区主要分布在（4~9）a（1955—1975 年）、（1~2）a（1980 年和 1990—2000 年），交叉小波凝聚谱中通过显著性检验的共振周期范围较大，主要分布在（1~9）a（整个研究周期）、（15~17）a（1980—2018 年）。两组时间序列基本为同相位变化，且呈现出较强的正相位关联性。

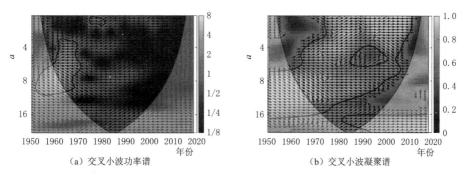

(a) 交叉小波功率谱　　　　　　　　　　　(b) 交叉小波凝聚谱

图 8.12　正阳关径流量和输沙量交叉小波

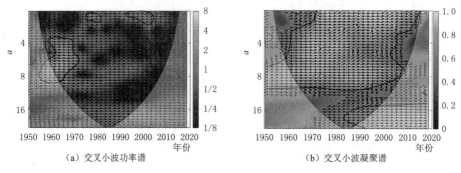

(a) 交叉小波功率谱　　　　　　　　(b) 交叉小波凝聚谱

图 8.13　蚌埠径流量和输沙量交叉小波

综上所述，正阳关与蚌埠水文站的径流量和输沙量时间序列交叉小波变换的结果基本一致，两组时间序列的相位均呈同相位变化，且关联性较强。

8.1.1.7　变化成因分析

（1）天然降水量及流域用水对径流的影响。天然降水量和流域人类活动用水是影响流域径流量变化的主要影响因素。自 20 世纪 60 年代以来，淮河流域的年均降水量有减小的趋势，但未呈现出显著的变化[75]，但降水量在淮河的南岸和北岸分布不均，呈现出南部增多、北部减少的变化特征，导致淮河流域降水量南多北少的空间差异显著增大[76]。

流域人类活动用水主要表现在生活用水、工业用水以及农业用水等 3 个方面，其中农业用水量最大，工业用水量次之，生活用水量较少。年际间，农业和工业的用水量变化不大，但生活用水量近些年呈现显著的增加趋势。但总体而言，流域总用水量呈现增长的趋势，但增长较为缓慢。

整体而言，流域降水量呈现不显著的减小趋势，而人类活动用水呈现不显著的增加趋势，总体变化较小，未呈现显著的变化趋势，这与径流量不显著减小的变化趋势相一致。

（2）水库拦沙滞沙的影响。淮河流域的主要产沙区位于淮河上游的山区，上游地区流域水资源丰富且河道中含沙量要远大于中游地区。在 20 世纪 80 年代以前，我国对淮河流域的上游山区进行了大规模的开发和水库建设，其中 20 世纪 50 年代、60 年代以及 70 年代分别建成水库 12 座、3 座和 3 座，新建成的 18 座水库共控制山丘区面积达 1.91 亿 km²，总库容达 133.15 亿 m³。随着新修水库的逐步投入使用，将上游河流的泥沙大量淤积在水库里，导致水库下游的含沙量大幅减少。从突变分析中也可以看出，输沙量的突变发生在 20 世纪 80 年代，正是上游水库建成并投入使用的时期。水库拦沙滞沙的作用虽然较为显著，但随着水库的建成并稳定运行，拦沙滞沙的作用也逐渐趋于稳定平衡，不再是导致淮河中游来沙趋于减少的主要原因。

（3）流域下垫面的影响。淮河流域在经济开发过程中，曾经常发生破坏地表植被、陡坡开荒等破坏生态环境的现象；与此同时，大量工厂的修建以及建筑活动的日益频繁，导致大量弃土废石的随意丢弃，造成了较为严重的水土流失现象。随着生态环境保护意识的提高，水土保持工作在流域各个区域逐步开展，淮河水系的侵蚀强度和剧烈侵蚀面积有所减少，流域输沙量也相应减少。

由于淮北平原是我国重要的粮食生产基地，且淮北汇集洪汝河、沙颍河的输沙量通常对淮河的影响较大，随着传统耕作方式和种植结构的改变，使得流域植被面积增大，改变了淮北地区的下垫面，水土流失得到了有效遏制。因此，流域下垫面的改变可以作为流域输沙量减小的一个主要影响因素。

（4）河道人工采砂及河道疏浚的作用。自 20 世纪 80 年代以来，淮河河道的人工采砂活动逐渐频发，20 世纪 90 年代后期形成了一定规模，在 21 世纪初滥采乱挖现象日趋严重。已有研究对指定时间段内的河道自然冲刷量和人工采砂量进行了比对，人工采砂量达到了该河段自然冲刷量的 5.3 倍[77]。河道人工采砂通常导致河床出现大量无规则的深坑，而上游大部分来沙会淤积在深坑中。同时，在 21 世纪初，随着治淮工作和航道改善的需求，大规模的河道疏浚工程逐步实施，改善了河道的过流条件，一定程度上导致了河流含沙量的减少。因此，大量的无序人工采砂活动以及河道治理中的疏浚工程是淮河中游河道沙量减少的又一重要因素。

总之，淮河中游河道的年径流量周期变化与气候变化有着密切联系，径流量的丰枯周期变换不仅受降水量和蒸发量的周期变化的较大影响，同时还受到诸如农业生产、城市生活、水利工程调控等多种人类活动的影响。而河流的水沙变化受自然和人类活动的共同作用，自然因素主要包含降水量变化和下垫面变化，而人类活动较为广泛，包含了水库拦沙、水土保持措施、人工采砂等诸多因素，淮河流域输沙量发生突变及逐渐减少的趋势，是以上诸多因素共同作用而造成的，在淮河的进一步治理中，需综合考虑各种因素影响。

8.1.2 年内变化特征

河流径流泥沙的年内变化，也可以称为年内分配或者季节分配。通常情况下，河流受气候变化及各种人类活动的影响，径流量及输沙量在年内的分配是不均匀的，这直接影响着河流对周边工农业的供水及通航时间的长短，因此，有必要对径流和泥沙的年内分配进行详细分析。

8.1.2.1 逐月水文变化特征

利用淮河中游河道正阳关及蚌埠水文站 1951—2018 年逐月平均流量和含沙量数据绘制水沙年内变化云图，如图 8.14 所示。分析可知，正阳关及蚌埠水文站的流量和含沙量年内分配具有不均匀的特性，流量和含沙量在 6—9 月

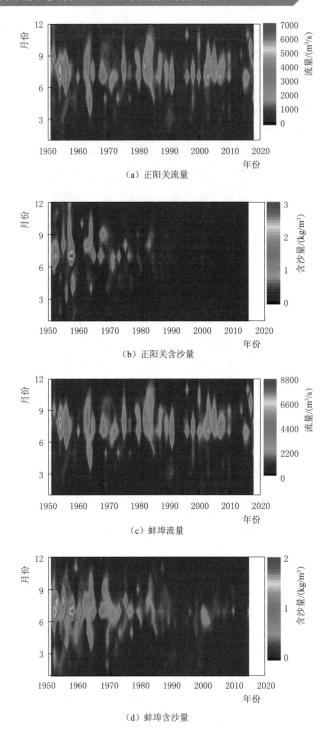

（a）正阳关流量

（b）正阳关含沙量

（c）蚌埠流量

（d）蚌埠含沙量

图 8.14　淮河中游主要测站水沙年内变化云图

普遍较大，且峰值出现在 7—8 月。同时还可以得知，正阳关及蚌埠的流量随年代呈稳定波动状态，没有显著的变化趋势；而含沙量从 20 世纪 80 年代开始呈显著的减小趋势。云图所展现的结果更为直观，与前面章节所分析的径流泥沙年际变化结果相一致。

进而对正阳关站及蚌埠站同一月份的多年月平均流量和含沙量进行了统计，并对包括变差系数、M-K 趋势统计量等关键特征统计量进行求解，不同水文站及水文信息所得结果分别列于表 8.11～表 8.14 中。分析可知，正阳关站及蚌埠站的流量和含沙量具有明显的季节分配特性，夏季流量和含沙量较其他季节有明显的增多，其中 7 月多年流量和含沙量的平均值最大，正阳关站多年平均流量值为 1806.49m³/s，含沙量为 0.49kg/m³；蚌埠站多年平均流量值为 2193.51m³/s，含沙量为 0.40kg/m³。正阳关站及蚌埠站的流量和含沙量各月平均值的变差系数普遍较大，也说明不同年代相同月份的流量和含沙量有较大的离散性。进一步结合 M-K 趋势统计量分析，正阳关站及蚌埠站除冬季12 月呈不显著增加趋势外，其余绝大多数月份的月平均流量随年份变化呈现出不显著的减小趋势，而各月平均含沙量均呈现出异常显著的减小趋势。可见，正阳关站和蚌埠站水沙的年际变化趋势与相同月份的逐年水沙变化规律有显著联系。

表 8.11　　　　　　　　正阳关站流量年内逐月变化特征

季节	月份	最小值/(m³/s)	最大值/(m³/s)	极值比	平均值/(m³/s)	变差系数	M-K趋势统计量 Z	变化趋势	显著性
春季	3	10.49	1171.45	111.67	372.41	0.76	−0.38	减小	不显著
	4	78.00	2992.40	38.36	420.42	1.01	−1.07	减小	不显著
	5	35.63	3173.55	89.07	585.95	0.99	−2.04	减小	显著
夏季	6	65.38	4311.00	65.94	686.10	1.08	−0.32	减小	不显著
	7	78.00	7012.90	89.91	1806.49	0.81	−0.69	减小	不显著
	8	64.34	5484.84	85.25	1455.08	0.86	−1.34	减小	不显著
秋季	9	22.11	3514.00	158.93	990.81	0.84	−0.79	减小	不显著
	10	17.82	3549.67	199.20	619.70	1.10	−0.95	减小	不显著
	11	20.40	2241.00	109.85	430.28	0.99	−0.31	减小	不显著
冬季	12	14.62	1210.52	82.80	279.10	0.77	0.53	增大	不显著
	1	3.80	761.55	200.41	203.05	0.68	−0.37	减小	不显著
	2	5.24	885.61	169.01	248.31	0.77	−0.23	减小	不显著

表 8.12 蚌埠站流量年内逐月变化特征

季节	月份	最小值/(m³/s)	最大值/(m³/s)	极值比	平均值/(m³/s)	变差系数	M-K趋势统计量 Z	变化趋势	显著性
春季	3	31.00	1566.00	50.52	443.14	0.83	0.00	不变	不显著
	4	13.56	3214.53	237.06	480.91	1.01	−0.57	减小	不显著
	5	29.00	3694.52	127.40	666.60	1.02	−1.68	减小	不显著
夏季	6	42.34	4488.33	106.01	797.54	1.11	−0.13	减小	不显著
	7	127.00	6850.00	53.94	2193.51	0.72	−0.14	减小	不显著
	8	25.70	8692.90	338.25	1944.64	0.83	−1.28	减小	不显著
秋季	9	41.46	4316.67	104.12	1382.49	0.84	−0.72	减小	不显著
	10	24.17	4445.81	183.94	847.15	1.07	−0.58	减小	不显著
	11	30.95	2792.00	90.21	555.52	1.08	0.12	增大	不显著
冬季	12	17.45	1216.13	69.69	345.26	0.80	0.41	增大	不显著
	1	30.69	1094.77	35.67	240.43	0.80	−0.16	减小	不显著
	2	37.20	1182.61	31.79	287.78	0.88	−0.29	减小	不显著

表 8.13 正阳关站含沙量年内逐月变化特征

季节	月份	最小值/(kg/m³)	最大值/(kg/m³)	极值比	平均值/(kg/m³)	变差系数	M-K趋势统计量 Z	变化趋势	显著性
春季	3	0.01	0.81	73.18	0.12	0.99	−5.27	减小	异常显著
	4	0.01	1.38	115.17	0.17	1.38	−5.52	减小	异常显著
	5	0.02	1.00	62.31	0.20	0.94	−6.64	减小	异常显著
夏季	6	0.03	1.36	54.44	0.22	0.97	−5.57	减小	异常显著
	7	0.04	3.30	91.78	0.49	1.37	−6.51	减小	异常显著
	8	0.03	2.13	66.53	0.34	1.17	−5.92	减小	异常显著
秋季	9	0.01	1.62	147.36	0.25	1.30	−3.96	减小	异常显著
	10	0.00	1.30	325.50	0.18	1.33	−5.52	减小	异常显著
	11	0.01	0.76	76.40	0.13	1.14	−6.70	减小	异常显著
冬季	12	0.01	1.04	94.55	0.10	1.38	−5.57	减小	异常显著
	1	0.01	0.47	39.00	0.08	0.96	−5.69	减小	异常显著
	2	0.02	0.64	37.41	0.11	1.05	−6.06	减小	异常显著

表 8.14 蚌埠站含沙量年内逐月变化特征

季节	月份	最小值/(kg/m³)	最大值/(kg/m³)	极值比	平均值/(kg/m³)	变差系数	M−K 趋势统计量 Z	变化趋势	显著性
春季	3	0.00	0.54	272.00	0.09	0.93	−3.24	减小	异常显著
	4	0.00	0.75	749.00	0.11	1.19	−3.14	减小	异常显著
	5	0.00	0.59	196.67	0.16	0.92	−3.75	减小	异常显著
夏季	6	0.01	0.98	81.83	0.21	0.83	−2.85	减小	异常显著
	7	0.01	1.74	193.00	0.40	0.86	−5.24	减小	异常显著
	8	0.01	1.54	170.89	0.27	1.11	−5.61	减小	异常显著
秋季	9	0.03	0.90	34.73	0.16	0.98	−4.06	减小	异常显著
	10	0.00	0.58	143.75	0.11	0.97	−4.77	减小	异常显著
	11	0.00	0.48	120.75	0.08	1.11	−4.26	减小	异常显著
冬季	12	0.01	0.27	54.60	0.06	0.98	−3.71	减小	异常显著
	1	0.01	0.23	37.67	0.06	0.83	−2.87	减小	异常显著
	2	0.00	0.39	97.00	0.08	1.07	−3.22	减小	异常显著

8.1.2.2 年内分配比及不均匀系数

由逐月水文变化特征可得，正阳关及蚌埠水文站的流量具有显著的不均匀特性。为了定量研究径流量的不均匀性，选取年内分配不均匀系数 C_{vy} 作为量化指标，其计算式为

$$C_{vy} = \sqrt{\frac{\sum\limits_{i=1}^{n}\left(\dfrac{K_i}{\overline{K}}-1\right)}{n}} \qquad (8.13)$$

其中 $K_i = \dfrac{x_i}{W} \times 100\%$；$\overline{K} = \dfrac{1}{n}\sum\limits_{i=1}^{n}K_i$；$W = \sum\limits_{i=1}^{n}x_i$

式中：x_1，x_2，$\cdots$，x_n 为某年各月径流量，m³；K_i 为年内各月径流量占年径流的百分比；$\overline{K}$ 为各月平均径流量占全年径流量的百分比；W 为年径流量，m³；$i=1$，2，$\cdots$，n；$n=12$。

C_{vy} 是反映径流分配不均匀性的一个指标，其值越大表示各月径流量相差值越大，即年内分配越不均匀。经计算，正阳关及蚌埠水文站的径流量不均匀系数 C_{vy} 均为 0.02，其值相对较小，除个别月份径流量偏多外，其他月份径流量分配较为平均。各月径流量分配百分比结果如图 8.15 所示，从图中可以看出，正阳关及蚌埠水文站夏季 7 月及 8 月的径流量分配百分比尤为突出，且 7 月占全年径流量分配百分比最大。由表 8.15 可知，其中最大径流量分别可以占到 22.60% 和 21.82%，且夏季总径流量约占 49.12% 和 48.84%，接近了全年径

流量的 50%。

表 8.15　淮河中游主要测站各时期径流量年内分配百分比及不均匀系数

站名	1月/%	2月/%	3月/%	4月/%	5月/%	6月/%	7月/%	8月/%	9月/%	10月/%	11月/%	12月/%	C_{vy}
正阳关	2.54	2.81	4.66	5.09	7.33	8.31	22.60	18.21	12.00	7.75	5.21	3.49	0.020
蚌埠	2.39	2.59	4.41	4.63	6.63	7.68	21.82	19.34	13.31	8.43	5.35	3.43	0.020

8.1.2.3　变化幅度特征

对河流水沙量年内分配特征的分析研究，还可以采用相对变化幅度 C_m 和绝对变化幅度 ΔQ 两个指标开展研究，计算式为

$$C_m = (Q_{max} - Q_{min}) / Q_{max} \tag{8.14}$$

$$\Delta Q = Q_{max} - Q_{min} \tag{8.15}$$

式中：Q_{max} 和 Q_{min} 分别为年内最大和最小月水文数据。

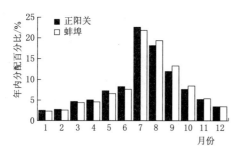

图 8.15　淮河中游主要测站各时期
径流量年内分配百分比

计算可得正阳关年内流量的相对变化幅度为 88.76%，绝对变化幅度为 1603.44m³/s；蚌埠年内流量的相对变化幅度为 89.04%，绝对变化幅度为 1953.08m³/s。正阳关年内含沙量的相对变化幅度为 83.85%，绝对变化幅度为 0.41kg/m³；蚌埠年内含沙量的相对变化幅度为 86.18%，绝对变化幅度为 0.35kg/m³。从统计结果可以看出，两个水文站的年内月流量和月含沙量变化幅度相对较大，汛期与非汛期差异明显。

8.1.2.4　变化成因分析

降水量和温度是影响流域径流量的两个主要气候要素，其中降水量直接影响着河道流量，温度则会通过影响流域的蒸发量而加速水文的循环[78]。

由于淮河流域地处我国南北气候过渡带，在夏季，携带大量暖湿空气的偏南气流为淮河流域的雨季提供了大量的水汽来源，促成了一年中降水最多的时期，因此在夏季时期易形成暴雨洪水。在进入秋季后，夏季风消退，导致淮河流域在冬季内盛行干冷的偏北风，干冷空气的不断南侵使得降水迅速减少。因此造成了流域内降水季节分配不均的现象，进而受降水量的影响，淮河流域径流量呈现显著的季节性变化。

淮河流域春夏秋降水量呈现不显著的减小趋势，冬季降水量呈现不显著增加趋势[79]，不同年代降水量的变化直接导致了年代径流量的变化，形成了春

夏秋径流量呈不显著减小趋势，冬季径流量呈不显著增加趋势，这也与淮河流域的气温表现出升高的趋势有一定的联系。

8.2　淮河和洪泽湖水沙交换程度分析

8.2.1　河湖水沙交换指数

河流与湖泊之间通过径流与泥沙的物质交换，影响着河流与湖泊关系的调整过程。洪泽湖作为连接淮河中游与下游的大型湖泊，河湖之间的水沙交换程度可以在一定程度上体现洪泽湖对淮河径流量调蓄能力的强弱。通常情况下，河湖水沙交换的直观体现是水沙流动方向和水沙交换量的值。河湖水沙交换的表现形式分为地表交换和地下交换，考虑多种自然影响因素下以年为单位时间的洪泽湖水量和沙量平衡方程如下表达。

洪泽湖年输水量平衡方程为

$$V_{入}+V_{地入}+V_{降水}-V_{出}-V_{地出}-V_{蒸发}=\Delta V \tag{8.16}$$

式中：$V_{入}$ 为由河流汇入洪泽湖的水量，m^3；$V_{地入}$ 为地下径流汇入洪泽湖的水量，m^3；$V_{降水}$ 为洪泽湖区域的降水量，m^3；$V_{出}$ 为由河流流出洪泽湖的水量，m^3；$V_{地出}$ 为从地下流出洪泽湖的水量，m^3；$V_{蒸发}$ 为洪泽湖区域的蒸发水量，m^3；ΔV 为洪泽湖年蓄水变化量，m^3。

洪泽湖年输沙量平衡方程为

$$W_{入}+W'_{入}-W_{出}=\Delta W \tag{8.17}$$

式中：$W_{入}$ 为由河流汇入洪泽湖的沙量，kg；$W'_{入}$ 为由洪泽湖周边地表汇入洪泽湖的沙量，kg；$W_{出}$ 为通过河流流出洪泽湖的沙量，kg；ΔW 为洪泽湖湖盆冲淤变化量，kg。

由于地下径流流动较为缓慢，正常情况下地下径流的流入和流出量通常处于稳定状态，即 $V_{地入}=V_{地出}$。降水量与蒸发量的差值可以作为洪泽湖的地表径流量，在一定程度上也影响着洪泽湖的蓄水量，但这里仅研究河湖水量交换程度，故此因素不在考虑范围内。$W'_{入}$ 可以认为是洪泽湖周边水土流失量，在研究时间序列范围内，洪泽湖周边水土保持较好，与河道流入的泥沙量相比数值较小，故此因素也不在考虑范围内。

基于上述自然影响因素，为了探明洪泽湖对淮河径流量调蓄能力的强弱变化以及湖盆的冲淤强度，利用入出洪泽湖的总径流量和输沙量数据，建立河湖水沙和泥沙交换指数来开展研究。

洪泽湖作为河湖连通型湖泊，当入湖水量（沙量）与出湖水量（沙量）长期稳定在同一水平时，可以认为河湖的水体交换量（泥沙交换量）处于相对平衡状态。因此，可以用单位时间内径流或泥沙流入湖泊的量与流出湖泊的量的比值来度量，即用水沙交换指数来表示河湖水沙交换的强度。故研究过程中采用入湖径流量与出湖径流量的比值作为水量交换指数 $C_{水量}$，入湖输沙量与出湖输沙量的比值作为泥沙交换指数 $C_{泥沙}$。

$$C_{水量} = \frac{V_入}{V_出} \qquad\qquad (8.18)$$

$$C_{泥沙} = \frac{W_入}{W_出} \qquad\qquad (8.19)$$

　　根据式（8.18）和式（8.19），利用入出洪泽湖的逐年径流量和输沙量时间序列，分别计算 1975—2015 年洪泽湖水量交换指数和泥沙交换指数。对于水量交换指数 $C_{水量}$，当数值为 1 时，河湖水量交换处于平衡状态；当数值大于 1 时，表示入湖水量大于出湖水量，洪泽湖处于蓄水状态，且值越大，蓄水量越多；当数值小于 1 时，表示入湖水量小于出湖水量，洪泽湖处于泄水状态，且值越小，泄水量越多。对于泥沙交换指数 $C_{泥沙}$，当数值为 1 时，说明河湖的泥沙交换处于稳定状态，洪泽湖冲淤平衡；当数值大于 1 时，表示入湖沙量大于出湖沙量，洪泽湖湖盆处于淤积状态，且值越大，淤积越严重；当数值小于 1 时，表示入湖沙量小于出湖沙量，洪泽湖湖盆处于冲刷状态，且值越大，冲刷越严重。因此，将所得结果与平衡状态值 1 相比较，得到河湖水沙交换指数的变化，如图 8.16 所示。

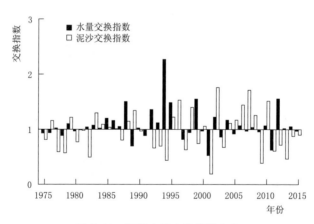

图 8.16　河湖水沙交换指数变化

　　初步观察河湖水沙交换指数的变化，可以看出水量交换指数和泥沙交换指数的值大多数年份大于 1，少数年份的指数值小于 1。为了更全面地了解河湖水沙交换量的变化规律，分别对河湖水沙交换指数的时间序列开展趋势变化、突变检验及周期统计等相关分析。

8.2.2 趋势变化

采用滑动平均趋势分析法和 M−K 趋势检验法对河湖水沙交换指数时间序列进行统计分析，得到如图 8.17 和图 8.18 所示的径流量和输沙量时间序列趋势变化图。

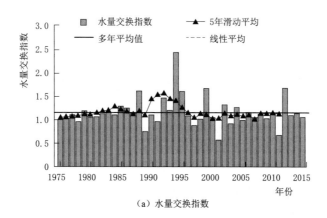

（a）水量交换指数

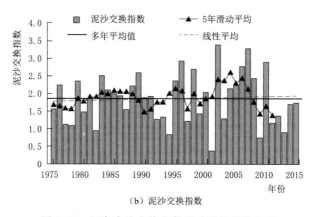

（b）泥沙交换指数

图 8.17　河湖水沙交换指数滑动平均趋势分析

分析图 8.17 的滑动平均趋势分析可知，水量交换指数的 5 年滑动平均变化曲线除在 1989—1993 年呈增大趋势外，其余年份均呈平稳的趋势，且线性趋势变化与多年平均值相持平。泥沙交换指数的 5 年滑动平均变化曲线在 1975—1989 年呈平稳状态，在 1989 年后呈轻微的波动状态，但线性趋势变化整体呈轻微的增大趋势。

对图 8.18（a）中的水量交换指数时间序列趋势分析，其统计量 UF 值基本大于 0，且在 20 世纪 80 年代中期至 90 年代中期，统计量 UF 部分值超过了

$\alpha=0.05$ 临界值，水量交换指数时间序列在此时期呈显著增大的趋势，其余时期呈不显著增大趋势。图 8.18（b）中的泥沙交换指数时间序列趋势中，其统计量值基本大于 0，但未超过 $\alpha=0.05$ 临界值，泥沙交换指数时间序列呈不显著增大趋势。整体分析而言，水量交换指数的趋势统计量 Z 为 0.2359，泥沙交换指数的趋势统计量 Z 为 0.3257，其值大于 0 但未超过 $\alpha=0.05$ 临界值，说明在研究时间范围内，洪泽湖库容呈不显著的增大趋势，湖盆处于逐年淤积状态，且呈不显著增多趋势。研究结果与洪泽湖年均水位逐渐增大的分析结果相一致[80]，验证了该研究结果的合理性。

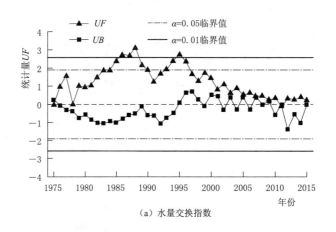

（a）水量交换指数

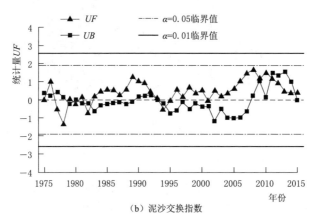

（b）泥沙交换指数

图 8.18　河湖水沙交换指数 M－K 趋势分析

8.2.3　突变检验

采用时序累计值曲线法、M－K 突变检验法和滑动 t 检验法对河湖水沙交换指数的时间序列进行突变点分析，得到如图 8.19 和图 8.20 所示的径流量和输沙量突变分析变化图。

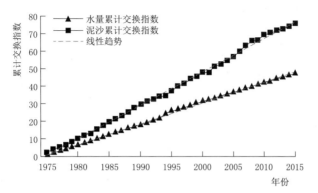

图 8.19　河湖水沙交换指数时序累计值曲线突变检验

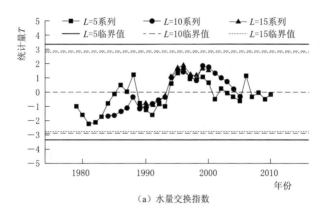

（a）水量交换指数

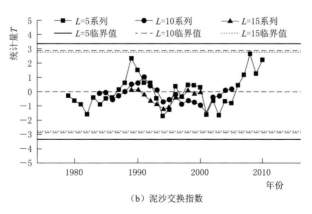

（b）泥沙交换指数

图 8.20　河湖水沙交换指数滑动 t 突变检验

由图 8.19 可知，河湖水量累计交换指数与泥沙累计交换指数曲线的斜率没有出现显著变化，说明水沙交换指数均没有显著突变点。分析河湖水沙交换指数 M-K 突变检验统计量曲线，如图 8.18 所示，河湖水沙交换指数时间序列的 UF 和 UB 曲线的交点均位于置信区间内，没有超过临界曲线，说明该时间序列不存在显著突变点。使用滑动 t 检验时，对了序列长度 L 选取 5、10 和 15 三种工况，分析不同子序列长度水文时间序列的突变情况，由图 8.20 可知，河湖水沙交换指数的各工况径流量滑动 t 检验统计量均位于置信区间内，没有显著突变点。综合这三种突变检验方法可知，河湖水沙交换指数时间序列不存在显著的突变点，表明淮河与洪泽湖的水沙交换程度处于相对稳定状态。

8.2.4　周期统计

采用 Morlet 小波函数对河湖水沙交换指数的时间序列进行分析，进而得到 1975—2015 年河湖水沙交换指数时间序列的小波系数实部等值线、模方等值线、小波方差和小波变换实部过程线，如图 8.21~图 8.24 所示。

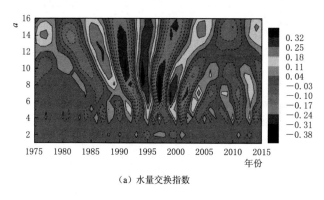

（a）水量交换指数

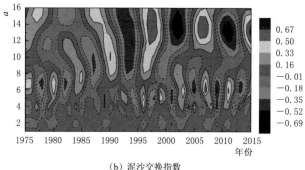

（b）泥沙交换指数

图 8.21　河湖水沙交换指数小波系数实部等值线

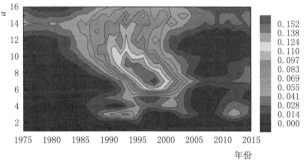

（a）水量交换指数

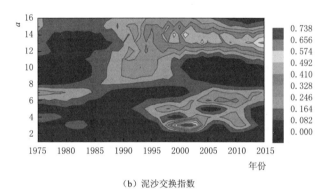

（b）泥沙交换指数

图 8.22　河湖水沙交换指数小波系数模方等值线

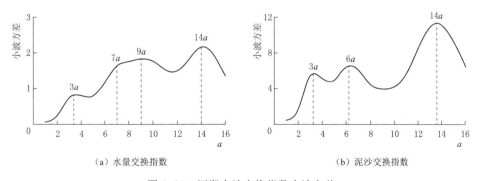

（a）水量交换指数　　　　　　　　　（b）泥沙交换指数

图 8.23　河湖水沙交换指数小波方差

　　对图 8.21～图 8.24 进行统计分析，为了使分析结果更为直观，绘制了表8.16 和表 8.17。对河湖水沙交换指数时间序列小波系数的实部、模方、方差进行分析，得到了相应的时间尺度、周期数、显著性及趋势性。

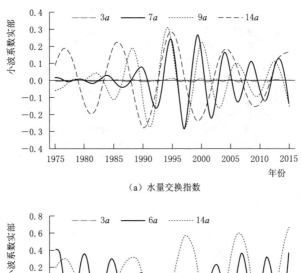

（a）水量交换指数

（b）泥沙交换指数

图 8.24　河湖水沙交换指数主要时间尺度下小波变换实部过程线

表 8.16　　　　　　　　　　　河湖水量交换指数时间序列小波分析

项目	要　素	特　征			
实部分析	时间尺度	（3～9）a		（10～15）a	
	尺度类型	小尺度		大尺度	
	丰枯交替振荡次数	不显著		7	
	显著性	不显著		显著	
模方分析	时间尺度	（3～15）a			
	振荡趋势性	能量先增强后减弱，在 1995—2000 年达到最强			
	显著性	贯穿整个研究域			
方差分析	时间尺度	3a	7a	9a	14a
	主周期数	第四	第三	第二	第一
	波动周期	不显著	7	6	4

续表

项目	要 素	特 征			
方差分析	波动趋势性	不显著	先增强后减弱	先增强后减弱	先增强后减弱
	短期未来趋势	不显著	达到谷底，继而逐渐增大	达到谷底，继而逐渐增大	达到峰值，继而逐渐减小

表 8.17　　　　　　　　河湖泥沙交换指数时间序列小波分析

项目	要 素	特 征		
实部分析	时间尺度	$(3\sim5)a$	$(6\sim15)a$	
	尺度类型	小尺度	大尺度	
	丰枯交替振荡次数	9	5	
	显著性	不显著	显著	
模方分析	时间尺度	$(3\sim8)a$	$(11\sim15)a$	
	振荡趋势性	1995 年后呈现振荡特性	1995 年后呈现振荡特性	
	显著性	1995 年后显著性增强	1995 年后显著性增强	
方差分析	时间尺度	$3a$	$6a$	$14a$
	主周期数	第三	第二	第一
	波动周期	不显著	8	4
	波动趋势性	不显著	先减弱后增强	逐渐增强
	短期未来趋势	不显著	达到峰值，继而逐渐减小	达到峰值，继而逐渐减小

河湖水量交换指数周期统计见表 8.16。在实部分析中，存在着 $(3\sim9)a$ 和 $(10\sim15)a$ 两类时间尺度的周期变化规律，在 $(10\sim15)a$ 处振荡最为强烈，周期性显著且具有全域性。在模方分析中，年径流量在变化域中的波动能量曲面上有 1 个较强的能量聚集中心，波动影响的能量尺度范围为 $(3\sim15)a$，波动能量在研究域中呈先增强后减弱的趋势，波动能量在时域上强集中的影响范围是 1995—2000 年。方差分析中，存在着 $3a$、$7a$、$9a$ 和 $14a$ 四个主周期，其中 $14a$ 为第一主周期，在全域中丰枯变换次数为 4 次，水量交换指数呈现短期间达到峰值继而逐渐减小的变化趋势。

河湖泥沙交换指数周期统计见表 8.17。在实部分析中，存在着 $(3\sim5)a$ 和 $(6\sim15)a$ 两类时间尺度的周期变化规律，在 $(6\sim15)a$ 处振荡最为强烈，周期性显著且具有全域性。在模方分析中，年径流量在变化域中的波动能量曲面上有 2 个较强的能量聚集中心，波动影响的能量尺度范围为 $(3\sim8)a$ 和 $(11\sim15)a$，其中，$(3\sim8)a$ 波动能量在研究域中呈先减弱后增强的趋势，波动能量在时域上强集中的影响范围是 2000 年前后；（11～15）a 波动能量在研究域中呈逐渐增强的趋势，波动能量在时域上强集中的影响范围贯穿于 1995 年以后。方差分析中，存在着 $3a$、$6a$ 和 $14a$ 三个主周期，其中 $14a$ 为第一主周期，在全域中丰枯变换次数为 4 次，泥沙交换指数呈现短期间达到峰值继而逐渐减小的变化趋势。

综上所述，河湖水量交换指数和泥沙交换指数的时间序列周期性较为接近，小尺度的周期变化显著性较差。能量振荡均在 1995 年附近出现拐点，水量交换指数能量在 1995 年之前呈逐渐增强的趋势，而在 1995 年后达到能量振荡的最强值后呈逐渐减弱的趋势；泥沙交换指数在 1995 年之前振荡特性不明显，而在 1995 年后，呈波动振荡的变化规律。预测短期水沙交换指数的变化趋势，水量交换指数不同时间尺度周期下预测结果不一致，而泥沙交换指数不同时间尺度周期预示着其值将达到峰值状态，进而再呈现逐渐减弱的趋势。

8.3　小　　结

本章分析了淮河中游河道水沙的年际变化和年内变化特征以及构建了淮河和洪泽湖水沙交换强度的判别指标，利用该判别指标分析了河湖水沙交换程度，得到以下结论：

（1）淮河中游河道在 1951—2018 年的研究范围内，年际变化特征主要表现为，多年径流量时间序列整体呈现出不显著减小趋势，无显著突变点发生，正阳关站和蚌埠站多年平均径流量分别为 213.17 亿 m^3 和 265.31 亿 m^3，存在丰枯交替的周期性变换规律，正阳关站和蚌埠站年径流量均存在 $3a$、$6a$、$13a$、$28a$ 的多时间尺度效应。多年输沙量时间序列整体呈现出显著减小趋势，受多种因素影响于 1984 年前后发生显著突变，正阳关站和蚌埠站多年平均输沙量突变前分别为 1264.63 万 t 和 1170.89 万 t，突变后分别为 266.34 万 t 和 401.81 万 t，整体仍呈现出显著的丰枯交替变换规律，正阳关站所在河段的枯沙程度比蚌埠水文站所在河段严重，正阳关站和蚌埠站年均输沙量分别存在 $10a$、$14a$、$28a$ 和 $14a$、$28a$ 多时间尺度效应。河流丰水年（丰沙年）和枯水年（枯沙年）在研究年份中所占的比例较大，两者出现频率之和可达 70% 以上，充分说明淮河流域旱涝灾害较为严重。径流量与输沙量时间序列交叉小波相位均呈同相位变化，具有较强的关联性。其年内变化特征主要表现为，河道流量和含沙量年内分配具有不均匀的特性，流量和含沙量在 6—9 月普遍较大，且峰值出现在 7—8 月，年内月流量和含沙量相对变幅均可达 80% 以上，夏季总径流量接近了全年径流量的 50%。从不同年代来看，受气候条件的影响，春夏秋的月平均流量和含沙量随年份呈现出不显著的减小趋势，冬季呈现不显著增加趋势。

（2）通过建立淮河干流与洪泽湖的水量交换指数和泥沙交换指数，研究了淮河干流河道对洪泽湖库容和湖盆冲淤的影响。结果表明受不同年代治淮工程的影响，洪泽湖库容量于1975—1985年呈不显著增大趋势，在1990—1995年呈显著增大趋势，之后在1995—2015年又恢复不显著增大趋势，整体而言河湖水量交换呈不显著增大趋势，造成洪泽湖库容呈不显著增大的趋势。入湖沙量比出湖沙量要多，湖盆泥沙的淤积量逐年呈不显著增大趋势。综合分析，在研究时段内，河湖的水沙交换程度呈现显著的周期性变化，但无突变行为，说明洪泽湖库容及湖盆淤积呈稳定的波动状态，淮河干流与洪泽湖的水沙交换程度处于相对稳定的作用状态。

第9章

基于 Copula 函数的淮河中上游
水沙输移规律

基于淮河中游吴家渡水文站 1950—2015 年的径流量和输沙量资料，通过对径流量和输沙量边缘分布和 Copula 函数型式进行比选，构建了淮河中上游水沙联合分布模型，进而计算得到了淮河中上游水沙丰枯遭遇频率，同时对比分析了径流量和输沙量单变量和联合变量的设计值并绘制了等值线图[81-82]。

9.1 Copula 函数理论

9.1.1 Copula 函数定义

Copula 原意是"连接"，Copula 函数用来表示一个多维联合分布函数，是将各个边缘分布函数连接在一起的函数，描述了变量之间的相关性。在实际应用中，Copula 函数可用于描述任何变量的相关关系，不要求两个及以上的变量服从同一分布，而且计算简便、形式灵活，因此 Copula 函数具有明显的优越性，广泛应用于水文、气象等领域[83-86]。

根据 n 维 Sklar 定理，Copula 函数是一种均匀分布概率函数，其定义域在 $[0,1]$ 这个闭区间内。对于边缘分布为 $F_1(x_1)$，$F_2(x_2)$，$\cdots$，$F_n(x_n)$ 的一个多元联合分布函数，对 $\forall x \in R^n$，存在一个联接函数 C 使得

$$F(x_1,x_2,\cdots,x_3) = C[F_1(x_1),F_2(x_2),\cdots,F_n(x_n)]$$
$$= C(u_1,u_2,\cdots,u_3) \tag{9.1}$$

式中：$F_i(x_i) = u_i$，$i = 1$，2，$\cdots$，n，若 $F_1(x_1)$，$F_2(x_2)$，$\cdots$，$F_n(x_n)$ 连续，则 C 唯一。

对于二维 Copula 函数，设 X、Y 分别为随机变量，$F(x,y)$ 是 X，Y 的联合分布函数，边缘分布分别为 $F_1(x)$ 和 $F_2(y)$，则存在一个 Copula 函数，对于所有 $x \in [0,1]$，$y \in [0,1]$，有 $F(x,y) = C[F_1(x)$，$F_2(y)]$，如果 $F_1(x)$，$F_2(y)$ 连续，则存在唯一 Copula 函数[87]。

9.1.2　Copula 函数类型

Copula 函数总体上可以划分为 Archimedean 型、椭圆型和二次型，其中 Archimedean 型结构简单，适应性强，在水文领域中广泛使用，选用二维 Archimedean 型 Copula 函数构建淮河中上游水沙联合分布模型。

最常用的 Archimedean 型 Copula 函数二维联合分布模型有以下 3 种。

（1）Gumbel Copula 联合分布模型：

$$C_\theta(u,v) = \exp\{-[(-\ln u)^\theta + (-\ln v)^\theta]^{1/\theta}\} \quad (\theta > 1) \tag{9.2}$$

（2）Clayton Copula 联合分布模型：

$$C_\theta(u,v) = (u^{-\theta} + v^{-\theta} - 1)^{-1/\theta} \quad (\theta > 1) \tag{9.3}$$

（3）Frank Copula 联合分布模型：

$$C_\theta(u,v) = -\frac{1}{\theta}\ln[1 + (e^{-\theta u} - 1)(e^{-\theta v} - 1)/(e^{-\theta} - 1)] \quad (\theta > 1) \tag{9.4}$$

9.1.3　Copula 函数参数估计

参数估计是构建多变量概率分布模型的重要环节，目前使用较为广泛的参数估计方法主要有相关性指标法、极大似然法、矩估计方法等[88-89]。这里重点介绍相关性指标法原理。

相关性指标法通过 Copula 函数参数与某个变量相关性指标的关系，先根据样本计算相关性指标，再间接推求 Copula 函数参数。Gumbel、Clayton 和 Frank 函数参数可用 Kendall 秩相关系数进行推求。

（1）Gumbel 函数：

$$\tau = 1 - \frac{1}{\theta} \tag{9.5}$$

（2）Clayton 函数：

$$\tau = \frac{\theta}{2 + \theta} \tag{9.6}$$

（3）Frank 函数：

$$\tau = 1 + \frac{4}{\theta}\left[\frac{1}{\theta}\int_0^1 \frac{t}{\exp(t)}dt - 1\right] \tag{9.7}$$

式（9.5）～式（9.7）中的 τ 为 Kendall 秩相关系数，可用式（9.8）计算。

$$\tau = (C_n^2)^{-1}\sum_{i<j}\text{sign}[(x_i - x_j)(y_i - y_j)] \tag{9.8}$$

式中：C_n^2 为组合数，n 由具体数据个数决定；(x_i, y_i) 为观测点据，$i,j = 1,$ $2, \cdots, n$；sign 为符号函数，具体表达式见式（9.9）。

$$\text{sign}\left[(x_i - x_j)(y_i - y_j)\right] = \begin{cases} 1, & (x_i - x_j)(y_i - y_j) > 0 \\ 0, & (x_i - x_j)(y_i - y_j) = 0 \\ -1, & (x_i - x_j)(y_i - y_j) < 0 \end{cases} \quad (9.9)$$

Kendall 秩相关系数 τ 值越大，表示变量之间的相关性越显著。

9.1.4　Copula 函数拟合优度评价

在利用多种 Copula 函数对多变量联合分布进行拟合后，需采用拟合优度检验指标进行优选，确定最优拟合 Copula 函数，常用 RMSE 准则法、AIC 准则法或 BIC 准则法对拟合效果进行评价分析。

（1）RMSE 准则法。RMSE 准则法（均方根误差准则）的计算公式为

$$RMSE = \sqrt{\frac{1}{n}\sum_{i=1}^{n}(p - p_i)^2} \quad (9.10)$$

式中：p 为经验频率；p_i 为理论频率。$RMSE$ 值越小，表示拟合效果越好。

（2）AIC 准则法。AIC 准则法包括两个部分，Copula 函数拟合的偏差与 Copula 函数参数个数导致的不稳定性，AIC 表达式为

$$AIC = n\ln MSE + 2m \quad (9.11)$$

其中
$$MSE = \frac{1}{n}\sum_{i=1}^{n}(p - p_i)^2$$

式中：m 为模型个数。AIC 值越小，表示拟合效果越好。

（3）BIC 准则法。BIC 准则法计算公式为

$$BIC = n\ln MSE + m\ln n \quad (9.12)$$

式中符号意义与上式相同。BIC 值越小，表示拟合效果越好。

9.1.5　运用 Copula 函数构建联合分布模型的步骤

运用 Copula 函数对淮河中上游径流量和输沙量进行联合概率分布求解时，选取 Gumbel、Clayton 和 Frank 三种函数构建二维联合分布模型，并优选出拟合效果最好的作为最终 Copula 函数，优选具体步骤如下：

（1）拟合边缘分布函数。要构造 Copula 函数，首先需要确定不同变量的边缘分布函数。目前水文领域中应用较为广泛的概率分布函数有皮尔逊三型（P-Ⅲ）、伽马（Gamma）和对数正态（Logn）。

（2）优选边缘分布函数。应用水文频率分析法，拟合得到不同边缘分布函数后，并运用非参数 K-S 检验方法对两变量边缘分布函数进行拟合检验，然后采用 AIC 准则法和 RMSE 准则法评价确定最优的边缘分布。

（3）确定 Copula 函数。采用相关性指标法分别估计二维 Gumbel、

Clayton 和 Frank 函数的未知参数，并运用非参数 K-S 检验方法对每个联合概率分布函数进行拟合检验。

（4）优选 Copula 函数。运用 RMSE 准则法、AIC 准则法或 BIC 准则法对二维 Gumbel、Clayton 和 Frank 函数进行拟合优度评价，优选出拟合效果最好的 Copula 函数作为径流量和输沙量的联合概率分布模型。

（5）丰枯遭遇概率计算。我国丰枯等级划分相对应的频率为 $p_f = 37.5\%$ 和 $p_k = 62.5\%$，设 p_f 频率对应的水量为 X_{pf}、p_k 频率对应的水量为 X_{pk}，则 $X_i \geqslant X_{pf}$ 为丰水、$X_i \leqslant X_{pk}$ 为枯水、$X_{pk} < X_i < X_{pf}$ 为平水，其中 X_i 为第 i 年的来水量。设径流量和输沙量分别为 X、Y，其边缘函数分别为 u、v，则

$$P = (X < x, Y < y) = F(u, v) = C(u, v) \tag{9.13}$$

而
$$P = (Y > y) = 1 - P(Y < y) \tag{9.14}$$

那么可推导出：

X 丰 Y 丰（丰丰型）概率为
$$P = (X > X_{pf}, Y > Y_{pf}) = 1 - u_{pf} - v_{pf} + C(u_{pf}, v_{pf}) \tag{9.15}$$

X 丰 Y 平（丰平型）概率为
$$P = (X > X_{pf}, Y_{pk} < Y < Y_{pf}) = v_{pf} - v_{pk} + C(u_{pf}, v_{pk}) - C(u_{pf}, v_{pf}) \tag{9.16}$$

X 丰 Y 枯（丰枯型）概率为
$$P = (X > X_{pf}, Y < Y_{pk}) = v_{pk} - C(u_{pf}, v_{pk}) \tag{9.17}$$

X 平 Y 丰（平丰型）概率为
$$P = (X_{pk} < X < X_{pf}, Y > Y_{pf}) = u_{pf} - u_{pk} + C(u_{pk}, v_{pf}) - C(u_{pf}, v_{pf}) \tag{9.18}$$

X 平 Y 平（平平型）概率为
$$P = (X_{pk} < X < X_{pf}, Y_{pk} < Y < Y_{pf}) = C(u_{pf}, v_{pf}) - C(u_{pk}, v_{pf}) - C(u_{pf}, v_{pk}) + C(u_{pk}, v_{pk}) \tag{9.19}$$

X 平 Y 枯（平枯型）概率为
$$P = (X_{pk} < X < X_{pf}, Y < Y_{pk}) = C(u_{pf}, v_{pk}) - C(u_{pk}, v_{pk}) \tag{9.20}$$

X 枯 Y 丰（枯丰型）概率为
$$P = (X < X_{pk}, Y > Y_{pf}) = u_{pk} - C(u_{pk}, v_{pf}) \tag{9.21}$$

X 枯 Y 平（枯平型）概率为
$$P = (X < X_{pk}, Y_{pk} < Y < Y_{pf}) = C(u_{pk}, v_{pf}) - C(u_{pk}, v_{pk}) \tag{9.22}$$

X 枯 Y 枯（枯枯型）概率为
$$P = (X < X_{pk}, Y > Y_{pk}) = C(u_{pk}, v_{pk}) \tag{9.23}$$

式中：u_{pf}，u_{pk}，v_{pf}，v_{pk} 分别为 X_{pf}，X_{pk}，Y_{pf}，Y_{pk} 所对应的边缘分布函数值。

上面 9 种丰枯遭遇组合中，丰丰型、平平型、枯枯型为丰枯同步，其他为丰枯异步。

（6）水沙联合重现期计算。重现期是水利工程中一个设计标准的概念，是用来衡量水文事件量级的重要指标。陈子燊等[90]在研究排水排涝两级标准衔接的设计暴雨水平时，曾定义三种联合重现期，"或"重现期、"且"重现期与"二次"重现期。这里主要分析"或"重现期下水沙联合设计值，其余类型重现期下水沙设计值分析方法与"或"重现期时相同。采用算符"$\vee$"定义两变量"OR"事件 E_{XY}：$E_{XY}^{\vee} = \{X > x \vee Y > y\}$，则事件 $E_{XY}^{\vee}$ 的"OR"联合重现期（"或"重现期）为

$$T_{OR} = \frac{1}{P(X > x \vee Y > y)} = \frac{1}{1 - C[F_X(x), F_Y(y)]} \tag{9.24}$$

9.2　淮河中上游水沙联合分布模型

9.2.1　研究区域水沙概况

淮河流域受到自然气候、地理特征和人类活动的共同影响，降水时空分布不均衡，空间上由东南向西北递减，时间上主要集中在夏季，年径流量变差系数较大，年际丰枯交替频繁，各水文站的年径流量均存在 2 个历时 2 年以上的丰水时段。其中，王家坝站发生于 1963—1965 年和 1982—1984 年；而鲁台子站与吴家渡站具有较强一致性，均发生于 1963—1965 年和 1982—1985 年。各水文站的年径流量存在 3 个历时可达 3~6 年的枯水时段，发生时期较为一致，分别为 1957—1962 年、20 世纪 70 年代（除了 1975 年）和 1992—1995 年。总体来说，淮河干流年径流量的持续枯水时段较持续丰水时段要长，而在 1996—2008 年间，年径流量丰枯交替变化频繁，这主要是与该时段流域内降水量年际变化大、旱涝交替出现有关。

淮河干流多年平均含沙量从上游到下游逐渐递减，见表 9.1，上游王家坝站平均含沙量约为 0.296kg/m³，中游鲁台子站约为 0.256kg/m³，中游小柳巷站约为 0.177kg/m³，其原因是淮河进入安徽段前河道坡降较陡，流速较大，挟沙能力强。进入安徽后蚌埠以下河道坡降大幅度减缓，流速减小，再加上蚌埠闸的调蓄作用，对泥沙的沿程变化有较大的影响。同时受径流丰枯的影响，淮河干流年输沙量年际变差较大，最大值与最小值比值悬殊，而且总体上呈递减的趋势，尤其是进入 20 世纪 90 年代，流域进入少沙期。

表 9.1 淮河干流主要控制站多年平均水沙特征值统计表

站名	至入湖口距离/km	集水面积/km²	多年平均流量/(m³/s)	多年平均含沙量/(kg/m³)	多年平均输沙量/万 t
王家坝	434	30630	306	0.296	261
鲁台子	294	88630	658	0.256	552
吴家渡	175	121330	832	0.225	637
小柳巷	81	123950	928	0.177	600

气候、下垫面和人类活动是影响泥沙的年际变化的主要因素，同时输沙量与降水径流关系密切，以淮河干流小柳巷站（该站 1983 年测沙，1989—1993 年停测）为例，从历年水沙资料看：①泥沙的年际变化与年径流量的丰枯变化基本一致；②输沙量的变差系数 $C_v=0.91$，实测最大年输沙量（1570 万 t）与最小年输沙量（15.4 万 t）的比值为 102；而年径流量的变差系数 $C_v=0.61$，实测最大年径流量与最小年径流量的比值为 12.2，说明输沙量的年际变化大于径流量的年际变化。

9.2.2 水沙联合分布模型资料选取

吴家渡水文站位于淮河中游，地理位置在安徽省蚌埠市龙子湖区，东经 117°22′09″，北纬 32°57′29″。吴家渡站是淮河干流控制站，国家重要水文站，一类精度站，流域面积 12.13 万 km²，控制淮河流域大部分来水来沙，而且现有水文资料齐全，因此选取吴家渡站 1950—2015 年的径流量和输沙量实测数据（表 9.2），构建淮河中上游水沙联合分布模型。

表 9.2 吴家渡站 1950—2015 年的径流量和输沙量

年份	径流量/亿 m³	输沙量/万 t	年份	径流量/亿 m³	输沙量/万 t
1950	464.67	2354.29	1960	235.36	1139.91
1951	171.29	557.24	1961	95.06	192.09
1952	340.76	1782.03	1962	244.33	1062.99
1953	180.35	1418.68	1963	563.92	2297.27
1954	635.68	1736.75	1964	516.41	2677.14
1955	326.68	1990.03	1965	289.06	1343.95
1956	633.48	2237.91	1966	37.05	26.77
1957	262.11	1683.36	1967	143.97	734.35
1958	171.88	1338.58	1968	304.87	1674.67
1959	144.49	684.21	1969	377.70	1796.03

续表

年份	径流量/亿 m³	输沙量/万 t	年份	径流量/亿 m³	输沙量/万 t
1970	242.81	722.18	1993	158.67	144.67
1971	260.06	1093.45	1994	66.27	51.95
1972	313.64	995.24	1995	108.41	139.62
1973	233.60	1013.71	1996	306.62	598.15
1974	163.14	433.91	1997	102.31	134.30
1975	462.09	1989.85	1998	410.35	900.69
1976	129.00	425.34	1999	65.93	59.11
1977	202.73	797.16	2000	368.61	984.17
1978	26.87	35.59	2001	76.26	17.05
1979	181.32	882.40	2002	225.05	482.52
1980	384.63	1124.88	2003	641.48	769.64
1981	122.45	158.59	2004	214.18	407.05
1982	411.35	1252.30	2005	442.98	785.01
1983	397.12	1168.38	2006	234.16	222.94
1984	502.75	1341.54	2007	389.31	519.04
1985	323.47	641.66	2008	279.21	453.29
1986	139.98	284.12	2009	149.81	114.45
1987	366.16	859.89	2010	321.80	608.87
1988	118.74	222.67	2011	91.76	22.62
1989	305.99	757.03	2012	104.97	79.83
1990	217.36	373.15	2013	86.75	48.39
1991	534.74	961.42	2014	178.37	157.06
1992	83.91	61.80	2015	259.48	646.37

吴家渡站 1950—2015 年径流量和年输沙量折线图如图 9.1 和图 9.2 所示，通过回归统计分析吴家渡径流量序列和输沙量序列的相关系数的平方值 R^2 为 0.745，具有显著的相关性，因此可以用来构建水沙联合分布模型。

9.2.3　边缘分布函数的确定

目前水文领域中应用较为广泛的概率分布函数有皮尔逊三型（P-Ⅲ）、伽马（Gamma）和对数正态（Logn），具体函数形式如下。

（1）皮尔逊三型（P-Ⅲ）分布函数：

$$f(x \mid \alpha, \beta, x_0) = \frac{\beta^{\alpha}}{\Gamma(\alpha)} (x - x_0)^{\alpha-1} e^{-\beta(x - x_0)} \tag{9.25}$$

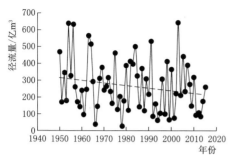

图 9.1 吴家渡 1950—2015 年径流量

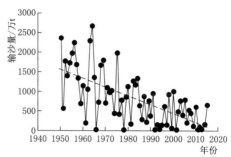

图 9.2 吴家渡 1950—2015 年输沙量

（2）伽马（Gamma）分布函数：

$$f(x \mid \alpha, \beta) = \frac{1}{\beta^{a} \Gamma(\alpha)} x^{a-1} \exp\left(\frac{-x}{\beta}\right) \tag{9.26}$$

（3）对数正态（Logn）分布函数：

$$f(x \mid \mu, \sigma) = \frac{1}{\sigma\sqrt{2\pi}} \exp\left(-\frac{(\ln x - u)^2}{2\sigma^2}\right) \tag{9.27}$$

首先分别对上述 3 种概率分布函数的边缘分布参数值进行估计，计算结果见表 9.3，径流量和输沙量的概率密度和累计概率曲线如图 9.3～图 9.6 所示。

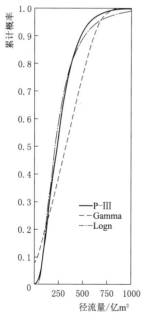

图 9.3 径流量累计概率分布

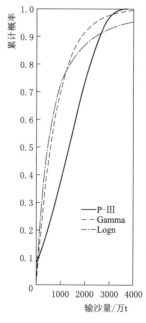

图 9.4 输沙量累计概率分布

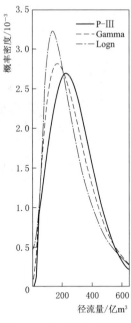

图 9.5 径流量概率密度

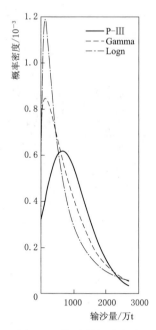

图 9.6 输沙量概率密度

表 9.3 概率分布函数边缘分布参数值

分 布	参 数	径流量/亿 m³	输沙量/万 t
P-Ⅲ	α	1.2774	5.9736
	β	0.0073	0.0036
	x_0	90.1071	−824.1563
Gamma	α	2.6690	1.0720
	β	99.6041	772.6834
Logn	μ	5.3840	6.1853
	σ	0.6817	1.2640

然后分别对这 3 种概率分布函数边缘分布进行了拟合检验，计算结果见表 9.4。

表 9.4 边 缘 分 布 检 验 结 果

变 量	分 布	RMSE	AIC
径流量	P-Ⅲ	0.052657	−382.60
	Gamma	0.021995	−524.43
	Logn	0.036452	−433.15

续表

变 量	分 布	RMSE	AIC
输沙量	P-Ⅲ	0.096215	−303.03
	Gamma	0.046292	−401.61
	Logn	0.077094	−334.28

根据 AIC 准则法可知，AIC 值越小，边缘分布拟合的越好，由表 9.4 计算结果可知，Gamma 型分布的径流量和输沙量的 AIC 值最小，因此选取 Gamma 型分布作为径流量和输沙量的分布函数。

9.2.4 Copula 函数的确定

二维 Archimedean Copula 型函数有 Gumbel、Clayton、Frank 三种类型 [式（9.2）～式（9.4）]，运用相关性指标法对这三种类型的 Copula 函数的参数进行估计，然后分别做了拟合优度检验，见表 9.5。

表 9.5 　　　　　　　　Coupla 函数参数估计及拟合检验

函数	τ	参数 θ	RMSE	AIC
Gumbel	0.624242	2.6613	0.059831	−369.74
Clayton	0.624242	3.3226	0.059277	−368.97
Frank	0.624242	8.6147	0.059530	−368.41

同理，根据 AIC 准则法，选取 Gumbel 型 Copula 函数作为联合函数，其概率密度和累计概率曲线如图 9.7 和图 9.8 所示。因此联合函数形式为

$$F(x,y)=\exp\{-[(-\ln(F_X(x)))^{2.6613}+(-\ln(F_Y(y)))^{2.6613}]^{1/2.6613}\}$$

$$(9.28)$$

式中：$F_X(x)$，$F_Y(y)$ 分别为径流量和输沙量的边缘分布（Gamma 分布）。

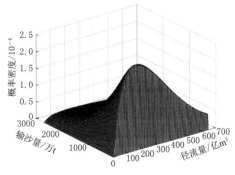
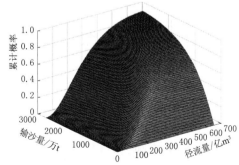

图 9.7　水沙联合分布概率密度　　　　图 9.8　水沙联合分布累计概率

9.3 水沙丰枯遭遇频率及联合重现期分布

9.3.1 水沙丰枯遭遇频率

根据上述水沙丰枯遭遇理论，结合式（9.28）计算淮河中上游水沙丰枯遭遇频率见表 9.6。由表可知，淮河流域丰水丰沙的概率为 13.08%，平水平沙的概率为 27.54%，枯水枯沙的概率为 25.86%。水沙同步的概率为 67.2%，约占 7 成，水沙异步的概率为 32.8%，且枯水、平水出现的概率较大。

表 9.6　　　　　　　　　　淮河水沙丰枯遭遇频率

遭遇类型	水沙丰枯组合频率	概率/%
丰丰型	$p_1 = P\ (X \geqslant x_{pf},\ Y \geqslant y_{pf})$	13.08
丰平型	$p_2 = P\ (X \geqslant x_{pf},\ y_{pk} < Y < y_{pf})$	8.09
丰枯型	$p_3 = P\ (X \geqslant x_{pf},\ Y \leqslant y_{pk})$	0.53
平丰型	$p_4 = P\ (x_{pk} < X < x_{pf},\ Y \geqslant y_{pf})$	10.81
平平型	$p_5 = P\ (x_{pk} < X < x_{pf},\ y_{pk} < Y < y_{pf})$	27.54
平枯型	$p_6 = P\ (x_{pk} < X < x_{pf},\ Y \leqslant y_{pk})$	11.11
枯丰型	$p_7 = P\ (X \leqslant x_{pk},\ Y \leqslant y_{pf})$	0.50
枯平型	$p_8 = P\ (X \leqslant x_{pk},\ y_{pk} < Y < y_{pf})$	2.48
枯枯型	$p_9 = P\ (X \leqslant x_{pk},\ Y \leqslant y_{pk})$	25.86

9.3.2 水沙联合重现期

淮河中上游水沙联合重现期等值线如图 9.9 和图 9.10 所示，分别表示了

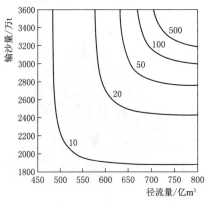

图 9.9　水沙联合分布重现期

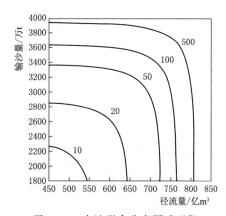

图 9.10　水沙联合分布同重现期

淮河流域 10 年一遇、20 年一遇、50 年一遇、100 年一遇和 500 年一遇的水沙分布联合重现期和同重现期,可见同重现期要比联合重现期大。

比较同一重现期下,单变量设计值和两变量联合设计值的不同,分别对年径流量和年输沙量的单变量设计值和联合变量设计值进行了计算,计算结果见表 9.7。发现径流量和输沙量联合变量设计值比单变量设计值要大,原因是联合变量设计值计算结果考虑了两变量之间的联系,更具有代表性,安全性更好。

表 9.7　　　　淮河流域年径流量和年输沙量单变量设计值

和联合变量分布设计值

洪水重现期/a	累计频率/%	单 变 量 设 计 值		联 合 变 量 设 计 值	
		年径流量/亿 m³	年输沙量/万 t	年径流量/亿 m³	年输沙量/万 t
10	90.0	483.44	1875.90	527.50	2125.80
20	95.0	575.15	2379.40	616.46	2577.30
50	98.0	677.46	2782.00	707.38	2848.60
100	99.0	731.29	2848.60	750.75	2947.60
500	99.8	787.64	3459.00	792.50	3459.00

9.4　小　　结

以吴家渡站 1950—2015 年的年径流量和年输沙量为变量,运用 Copula 函数理论建立了淮河中上游水沙联合分布模型,得到以下结论:

(1) 对比分析 P-Ⅲ 型、Gamma 型和 Logn 型分布函数,Gamma 型分布函数对淮河中上游的径流量过程和输沙量过程吻合较好。

(2) 比较了 Gumbel、Clayton 和 Frank 联合分布函数的 AIC 值,结果表示 Gumbel 拟合得较好,因此选用 Gumbel 型 Copula 函数构建淮河中上游水沙联合分布模型。

(3) 联合分布模型计算表明,淮河流域水沙同步的概率为 67.2%,水沙异步的概率为 32.8%,其中丰水丰沙出现的概率为 13.08%,平水平沙出现的概率为 27.54%,枯水枯沙出现的概率为 25.86%,淮河流域枯水、平水年份较多。

(4) 分别计算了单变量和联合变量淮河流域的径流量和输沙量的设计值,对比结果可知,联合变量设计值较单变量设计值要大,这是因为联合变量设计值计算结果考虑了两变量之间的联系,更具有代表性,安全性更好。

第 10 章

淮河中游河道稳定性及混沌特性分析

河道稳定性包括河型稳定性和河床稳定性两方面[91]，利用基于超熵产生的河型稳定判据和最小熵产生原理对淮河中游正阳关—蚌埠和蚌埠—浮山 2 个河段的河型稳定性和河床稳定性分别进行了判别；根据混沌理论，又对这 2 个河段的混沌特性进行分析[51,92]。

10.1 河道稳定性分析

10.1.1 河型判别

淮河中游河道正阳关—蚌埠和蚌埠—浮山 2 个河段如图 10.1 所示。在对这 2 个河段进行河道稳定性分析前，首先对这 2 个河段的河型进行了判别。关于平原冲积河流的河型判别，国内外学者做了大量研究工作，给出了多种河型判别方法[91]。经测试，部分判别方法不适用于淮河中游这 2 个河段，故这里应用的是利奥波德（Leopold L. B.）河型判别方法，其研究认为辫状河流与弯曲河流的判别由式（10.1）和图 10.2 确定。

图 10.1 淮河中游河道正阳关至浮山河段

$$J = 0.0125Q^{-0.44} \tag{10.1}$$

式中：J 为河道比降；Q 为平滩流量，m^3/s。

图 10.2 中直线由式（10.1）确定，该直线将河型分为辫状和弯曲 2 种河流区域。将正阳关—蚌埠和蚌埠—浮山 2 个河段的平滩流量 Q 和河道比降 J 点绘在图 10.2 中，可以发现，这 2 个河段的点据均落在了弯曲型河流区域，故这 2 个河段判定为弯曲型河流。淮河中游河道以窄深型居多，同时受洪泽湖湖水的顶托，水深增大，在此条件下淮河中游河道受环流的影响比较严重，这有利于河流向弯曲型河道发展，但是又受河床边界条件的约束，弯曲型河流未能得到充分发展。

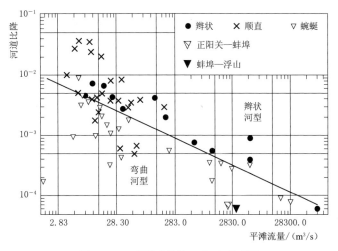

图 10.2　不同河型的 Q 与 J 关系图

10.1.2　河型稳定性

基于非平衡态热力学理论的稳定性判据，由超熵产生推导出河型稳定判别式如下[93-94]：

$$\begin{cases} \dfrac{u}{g}\dfrac{\mathrm{d}u}{\mathrm{d}l} < J & \text{河型稳定} \\[2mm] \dfrac{u}{g}\dfrac{\mathrm{d}u}{\mathrm{d}l} = J & \text{临界稳定} \\[2mm] \dfrac{u}{g}\dfrac{\mathrm{d}u}{\mathrm{d}l} > J & \text{河型失稳} \end{cases} \tag{10.2}$$

式中：u 为河段平均流速，m/s；g 为重力加速度，m/s^2；$\dfrac{\mathrm{d}u}{\mathrm{d}l}$ 为河段流速沿程

变化率，1/s；J 为河道比降。

利用河型稳定判别式（10.2），分别计算正阳关—蚌埠、蚌埠—浮山 2 个河段 1985—2018 年的 $\frac{u}{g}\frac{\mathrm{d}u}{\mathrm{d}l}$，绘制随时间变化曲线并开展线性趋势分析，如图 10.3 所示。计算结果表明，这 2 个河段的 $\frac{u}{g}\frac{\mathrm{d}u}{\mathrm{d}l}$ 均小于对应河段的河道比降 J（其中，正阳关—蚌埠段平均比降为 0.3635×10^{-4}，蚌埠—浮山段平均比降为 0.0431×10^{-4}），说明这 2 个河段的河型目前均处于稳定状态，且正阳关—蚌埠河段的 $\frac{u}{g}\frac{\mathrm{d}u}{\mathrm{d}l}$ 随时间呈减小趋势，而蚌埠—浮山河段的 $\frac{u}{g}\frac{\mathrm{d}u}{\mathrm{d}l}$ 随时间呈增大趋势。同时又采用 M-K 趋势检验法对这 2 个河段的 $\frac{u}{g}\frac{\mathrm{d}u}{\mathrm{d}l}$ 开展了趋势分析，统

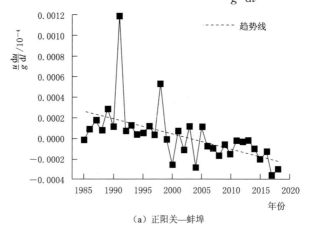

（a）正阳关—蚌埠

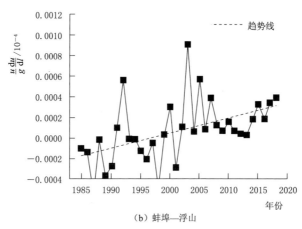

（b）蚌埠—浮山

图 10.3　淮河中游河道 1985—2015 年不同河段 $\frac{u}{g}\frac{\mathrm{d}u}{\mathrm{d}l}$ 变化趋势

计分析结果如图 10.4 所示。其中，正阳关—蚌埠河段统计量 UF 值自 1995 年后基本小于 0，趋势统计量 Z 值为 -4.18，其值小于 0 且超过了临界值 -2.58，说明正阳关—蚌埠河段 $\dfrac{u}{g}\dfrac{\mathrm{d}u}{\mathrm{d}l}$ 的变化呈异常显著减小的趋势；而蚌埠—浮山河段统计量 UF 值自 1991 年后基本大于 0，趋势统计量 Z 值为 3.35，其值大于 0 且超过了临界值 2.58，说明蚌埠—浮山河段 $\dfrac{u}{g}\dfrac{\mathrm{d}u}{\mathrm{d}l}$ 的变化呈异常显著增大的趋势。

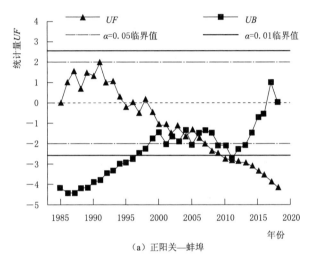

（a）正阳关—蚌埠

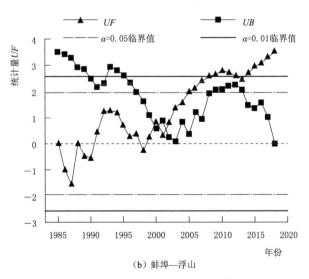

（b）蚌埠—浮山

图 10.4　淮河中游河道 1985—2015 年不同河段 $\dfrac{u}{g}\dfrac{\mathrm{d}u}{\mathrm{d}l}$ 的 M - K 统计量变化

影响河型转化的因素主要包括自然因素和人为因素，比如气候变化、来水来沙条件、水利工程建设和河流控导措施等[95-98]。根据计算结果分析，正阳关—蚌埠河段的 $\frac{u}{g}\frac{\mathrm{d}u}{\mathrm{d}l}$ 随时间呈逐渐减小的趋势，说明此河段河型在较长时期内不会发生转变，保持弯曲型河道，应继续维持现有的治理工程；而蚌埠—浮山河段的 $\frac{u}{g}\frac{\mathrm{d}u}{\mathrm{d}l}$ 近些年虽然呈逐渐增大的趋势，但是其数值远小于河道比降，说明该段河型仍然处于稳定状态，需维持并继续加强河道的治理措施，以维持弯曲型河道的稳定。整体而言，修建治理工程对淮河中游河道的河型控导起到了良好的效果，但蚌埠—浮山河段部分河床受人工采砂的影响，在一定程度上对河型稳定造成了影响，应对人工采砂作业实施规范引导。

10.1.3　河床稳定性

由最小熵产生原理可知，一个开放的河流系统，在相应的外界约束条件下，其演变过程总是朝着熵产生减小的方向发展，直到系统达到与外界约束条件相适应的某个非平衡定态为止，此时系统的熵产生一定为最小值[99]。在非平衡定态或熵产生最小值时，河床处于冲淤平衡稳定状态。最小熵产生原理等价于最小能耗率原理[94]，河流能耗率表达式如下

$$\Phi_l = \gamma Q J \tag{10.3}$$

式中：Φ_l 为单位长度河流能耗率，W/m；γ 为水容重，N/m³；Q 为河道流量，m³/s；J 为河道比降。

由式（10.3）可推导出单位水流功率表达式为

$$\Phi_N = uJ \tag{10.4}$$

式中：Φ_N 为单位水流功率，W/N；u 为河段平均流速，m/s；J 为河道比降。

根据单位水流功率计算公式（10.4），分别计算正阳关—蚌埠、蚌埠—浮山 2 个河段 1985—2018 年的单位水流功率，绘制出 Φ_N 随时间变化曲线，同时绘制单位水流功率的每 5 年平均值变化线和整体线性趋势线，如图 10.5 所示。由图中可以看出，所研究的这 2 个河段受河道来水来沙条件的变化以及不同时期修建的河道治理工程的影响，各河段的单位水流功率随时间呈现出锯齿状波动变化。这是因为河床的稳定是一种动态的冲淤平衡稳定，即便单位水流功率达到最小值也仍围绕着最小值的均值呈波动变化。单位水流功率的线性趋势线表明，这 2 个河段的单位水流功率均随时间呈逐渐减小的趋势，趋势线的斜率值分别为 -0.00128 和 -0.00063；单位水流功率的 5 年平均值趋势变化线表明，这 2 个河段每 5 年均值均呈小幅度增减的波动变化。由于单位水流功率会随着外界条件的变化而不断变化，但从长时段来看，如果单位水流功率的线性

趋势线和横坐标轴基本平行，就说明在该时段内河床是稳定的，而正阳关—蚌埠、蚌埠—浮山河段的单位水流功率线性趋势线的斜率均很小，因此可以判定这 2 个河段的河床均处于稳定状态。

为探究单位水流功率时间序列在波动中是否存在显著突变点，对不同河段单位水流功率时间序列的时序累计值进行分析，得到如图 10.6 所示的变化曲线。从图中可以看出，正阳关—蚌埠、蚌埠—浮山河床的累计单位水流功率值与趋势线吻合程度均较好，说明单位水流功率时间序列处于较为稳定的变化中，不存在显著的突变点，故图 10.5 曲线中所呈现的波动均为稳定状态的波动。

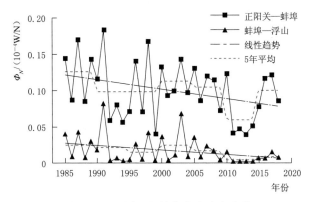

图 10.5　不同河段单位水流功率变化

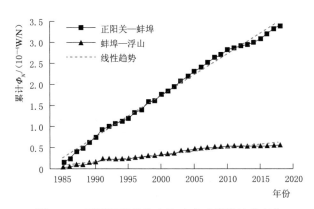

图 10.6　不同河段单位水流功率时序累计值变化

为进一步探究这 2 个河段单位水流功率时间序列变化规律，结合 M-K 检验方法进行趋势分析和突变点分析，计算分析结果如图 10.7 所示。分析可知，正阳关—蚌埠、蚌埠—浮山 2 个河段单位水流功率时间序列的趋势统计量 Z 值分别为−1.81 和−1.63，其值均小于 0 但未超过临界值−1.98，说明单位水流功率均随时间呈不显著减小趋势；同时，在单位水流功率时间序列中未发现显著突变点。计算分析结果与上述分析单位水流功率趋势线变化和时序累计值变化曲线所得的结论一致。

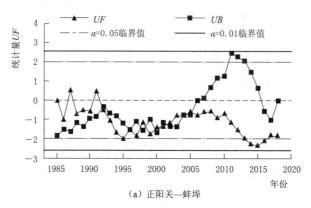

（a）正阳关—蚌埠

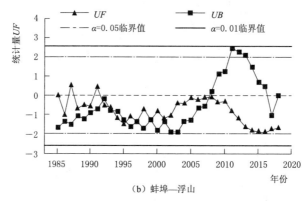

（b）蚌埠—浮山

图 10.7　不同河段单位水流功率 M−K 统计量变化

　　由于淮河中游河道的河床边界主要发育在硬黏土地质层上，同时部分河段还覆盖了具有一定厚度松软沉积物，在河流演变过程中，受河床边界条件的制约，限制了河床的冲刷，使得淮河中游河道的河床维持在较为稳定的状态。

　　综合以上分析过程及河床地质情况可知，正阳关—蚌埠河段的河床基本处于稳定状态，且还在向更稳定的方向慢慢调整；而蚌埠—浮山河段的河床已经处于稳定状态中。

10.2　基于多元变量时间序列的河流混沌特性分析

　　河流是含有多元变量时间序列的复杂非线性动力系统，河流的混沌特性取决于包括河床边界条件和来水来沙条件在内的外界约束条件。因此，在对河流进行混沌特性分析时，不能只对河流外界约束条件中某一影响河床演变因素的变量时间序列进行混沌分析，这样得出来的河床演变信息往往是片面的，而是需要对影响河床演变外界因素的多元变量时间序列逐一进行混沌特性分析。在此基础上，对这些多元变量时间序列的混沌特性进行加权平均，这样才能够对含有多元变量时间序列的河流混沌特性做出全面而正确的识别[94,100]。这里选取了淮河中游河道正阳关—蚌埠、蚌埠—浮山2个河段1985—2018年月平均比降、宽深比、流量及含沙量作为影响河床演变外界因素的多元变量时间序列，对河流混沌特性进行分析。

10.2.1　河床演变影响因素权重

为了对河流混沌特性进行加权平均，需要计算这些影响河床演变外界因素的权重。影响河床演变的外界因素是包括河床边界条件和来水来沙条件在内的外界约束条件[101]，这些外界约束条件的权重可利用信息熵计算[102-103]。

信息熵是由美国数学家、信息论的创始人香农（Shannon C. E.）于1948年从热力学熵引入信息论的一个概念，用来描述系统的不确定性、稳定程度和信息量。一个系统越是有序，信息熵值就越低；反之，一个系统越是混乱，信息熵值就越高。所以，信息熵也可以说是系统有序化程度的一个度量。

离散型随机变量的熵值 S_0 通常表示为信息输出的平均不确定程度，表达式为

$$S_0 = -\sum_{z=1}^{k} p_z \ln p_z \tag{10.5}$$

式中：z 为信息的取值；p_z 为每一取值发生的概率，$0 \leqslant p_z \leqslant 1$，且 $\sum_{z=1}^{k} p_z = 1$。

根据所搜集到的水文资料，计算正阳关—蚌埠、蚌埠—浮山2个河段的比降、宽深比、流量及含沙量对河床演变影响的权重，具体计算过程如下：

（1）构建 N 年 M 个河床演变影响因素的初始矩阵 $F_{ab} = [f_{ab}]$（$a = 1, 2, \cdots, N; b = 1, 2, \cdots, M$）。选取1985—2015年月平均比降、宽深比、流量及含沙量归一化后的实测数据，影响因素4个，故 $N = 31$，$M = 4$。

（2）计算各影响因素的信息熵，计算公式为

$$S_b = -\frac{1}{\ln N} \sum_{a=1}^{N} \frac{f_{ab}^*}{f_b} \ln \frac{f_{ab}^*}{f_b} \tag{10.6}$$

其中

$$f_b = \sum_{a=1}^{N} f_{ab}^*$$

式中：S_b 为第 b 个影响因素的信息熵；f_{ab}^* 为第 a 年第 b 个影响因素的归一化

值；f_b 为第 b 个影响因素所有年之和。

（3）计算各影响因素的信息熵权重，计算公式为

$$\omega_b = \frac{1 - S_b}{M - \sum_{b=1}^{M} S_b} \qquad (10.7)$$

式中：ω_b 为第 b 个影响因素引起的子熵权重。

信息熵在信息论中反映的是信息的无序化程度，信息熵的值越大，表示系统的无序化程度越高，说明信息的效用值越低，重要性越小。依照式（10.6）计算正阳关—蚌埠、蚌埠—浮山 2 个河段不同影响因素的指标信息熵，所得的结果见表 10.1。进而依据这 2 个河段各影响因素的指标信息熵，依照式（10.7）得出这 2 个河段的比降、宽深比、流量和含沙量的权重，所得结果见表 10.2。

表 10.1　　　　　　　　　　　　不同影响因素的指标信息熵

河　段	河道比降	宽深比	流量	含沙量
正阳关—蚌埠	0.9476	0.9405	0.9768	0.9513
蚌埠—浮山	0.9696	0.9497	0.9783	0.9503

表 10.2　　　　　　　　　　　　不同影响因素的指标信息熵权重

影响因素		正阳关—蚌埠		蚌埠—浮山	
		单一权重	权重和	单一权重	权重和
河床边界条件	比降	0.2849	0.6089	0.2000	0.5307
	宽深比	0.3240		0.3307	
来水来沙条件	流量	0.1262	0.3911	0.1427	0.4693
	含沙量	0.2649		0.3266	

通过分析表 10.2 中的单一信息熵权重可知，正阳关—蚌埠、蚌埠—浮山 2 个河段，河道的宽深比在河床演变中所占的权重最大，而流量所占的权重最小。其中，正阳关—蚌埠河段宽深比单一权重为 0.3240，流量单一权重为 0.1262；蚌埠—浮山河段宽深比单一权重为 0.3307，流量单一权重为 0.1427。这里用比降、宽深比表示河床边界条件，流量、含沙量表示来水来沙条件。通过分析这些影响河床演变外界约束条件信息熵的权重可知，河床边界条件所占的权重要大于来水来沙条件所占的权重[102]，正阳关—蚌埠河段河床边界条件权重为 0.6089，来水来沙权重为 0.3911；蚌埠—浮山河段河床边界条件权重为 0.5307，来水来沙权重为 0.4693。

10.2.2　时间序列相空间重构

混沌特性反映的是系统内部的行为特征，通过展现系统的内部特性，可以更好地预测系统的发展规律。由于影响河流混沌特性的外界条件要素一般为离散的时间序列，而此类非线性系统的时间序列，其变化是诸多物理因子相互作用的综合反映，通常情况下该系统的时间序列只能反映出部分信息。Takens通过研究表明[104]，系统中任一分量的演化都是由与之相互作用着的其他分量所决定的。为充分利用此分量信息，需要从一维时间序列出发，构造一组 m 维的空间向量，当嵌入空间的维数足够多时，就可以恢复系统原来的动力学形态，即相空间重构（phase space reconstruction，PSR）。

为了精确识别淮河河道的混沌特性，首先必须逐一构建研究河段多元变量时间序列的相空间，其中嵌入维数 m 和延迟时间 τ 的确定是相空间重构的关键因素[105]。

对于所观测的时间序列 $x_t = (x_1, x_2, x_3, \cdots, x_n)$，选定合理的嵌入维数 m 和延迟时间 τ 后，其重构相空间可表示为

$$PSR = \begin{cases} x_1, \ x_{1+\tau}, \ \cdots, \ x_{1+(m-1)\tau} \\ x_2, \ x_{2+\tau}, \ \cdots, \ x_{2+(m-1)\tau} \\ \quad\quad\quad \vdots \\ x_l, \ x_{l+\tau}, \ \cdots, \ x_{l+(m-1)\tau} \end{cases} \tag{10.8}$$

其中

$$l = n - (m-1)\tau$$

式中：m 为相空间重构的嵌入维数；τ 为延迟时间；l 为重构相空间的相点数。

10.2.2.1　延迟时间 τ 的确定

采用改进的自相关函数法（optimized autocorrelation function，OAF）[106]进行延迟时间 τ 的确定，取自相关函数 $C_l(\tau)$ 下降到初始值的 $(1-1/e)$ 倍时所对应的 τ 为最优延迟时间。对于离散的时间序列 $x_t = (x_1, x_2, x_3, \cdots, x_n)$，其自相关函数表达式为

$$C_l(\tau) = \frac{\sum_{i=1}^{n-\tau} \left[x_{1+\tau} - \frac{1}{n}\sum_{i=1}^{n} x(i) \right] \left[x_i - \frac{1}{n}\sum_{i=1}^{n} x(i) \right]}{\sum_{i=1}^{n-\tau} \left[x_i - \frac{1}{n}\sum_{i=1}^{n} x(i) \right]^2} \tag{10.9}$$

依据上述计算方法，分别对正阳关—蚌埠、蚌埠—浮山 2 个河段的月河道比降、月宽深比、月流量和月含沙量时间序列进行计算，并绘制各变量时间序列 $C_l(\tau)$ 与 τ 的关系曲线，得出自相关函数首次下降到初始值的 $(1-1/e)$ 倍时所对应的坐标点，如图 10.8～图 10.11 所示。

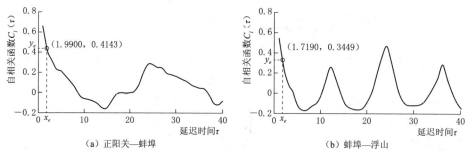

图 10.8　月河道比降时间序列的 $C_l(\tau)$ 与 τ 关系

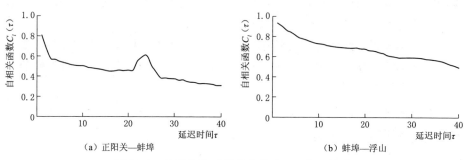

图 10.9　月宽深比时间序列的 $C_l(\tau)$ 与 τ 关系

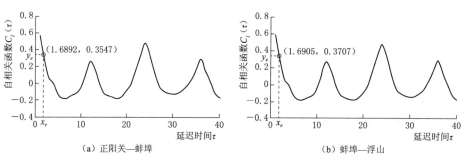

图 10.10　月流量时间序列的 $C_l(\tau)$ 与 τ 关系

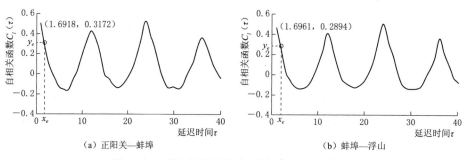

图 10.11　月含沙量时间序列的 $C_l(\tau)$ 与 τ 关系

徐国宾等[100]以混沌理论为基础，在对黄河下游河段的不同变量时间序列进行混沌特性识别时，发现糙率、河道比降和沉速这些时间序列不存在混沌特性，而宽深比、流量和含沙量时间序列均存在混沌特性，且研究表明不同河型所表现出来的混沌特性存在差异。这里针对淮河干流所开展的多元变量时间序列混沌特性识别，在来水来沙条件中，月流量和月含沙量均存在明显的混沌特性；而在河床边界条件中，正阳关—蚌埠、蚌埠—浮山2个河段的月宽深比时间序列混沌特性均不明显，分析认为这2个河段经过全面系统治理后已经渠化，这在一定程度上限制了河道宽度的变化，因此这2个河段的河床边界条件混沌特性，只能通过河床微冲微淤调整河床比降，以比降的形式表现出来。

月河道比降、月流量、月含沙量变量时间序列在关系曲线中的 τ 值见表10.3。最终，正阳关—蚌埠、蚌埠—浮山2个河段各变量时间序列的相空间重构 τ 值选取2。

表 10.3　　　　　　不同河段主要研究变量时间序列的 τ 值

河　段	河道比降	宽深比	流量	含沙量
正阳关—蚌埠	1.9900	—	1.6892	1.6918
蚌埠—浮山	1.7190	—	1.6905	1.6961

10.2.2.2　嵌入维数 m 的确定

采用饱和关联维数法[107]进行嵌入维数 m 的确定，在所重构相空间的序列 PSR 中，假设 r_{ij} 为任意两向量 $\{Y_i，Y_j\}$ 之差的绝对值（即欧式距离），进而给定介于 r_{ij} 中的最大值和最小值之间的 r_0 值，通过调整 r_0 值的大小计算出一组 $\ln r_0$ 和 $\ln C(r)$ 的值，进而计算得出关联维数 d_m。

$$d_m = \lim_{r \to \infty} \frac{\ln C(r)}{\ln r_0} = \lim_{r \to \infty} \frac{\ln\left[\frac{1}{l(l-1)} \sum_{i,j=1,i \neq j}^{l} H(r_0 - \|Y_i - Y_j\|)\right]}{\ln r_0}$$

(10.10)

其中
$$H(R) = \begin{cases} 0, & R < 0 \\ 1, & R \geqslant 0 \end{cases}$$

式中：l 为重构相空间的相点数；Y 为指定嵌入维数 m 的状态向量；$H(R)$ 称为 Heaviside 函数。

如果离散时间序列 $X_t = (x_1，x_2，x_3，\cdots，x_n)$ 中存在混沌，那么在不同嵌入维数条件下 $\ln r_0$ 与 $\ln C(r)$ 的曲线中会包含一部分直线，且直线斜率随嵌入维数 m 会逐渐增大。当斜率增加到一定值时则不会继续增加，此时不变的斜率则称为饱和关联维数 D 值，该值越大时间序列的混沌特性越强。

按照上述方法，首先假定嵌入维数 $m = (1，2，3，\cdots，15)$，然后分别对正阳关—蚌埠、蚌埠—浮山河段月河道比降、月流量和月含沙量时间序列进行计算分析，得到如图 10.12～图 10.14 所示的各变量时间序列在不同嵌入维数下 $\ln C(r)$ 与 $\ln r_0$ 的关系曲线。

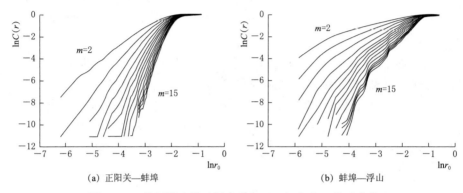

(a) 正阳关—蚌埠 (b) 蚌埠—浮山

图 10.12　月河道比降时间序列 $\ln C(r)$ 与 $\ln r_0$ 关系曲线

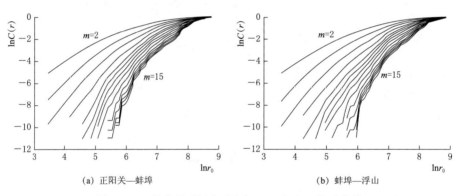

(a) 正阳关—蚌埠 (b) 蚌埠—浮山

图 10.13　月流量时间序列 $\ln C(r)$ 与 $\ln r_0$ 关系曲线

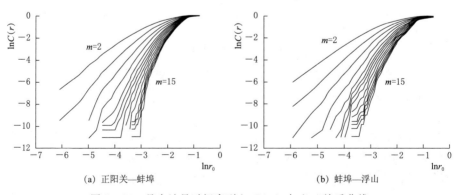

(a) 正阳关—蚌埠 (b) 蚌埠—浮山

图 10.14　月含沙量时间序列 $\ln C(r)$ 与 $\ln r_0$ 关系曲线

　　进而通过对比不同嵌入维数下各变量时间序列的关联维数 d_m，绘制不同河段各变量时间序列相空间重构关联维数 d_m 与嵌入维数 m 的关系，如图 10.15～图 10.17 所示。最终得到正阳关—蚌埠、蚌埠—浮山各变量时间序列的饱和关联维数 D 以及嵌入维数 m，见表 10.4。

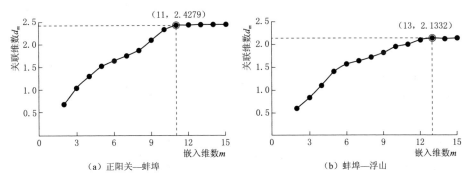

（a）正阳关—蚌埠　　　　　　　　（b）蚌埠—浮山

图 10.15　月河道比降时间序列的关联维数与嵌入维数关系

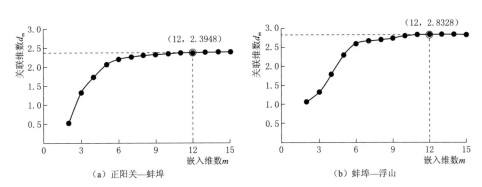

（a）正阳关—蚌埠　　　　　　　　（b）蚌埠—浮山

图 10.16　月流量时间序列的关联维数与嵌入维数关系

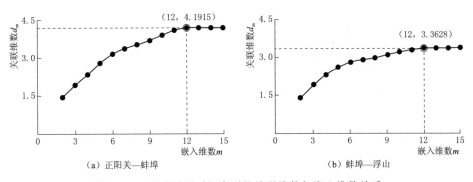

（a）正阳关—蚌埠　　　　　　　　（b）蚌埠—浮山

图 10.17　月含沙量时间序列的关联维数与嵌入维数关系

表 10.4　不同河段各变量时间序列嵌入维数的 m 值与饱和关联维数 D 值

河　段	河　道　比　降		流　量		含　沙　量	
	m	D	m	D	m	D
正阳关—蚌埠	11	2.4279	12	2.3948	12	4.1915
蚌埠—浮山	13	2.1332	12	2.8328	12	3.3628

10.2.3　混沌特性识别

10.2.3.1　相图法

相空间图可以通过它们的轨迹提供关于系统动力学的信息，因此可以根据动力系统的数值计算结果，画出相空间中相轨迹随时间的变化图，通过与原系统等价的相轨迹对比，可以定性识别系统的混沌特性。图 10.18～图 10.21 表

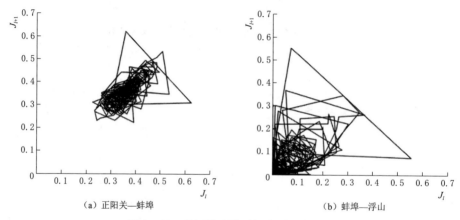

（a）正阳关—蚌埠　　　　　　　　　　（b）蚌埠—浮山

图 10.18　月河道比降时间序列二维相图

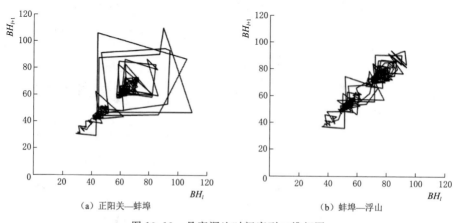

（a）正阳关—蚌埠　　　　　　　　　　（b）蚌埠—浮山

图 10.19　月宽深比时间序列二维相图

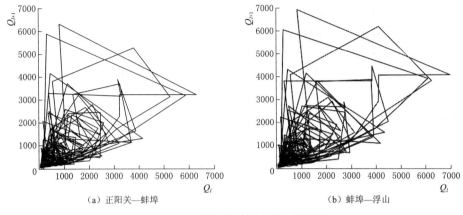

（a）正阳关—蚌埠   （b）蚌埠—浮山

图 10.20　月流量时间序列二维相图

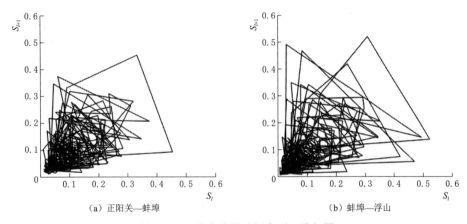

（a）正阳关—蚌埠   （b）蚌埠—浮山

图 10.21　月含沙量时间序列二维相图

示的是正阳关—蚌埠、蚌埠—浮山河段月河道比降、月宽深比、月流量和月含沙量时间序列的二维相空间中相轨迹随时间的变化，可以观察到除月宽深比时间序列外，其余变量时间序列的相轨迹中均存在着一个以吸引子为中心的吸引域，各相点在运动过程中不断回复、折叠，靠近或远离吸引域，从而可以定性判定月河道比降、月流量和月含沙量变量时间序列存在着混沌特性。

10.2.3.2　饱和关联维数法

饱和关联维数法是定量判定所研究系统混沌特性的方法之一，可以根据饱和关联维数 D 值的大小来判定动力系统时间序列混沌特性的强弱，即数值越大则系统混沌特性越强。

在确定月河道比降、月流量和月含沙量时间序列相空间重构的嵌入维数 m 值时，已经得到了与之对应的饱和关联维数 D 值，由表 10.4 可以看出，正阳关—蚌埠河段月河道比降和月含沙量时间序列的混沌特性要强于蚌埠—浮山河段，而月流量时间序列的混沌特性要弱于蚌埠—浮山河段。

10.2.3.3　最大 Lyapunov 指数法

Lyapunov 指数可以用来度量动力系统的邻近轨道在相空间中平均指数的发散性或收敛性。最大 Lyapunov 指数 λ_{max} 可以作为判断动力系统时间序列是否存在混沌和混沌特性强弱的重要依据。当 $\lambda_{max} > 0$ 时，意味着奇异吸引子的存在，且其值越大，混沌特性越强，对系统初始值的敏感性也就越强。当 $\lambda_{max} < 0$ 时，系统运动轨迹稳定，不存在混沌现象。采用较为广泛的 Wolf 法[108]来计算混沌时间序列的最大 Lyapunov 指数 λ_{max}。

$$\lambda_{max} = \frac{1}{t_1 - t_0} \sum_{i=0}^{l} \ln \frac{L_i'}{L_i} = \frac{1}{t_l - t_0} \sum_{i=0}^{l} \ln \frac{\| Y_{t_i+1} - Y_{t_i+1}(i) \|}{\| Y_{t_i} - Y_{t_i}(i) \|} \quad (10.11)$$

式中：t_0 为初始时刻；t_1 为终点时刻；l 为迭代步数；L_i 为介于点 $\{Y_{t_i}, Y_{t_i-\tau}, Y_{t_i-2\tau}, \cdots, Y_{t_i-(m-1)\tau}\}$ 与它最近邻域的欧氏距离；L_i' 为 L_i 在时间 t_i 的演变长度。

通过计算，得到正阳关—蚌埠、蚌埠—浮山河段月河道比降、月流量和月含沙量时间序列的最大 Lyapunov 指数 λ_{max}，正阳关—蚌埠河段月河道比降、月流量和月含沙量时间序列的 λ_{max} 分别为 0.1108、0.1109 和 0.1183；蚌埠—浮山河段月河道比降、月流量和月含沙量时间序列的 λ_{max} 分别为 0.0996、0.1667 和 0.0900。所得结果均大于零，说明上述时间序列均存在混沌特性，且两个河段各变量时间序列混沌特性强弱的规律与饱和关联维数法所计算分析结果相一致，即正阳关—蚌埠河段月河道比降和月含沙量时间序列的混沌特性要强于蚌埠—浮山河段，而月流量时间序列的混沌特性要弱于蚌埠—浮山河段。

10.2.4　多元变量时间序列的河流混沌特性

基于相图法、饱和关联维数法以及最大 Lyapunov 指数法，分别对正阳关—蚌埠、蚌埠—浮山河段月河道比降、月宽深比、月流量和月含沙量时间序列进行了混沌特性的定性或定量识别，结果表明淮河干流中游河道的月宽深比时间序列的混沌特性不显著，而月河道比降、月流量和月含沙量时间序列存在着混沌特性，且正阳关—蚌埠河段月河道比降和月含沙量时间序列的混沌特性要强于蚌埠—浮山河段，而月流量时间序列的混沌特性要强于蚌埠—浮山河段。

由于仅根据两个河段单一变量时间序列混沌特性的强弱，难以确定两个河段整体混沌特性的强弱。前面已经通过信息熵法定量确定了比降、流量和含沙量对河床演变影响因素的权重，因此，可以对多元变量时间序列的混沌特性求加权平均值来定量判别河段整体混沌特性的强弱[94,100]。根据表 10.5 可以求出正阳关—蚌埠、蚌埠—浮山河段混沌特性的饱和关联维数加权平均值$\overline{D}$和最大Lyapunov 指数法加权平均值$\overline{\lambda}_{max}$。

最终，正阳关—蚌埠河段$\overline{D}=3.1128$、$\overline{\lambda}_{max}=0.1138$，蚌埠—浮山河段$\overline{D}=2.8824$、$\overline{\lambda}_{max}=0.1092$。可以看出，两种混沌识别方法计算所得的加权平均值结果，正阳关—蚌埠河段的值均大于蚌埠—浮山河段，说明正阳关—蚌埠河段的混沌特性要强于蚌埠—浮山河段。河流的混沌特性越强，表现则越无序杂乱，越不稳定。从这 2 个河段的河型上分析，虽然正阳关—蚌埠、蚌埠—浮山河段整体上均属于较为稳定的弯曲型河型，但正阳关—蚌埠河段中，包含一部分弯曲分叉河型，而通常弯曲分叉河型所表现出的无序杂乱及不稳定程度要大于单一弯曲河型。因此这里所分析的 2 个河段的混沌特性结果与这 2 个河段实际表现出来的稳定性相一致。

表 10.5　　　　　　　　不同河段多元变量时间序列混沌特性识别

项　目		正阳关—蚌埠			蚌埠—浮山		
		河道比降	流量	含沙量	河道比降	流量	含沙量
权重		0.2849	0.1262	0.2649	0.2000	0.1427	0.3266
饱和关联维数	D	2.4279	2.3948	4.1915	2.1332	2.8328	3.3628
	$\overline{D}$	3.1128			2.8824		
最大 Lyapunov 指数	λ_{max}	0.1108	0.1109	0.1183	0.0996	0.1667	0.0900
	$\overline{\lambda}_{max}$	0.1138			0.1092		

10.3　小　　　结

利用基于超熵产生的河型稳定判据和最小熵产生原理对淮河中游正阳关—蚌埠和蚌埠—浮山 2 个河段的河型稳定性和河床稳定性分别进行了判别。又根据混沌理论，对这 2 个河段的混沌特性进行了分析。研究结果表明：

(1) 淮河干流正阳关—蚌埠、蚌埠—浮山河段均属于弯曲型河道，利用河型稳定判据对这 2 个河段的河型稳定性进行了定量判定，认为正阳关—蚌埠、蚌埠—浮山河段的河型均处于稳定状态，近期内没有发生河型转化的可能；利用单位水流功率计算公式对这 2 个河段的河床稳定性进行了定量判定，正阳关—蚌埠、蚌埠—浮山河段的单位水流功率整体呈现趋于减小的稳定波动状态，表明虽然河流来水来沙条件和河床边界条件在研究年份中不断发生变化，但河床演变整体处于稳定状态。

(2) 结合信息熵理论对影响河床演变影响因素的权重进行定量分析，表明河床边界条件相对来水来沙条件而言，对河床演变的影响作用较大，在控制淮河中游河床演变的治理工程中，加强河床边界条件的控导，更有利于控制河床的演变。但来水来沙条件在河床演变过程中也起到了较为关键的作用，在开展河床边界条件的控导工程时，也需要加强对来水来沙条件的控导，尤其是含沙量因素的调控。

（3）以月河道比降、月流量和月含沙量时间序列为主要研究变量，基于相图法、饱和关联维数法以及最大 Lyapunov 指数法，对正阳关—蚌埠、蚌埠—浮山河段的混沌特性进行识别，表明各研究变量时间序列均存在混沌特性，进一步结合信息熵权重因子进行多元变量时间序列混沌特性加权平均后，认为正阳关—蚌埠河段的混沌特性要大于蚌埠—浮山河段，研究结果与实际情况相符。

第11章

淮河干流与洪泽湖一体化平面二维 水沙数学模型

利用 Mike21 软件构建了淮河干流与洪泽湖一体化平面二维水沙数学模型，模拟河湖水沙输移规律，揭示河湖侵蚀和堆积的演变过程，对淮河干流与洪泽湖演变及水沙互馈关系的研究具有重要意义。

11.1 水沙数学模型理论

Mike21 作为 Mike Zero 系列软件集成模拟包中的典型软件包，用于模拟平面二维水域，如河流、湖泊、河口、海湾、海岸及海洋的水流、波浪、泥沙及环境。Mike Zero 是由丹麦水利研究所（Danish Hydraulic Institute，DHI）研发的，包含一维水模拟软件 Mike11、二维/三维水模拟软件 Mike2/Mike3、Feflow 地下水模拟软件、Mike Flood 洪水模拟软件、Mike She 地表水和地下水综合模拟软件、Mike Hydro 水资源模拟与分析软件、Litpack 海岸线变迁模拟软件、Mike West 污水处理模拟软件、Mike Urban 城市管网模拟软件等诸多软件包。

Mike21 软件有以下几方面特点：①具有友好的用户界面，对于初学者具有良好的适应性；②具有强大的计算前后处理功能，计算前可读取数据进行模型的边界及地形的有效传输，或者可以直接在模型界面上对边界进行编辑绘制，能根据地形资料进行计算网格的划分；计算后可以进行动态演示以及动画制作，对实测数据进行有效的对比；③可以进行热启动，如果用户因各种原因暂时中断运算时，只要在计算时设置了热启动文件，再次开始运算时将热启动文件调入便可继续计算；④能进行干湿节点和干湿单元设置，能较方便地进行滩地水流的模拟；⑤具有多种水工建筑物添加工具，如水闸、坝、堰等，可满足多种工程模拟的需要。

Mike21 软件包括以下几个模块：

（1）前后处理模块（PP），提供了一个集成的工作环境，在其中能够方便快捷地进行前期输入处理及后期模拟结果的分析和显示。

（2）水动力模块（HD），模拟由于各种作用力的作用而产生的水位及水流变化。它包括了广泛的水力现象，可以模拟任何忽略分层沿水深积分的二维自由表面流。

（3）对流扩散模块（AD），模拟溶解或悬浮物质的传输、扩散和降解。特别用于冷却水和排污口研究。

（4）沙传输模块（ST），是一个高级沙传输模型，包括多种公式选择，用于模拟海流以及海流/波浪引起的沙传输过程。

（5）泥传输模块（MT），是一个结合了多粒径级和多层的模型，它描述了泥（黏性沙）或沙泥混合质的冲刷、传输和淤积。

（6）生态水质模块（Eco Lab），用于河流、湿地、湖泊、水库等的水质模拟，预报生态系统的响应、简单到复杂的水质研究工作、水环境影响评价及水环境修复研究、水环境规划和许可研究、水质预报。

（7）近岸波谱模块（NSW），用于模拟位于近岸的短周期和短波幅波浪的传播、成长和衰落。

水动力模块（HD）是 Mike21 中的基本模块，它为其他计算模块提供水动力学的计算基础。水动力模块中的控制方程组是基于水体三向不可压缩和 Reynolds 值均布的 Navier-Stokes 方程，并服从于 Boussinesq 假定和静水压力假定。在 Mike21 中悬移质泥沙冲淤计算是通过泥传输模块（MT）实现的，而推移质泥沙冲淤计算是通过沙传输模块（ST）实现的。淮河干流与洪泽湖一体化平面二维水沙数学模型只考虑悬移质泥沙冲淤计算。

11.1.1 水动力模块

二维非恒定浅水方程组为：

连续方程

$$\frac{\partial h}{\partial t}+\frac{\partial(h\bar{u})}{\partial x}+\frac{\partial(h\bar{v})}{\partial y}=q \tag{11.1}$$

动量方程

$$\frac{\partial(h\bar{u})}{\partial t}+\frac{\partial(h\bar{u}^2)}{\partial x}+\frac{\partial(h\bar{u}\,\bar{v})}{\partial y}=f\bar{v}h-gh\frac{\partial\eta}{\partial x}-\frac{h}{\rho_0}\frac{\partial p_a}{\partial x}-\frac{gh^2}{2\rho_0}\frac{\partial\rho}{\partial x}+\frac{\tau_{sx}}{\rho_0}-$$

$$\frac{\tau_{bx}}{\rho_0}-\frac{1}{\rho_0}\left[\frac{\partial(h\tau_{xx})}{\partial x}+\frac{\partial(h\tau_{xy})}{\partial y}\right]+\frac{\partial}{\partial x}(hT_{xx})$$

$$+\frac{\partial}{\partial y}(hT_{xy})+u_s q \tag{11.2}$$

$$\frac{\partial(h\bar{v})}{\partial t}+\frac{\partial(h\bar{u}\,\bar{v})}{\partial x}+\frac{\partial(h\bar{v}^2)}{\partial y}=f\bar{u}h-gh\frac{\partial\eta}{\partial y}-\frac{h}{\rho_0}\frac{\partial p_a}{\partial y}-\frac{gh^2}{2\rho_0}\frac{\partial\rho}{\partial y}+\frac{\tau_{sy}}{\rho_0}-$$

$$\frac{\tau_{by}}{\rho_0} - \frac{1}{\rho_0} \left[\frac{\partial(h\tau_{yx})}{\partial x} + \frac{\partial(h\tau_{yy})}{\partial y} \right] + \frac{\partial}{\partial x}(hT_{yx})$$

$$+ \frac{\partial}{\partial y}(hT_{yy}) + v_s q \qquad (11.3)$$

式中：t 为时间，s；x，y 为笛卡尔坐标系坐标，m；h 为总水深，$h = \eta + d$，m；η 为水位，m；d 为静止水深，m；u，v 分别为 x，y 方向上基于水深的平均流速分量，m/s；p_a 为当地大气压强，N/m²；f 为科氏力系数，$f = 2\omega\sin\varphi$，ω 为地球自转角速度，rad/s，φ 为当地纬度；g 为重力加速度，m/s²；ρ 为水的密度，kg/m³；ρ_0 为水的相对密度，kg/m³；τ_{bx}，τ_{by} 分别为床面剪应力分量，N/m²；τ_{sx}，τ_{sy} 分别为风应力分量，N/m²；τ_{xx}，τ_{xy}，τ_{yx}，τ_{yy} 分别为辐射应力分量，N/m²；T_{xx}，T_{xy}，T_{yx}，T_{yy} 分别为水平黏滞应力分量，m²/s²；q 为源或汇项，m/s；u_s，v_s 分别为源或汇项流速分量，m/s。

字母上带横杠的是平均值。例如，$\overline{u}$，$\overline{v}$ 为沿水深平均的流速，由以下公式定义

$$h\overline{u} = \int_{-d}^{\eta} u \, \mathrm{d}z, \quad h\overline{v} = \int_{-d}^{\eta} v \, \mathrm{d}z \qquad (11.4)$$

水平黏滞应力包括黏性力、紊流应力和水平对流，可根据沿水深平均的速度梯度用涡流黏性方程得出

$$T_{xx} = 2A\frac{\partial \overline{u}}{\partial x}, \quad T_{xy} = T_{yx} = A\left(\frac{\partial \overline{u}}{\partial y} + \frac{\partial \overline{v}}{\partial x}\right), \quad T_{yy} = 2A\frac{\partial \overline{v}}{\partial y} \qquad (11.5)$$

式中：A 为水平黏滞系数，m²/s。

水平黏滞系数采用 Smagorinsky（1963）提出的亚网格尺度下的黏滞系数公式（11.6）计算[109]：

$$A = c_s^2 l^2 \sqrt{2S_{ij}S_{ij}} \qquad (11.6)$$

其中

$$S_{ij} = \frac{1}{2}\left(\frac{\partial \overline{u}_i}{\partial x_j} + \frac{\partial \overline{u}_j}{\partial x_i}\right) \qquad (i, j = 1, 2)$$

式中：c_s 为常数；l 为特征长度，m；S_{ij} 为变形率，1/s。

床面剪应力由下列经验公式计算：

$$\overrightarrow{\tau_b} = \rho_0 c_f \mid u_b \mid \overrightarrow{u_b} \qquad (11.7)$$

其中

$$c_f = \frac{g}{C^2} \text{ 或 } c_f = \frac{g}{(h^{1/6}/n)^2}$$

式中：u_b 为水深平均流速，m/s；c_f 为无量纲阻力系数，由谢才系数 C 或曼宁糙率系数 n 计算。

风应力由下列经验公式计算[110]：

$$\overrightarrow{\tau_s} = \rho_a c_d \mid u_w \mid \overrightarrow{u_w} \qquad (11.8)$$

式中：ρ_a 为空气密度，kg/m³；u_w 为风速，m/s；c_d 为空气对水面的拖拽系

数，无量纲。

拖拽系数可以设为常数，也可用下列经验公式计算：

$$c_d = \begin{cases} c_a & , \quad u_w < u_a \\ c_a + \dfrac{c_b - c_a}{u_b - u_a}(u_w - u_a) & , \quad u_a \leqslant u_w \leqslant u_b \\ c_b & , \quad u_w > u_b \end{cases} \tag{11.9}$$

其中 $c_a = 1.255 \times 10^{-3}$；$c_b = 2.425 \times 10^{-3}$；$u_a = 7\text{m/s}$；$u_b = 25\text{m/s}$。

11.1.2　泥传输模块

泥传输模块中悬移质输移利用对流扩散方程求解，见式（11.10），同时考虑黏性沙与非黏性细颗粒沙，两种沙的区别在于源项计算和悬移质含沙量垂线分布的不同。

$$\frac{\partial \overline{c}}{\partial t} + u \frac{\partial \overline{c}}{\partial x} + v \frac{\partial \overline{c}}{\partial y} = \frac{1}{h} \frac{\partial}{\partial x}\left(h D_x \frac{\partial \overline{c}}{\partial x}\right) + \frac{1}{h} \frac{\partial}{\partial y}\left(h D_y \frac{\partial \overline{c}}{\partial y}\right) + Q_L C_L \frac{1}{h} - S$$

$$\tag{11.10}$$

式中：$\overline{c}$ 为悬移质沿水深的平均含沙量，kg/m^3；D_x，D_y 分别为悬移质沿 x、y 方向扩散系数，m^2/s；Q_L 为每个单元水平范围内源流量，$\text{m}^3/(\text{s} \cdot \text{m}^2)$；$C_L$ 为源流量中的悬移质含沙量，kg/m^3；S 为沉积项或冲刷项，$\text{kg/(m}^3 \cdot \text{s})$。

（1）河道中的细颗粒悬移质主要是黏性沙，沉速小，容易絮凝，悬移质含沙量垂线分布规律选用劳斯（Rouse）公式计算，见式（11.11）。沉积项 S_D 与冲刷项 S_E 的计算分别见式（11.12）和式（11.13）。

$$c = c_a \left(\frac{a}{h-a} \frac{h-z}{z}\right)^{z*}, \quad a \leqslant z \leqslant h \tag{11.11}$$

$$S_D = \frac{w_s c_b}{\overline{h}}\left(1 - \frac{\tau_b}{\tau_{cd}}\right), \quad \tau_b \leqslant \tau_{cd} \tag{11.12}$$

$$S_E = E\left(\frac{\tau_b}{\tau_{ce}} - 1\right)^m, \quad \tau_b > \tau_{ce} \tag{11.13}$$

式中：a 为参考点，m；c_a 为参考点处的悬移质含沙量，kg/m^3；h 为水深，m；z 为距床面的距离，m；z_* 为悬浮指标；w_s 为沉降速度，m/s；c_b 为近底悬移质含沙量，kg/m^3；$\overline{h}$ 为泥沙颗粒沉降的平均深度，m；E 为河床的侵蚀性，由经验确定的系数，$\text{kg/(m}^3 \cdot \text{s})$；$\tau_b$ 为作用于床面剪应力，N/m^2；τ_{cd} 为床面的临界淤积剪应力，N/m^2；τ_{ce} 为床面的临界冲刷剪应力，N/m^2；m 为经验指数。

（2）河道中床沙质沉速相对较大，主要成分是非黏性细颗粒泥沙。泥沙扩散系数与紊流扩散系数的关系见式（11.14），悬移质含沙量分布见式

（11.15），沉积项 S_d 与冲刷项 S_e 的计算分别见式（11.16）和式（11.17）。

$$\varepsilon_s = \beta\phi\varepsilon_f \tag{11.14}$$

$$\frac{c}{c_a} = \begin{cases} \left[\dfrac{a(h-z)}{z(h-a)}\right]^{z*} & , \quad \dfrac{z}{h} < 0.5 \\[3mm] \left(\dfrac{a}{h-a}\right)^{z*} \exp\left[-4z_*\left(\dfrac{z}{h}-0.5\right)\right], & \dfrac{z}{h} \geqslant 0.5 \end{cases} \tag{11.15}$$

$$S_d = -\left(\frac{\overline{c_e} - \overline{c}}{t_s}\right), \quad \overline{c_e} < \overline{c} \tag{11.16}$$

$$S_e = -\left(\frac{\overline{c_e} - \overline{c}}{t_s}\right), \quad \overline{c_e} > \overline{c} \tag{11.17}$$

式中：ε_s 为泥沙扩散系数；β 为散颗粒的扩散因子；ϕ 为泥沙颗粒对紊流的抑制因子；ε_f 为紊流扩散系数；$\overline{c}$ 为沿水深平均含沙量，kg/m^3；$\overline{c_e}$ 为水流平均挟沙力，kg/m^3；t_s 为泥沙沉降时间，s。

11.2　计算范围和网格划分

11.2.1　计算范围、边界条件和初始条件

淮河干流蚌埠闸至洪泽湖出口总长约 200km。其中，蚌埠闸至洪泽湖入口河段约为 170km，该河段无重大支流汇入，分布在该段的 6 处行洪区（方邱湖、临北段、花园湖、香浮段、潘村洼和鲍集圩）自 1956 年后，均未启用，因此模型中不考虑行洪区的影响。入湖河道除淮河干流外，还有 6 条主要河流，其中淮北区间较大的支流有徐洪河、老濉河、濉河、新汴河和怀洪新河，淮南区间较大的支流有池河。出湖河道主要有入江水道、苏北灌溉总渠、分淮入沂和入海水道。分布在洪泽湖周边的滞洪圩区自 1956 年后均未启用，故模型中不考虑滞洪圩区的影响[111]。

11.2.1.1　计算范围

模型的计算范围为淮河干流蚌埠闸到洪泽湖出口河段，如图 11.1 所示。

11.2.1.2　边界条件

边界条件包括进口边界和出口边界条件。

将淮河干流蚌埠闸设置为进口边界条件并给定水沙过程，其他支流包括徐洪河、老濉河、濉河、新汴河、怀洪新河、池河以集中旁侧入流方式作为源项给定实测水沙过程；选取三河闸（入江水道）作为洪泽湖出口设置成出口边界条件并给定三河闸实测水位流量关系，其他出口包括二河闸（入海水道、分淮入沂）和高良涧闸（苏北灌溉总渠）以旁侧出流方式作为汇项给定实测水位流

量关系。

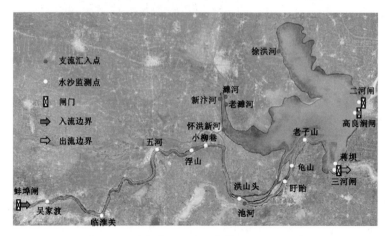

图 11.1　计算范围、边界条件及监测点示意

浮山至洪泽湖出口河段长约 103km，如果仅模拟浮山至洪泽湖出口河段时，一般将小柳巷或龟山设置为进口边界条件并给定水沙过程。

11.2.1.3　初始条件

以搜集到的 2016 年实测河湖现状地形（国家地球系统科学数据中心，2016 年）为初始地形。其他参数，如糙率、泥沙粒径等也作为初始条件给定。

11.2.2　网格划分

设置了表 11.1 所示的 4 种不同单元尺寸的网格，网格数量分别为 4 万、6 万、8 万和 10 万。为保证模型整体的计算精度，对特殊区域的网格进行了适当加密处理，如：淮河干流河道的浮山至洪泽湖处的分叉段、河湖连接段区域、入江出口区域以及入海出口区域。不同网格数学模型的网格剖分如图 11.2 所示。

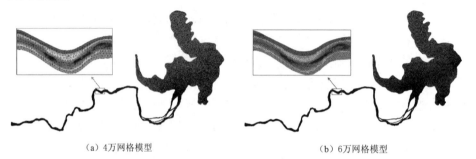

（a）4 万网格模型　　　　　　　　　　　（b）6 万网格模型

图 11.2（一）　不同网格模型剖分示意

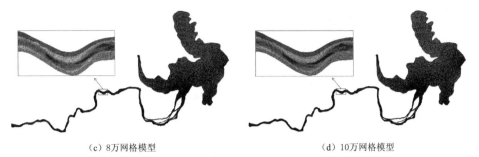

（c）8万网格模型   （d）10万网格模型

图 11.2（二）   不同网格模型剖分示意

表 11.1   不同数量网格单元尺寸

模型网格数量/万	蚌埠—浮山/m	浮山—洪泽湖入口/m	洪泽湖/m
4	200	150	150~800
6	110	100	100~700
8	100	90	90~600
10	90	80	80~500

11.2.3　不同网格计算结果对比分析

为了比较不同网格对计算结果精度的影响，对不同网格计算结果进行了对比分析。因 2007 年为典型洪水年，故选取 2007 年 6 月 29 日 8 时至 2007 年 8 月 28 日 8 时的洪峰从起涨再到回落的整个过程作为计算时段，利用该时段实测的水文数据作为汛期洪水资料，对不同网格计算结果进行对比分析。

不同模型网格各测站的水位、流量和含沙量过程对比分析结果如图 11.3～图 11.5 所示，从图中可以看出，不同网格数学模型各监测点的水文过程与实测过程一致性较好。进而对实测水文数据与计算结果进行均方根误差分析，所得结果见表 11.2。从表 11.2 中可以看出，在分析的 4 种网格数学模型中，随着网格单元尺寸的减小，各监测点的水位、流量及含沙量数据，均方根误差（RMSE）值均逐渐减小。其中，4 万网格的数学模型计算结果误差较大，而 6万、8 万和 10 万网格的数学模型计算结果，在网格单元尺寸不断减小的情况下，精度不再有显著提升。故不再继续减小模型的网格单元尺寸进行对比分析，考虑到计算结果的准确性，本模型最终采用单元网格数量为 10 万的模型。

表 11.2 中均方根误差（Root mean square error，RMSE）用下式计算。

$$RMSE = \sqrt{\frac{1}{n}\sum_{i=1}^{n}(Q_i - P_i)^2}$$ (11.18)

式中：Q_i 和 P_i 分别为水文变量时间序列中第 i 个实测值和计算值；n 为水文

变量时间序列的数据个数。

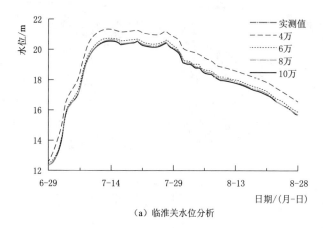

（a）临淮关水位分析

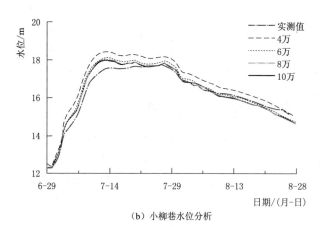

（b）小柳巷水位分析

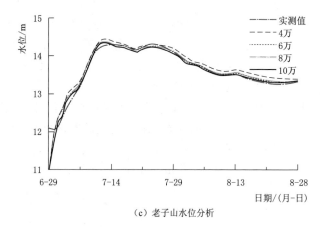

（c）老子山水位分析

图 11.3（一）　2007 年不同模型网格各测站水位过程线对比

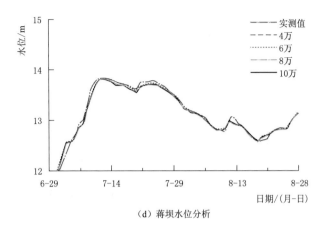

（d）蒋坝水位分析

图 11.3（二）　2007 年不同模型网格各测站水位过程线对比

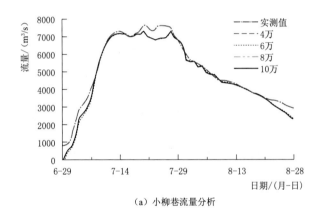

（a）小柳巷流量分析

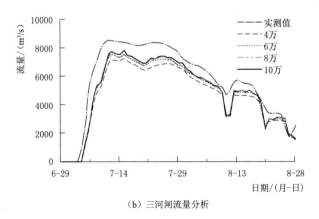

（b）三河闸流量分析

图 11.4　2007 年不同模型网格各测站流量过程线对比

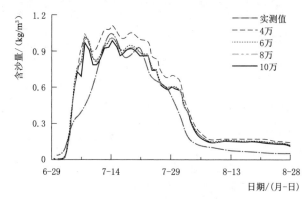

图 11.5　2007 年不同模型网格小柳巷测站含沙量过程线对比

表 11.2　　　　　　　　　不同模型网格各测站均方根误差分析

网格数/万	水 位 验 证				流 量 验 证		含沙量验证
	临淮关/m	小柳巷/m	老子山/m	蒋坝/m	小柳巷/(m³/s)	三河闸/(m³/s)	小柳巷/(kg/m³)
4	0.97	0.55	0.18	0.12	333.92	647.75	0.19
6	0.41	0.31	0.16	0.11	316.00	471.69	0.16
8	0.35	0.28	0.16	0.11	312.23	427.84	0.15
10	0.34	0.26	0.15	0.11	312.18	418.99	0.14

11.3　水沙模型构建与验证

11.3.1　模型参数设置及率定

11.3.1.1　模型参数设置

（1）时间步长：受柯朗数条件的限制，为满足模型稳定性和计算精度的要求，该模型计算时间步长选取 60s。

（2）糙率：糙率系数 n 在不同区域取值不同，河道主槽糙率取值范围为 0.017～0.025，滩地糙率取值范围为 0.030～0.035，洪泽湖糙率取值范围为 0.020～0.022。

（3）泥沙：以蚌埠闸下实测含沙量作为模型入口处输入量，在三河闸和其他支流出入口处分别给定相应测站的含沙量。淮河干流吴家渡站泥沙粒径 $d_{50}=0.046$，小柳巷站泥沙粒径 $d_{50}=0.052$，洪泽湖泥沙粒径 $d_{50}=0.046$。

（4）风场：经查阅资料可知，洪泽湖汛期盛行风为东南风，风级一般在 3～4 级，相当于风速 4～8m/s。由于洪泽湖湖区范围较大，实测风场资料难以收集，计算采用定常风速 5m/s，风向为东南。淮河干流风场设置与洪泽湖基本相同。

11.3.1.2　模型率定

在初步确定模型各项参数后，以 2007 年典型洪水过程为依据，对模型中的各项参数进行了率定调整。选取临淮关、小柳巷、老子山和蒋坝监测点的计算结果为水位率定指标；选取小柳巷、三河闸监测点的计算结果为流量率定指标；小柳巷监测点的计算结果为含沙量率定指标。模型率定结果如图 11.6～图 11.8 所示。

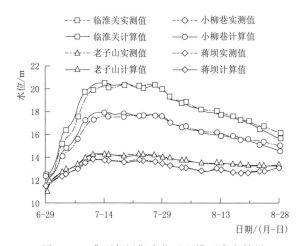

图 11.6　典型年汛期水位过程模型率定结果

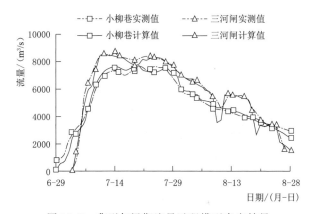

图 11.7　典型年汛期流量过程模型率定结果

11.3.2　模型验证

选取典型年对模型进行验证。对于淮河来说，2003 年属于丰水丰沙年，

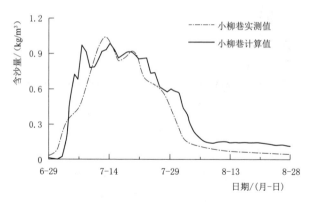

图 11.8　典型年汛期含沙量过程模型率定结果

2015 年属于平水平沙年，2013 年属于枯水枯沙年，此 3 个年份的汛期水文过程对模型的验证均具有良好的代表性。根据各典型年汛期水位的涨落过程，2003 年选取计算时间为 6 月 28 日 8 时至 8 月 28 日 20 时，2015 年选取计算时间为 6 月 18 日 8 时至 8 月 28 日 8 时，2013 年选取计算时间为 7 月 3 日 8 时至8 月 24 日 8 时。

选取临淮关、小柳巷、老子山和蒋坝监测点的计算结果为水位验证指标；选取小柳巷、三河闸监测点的计算结果为流量验证指标；小柳巷监测点的计算结果为含沙量验证指标。

整理各典型年各监测点的水文计算结果，得到如图 11.9～图 11.11 所示的各典型年模型汛期水位、流量及含沙量过程验证结果。分析各水文过程线可

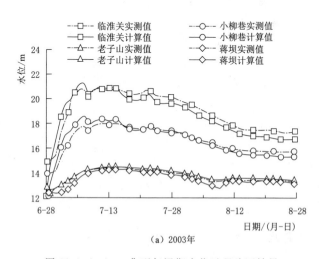

(a) 2003 年

图 11.9（一）　典型年汛期水位过程验证结果

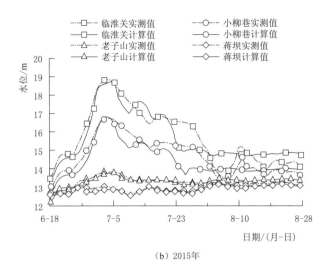

（b）2015年

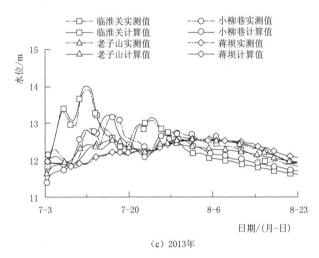

（c）2013年

图 11.9（二） 典型年汛期水位过程验证结果

以得知，各典型年计算结果中，临淮关、小柳巷、老子山及蒋坝的水位过程与实际水位过程相符，可以较好地反映各站点的水位变化过程。小柳巷和三河闸处的流量变化过程，峰谷对应和涨落虽具有一定的误差，但整体对应性较好（由于 2013 年缺乏三河闸处的实测流量过程，故不做验证分析）。小柳巷处的含沙量变化过程与实测的整体变化趋势较为一致。因此，各典型年的主要监测点水文计算结果过程线与实测过程线均具有良好的相关性，且表 11.3 中的各典型年验证的计算值与实测值的均方根误差均在合理范围内。

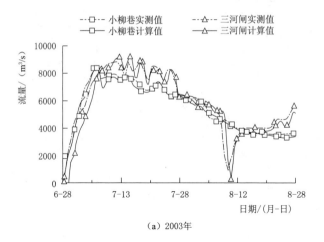

（a）2003年

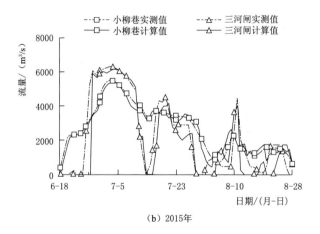

（b）2015年

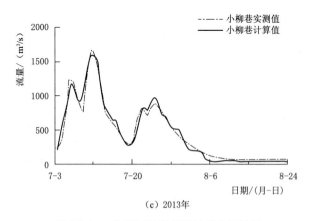

（c）2013年

图 11.10 典型年汛期流量过程验证结果

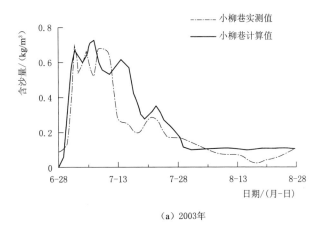

（a）2003年

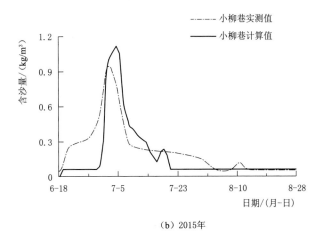

（b）2015年

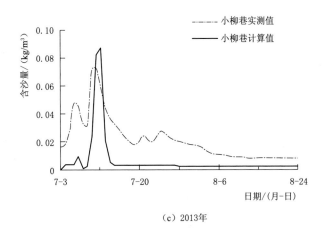

（c）2013年

图 11.11　典型年汛期含沙量过程验证结果

表 11.3 典型年水文验证结果均方根误差分析

典型年	临淮关水位/m	小柳巷水位/m	老子山水位/m	蒋坝水位/m	小柳巷流量/(m³/s)	三河闸流量/(m³/s)	小柳巷含沙量/(kg/m³)
2003	0.5303	0.3933	0.1456	0.0728	379.90	361.73	0.1654
2015	0.7223	0.7433	0.1635	0.0965	343.10	280.30	0.1535
2013	0.5206	0.3313	0.1620	0.0660	189.12	—	0.1725

此外，通过提取数学模型计算结果中典型年份淮河干流吴家渡至小柳巷河段以及洪泽湖的汛期冲淤量，并与实测资料进行对比，得到了表 11.4 的分析结果。从表中可以看出，大部分计算结果的误差均在合理范围内，由于模型研究范围较大，且不同年份的地形实际具有一定的变化，故所得的冲淤计算结果与实测结果会存在难以避免的计算误差，但数学模型所计算出来的河道及洪泽湖冲刷或淤积情况与实际年份相符，数值的增减趋势也与实际情况相吻合。

从验证结果来看，所构建的河湖一体化平面二维水沙数学模型基本可以满足淮河干流及洪泽湖水沙输移的计算需求，可以较好地反映河湖水沙变化趋势。

表 11.4 各典型年冲淤结果相对误差分析

典型年	吴家渡—小柳巷			洪 泽 湖		
	实测值/万 t	计算值/万 t	相对误差/%	实测值/万 t	计算值/万 t	相对误差/%
2003	−505.90	−605.98	19.78	341.40	425.52	24.64
2015	−63.52	−52.33	17.62	266.00	148.65	44.12
2013	1.03	0.99	3.88	−5.20	−3.38	35.00

注 负值为冲刷。

11.4 小 结

基于 Mike21 软件构建了河湖一体化平面二维水沙数学模型，为了比较不同网格对计算结果精度的影响，设置了 4 种不同单元尺寸的网格，对这些不同网格计算结果进行了对比分析，最终确定了较优网格。在初步设置了模型各项参数后，首先以 2007 年典型洪水过程为依据，对模型中的各项参数进行了率定并加以调整；然后用实测的丰水丰沙年（2003 年）、平水平沙年（2015 年）和枯水枯沙年（2013 年）的水沙资料分别对模型进行了验证，验证结果表明计算值和实测值接近，模型可以较好地模拟淮河干流及洪泽湖水沙输移和河湖冲淤变形。

第12章

洪泽湖流场分布及水体交换能力分析

　　基于平面二维水动力数学模型研究了洪泽湖在典型来水年份下的流场分布，探讨了风场、吞吐流及不同湖水位对洪泽湖流场的影响；在二维水动力数学模型的基础上耦合对流扩散方程，用染色示踪剂的方法，开展了洪泽湖水体输移时间和交换周期模拟分析[82,112]。

12.1　典型来水年份下洪泽湖流场分布

　　利用洪泽湖平面二维水动力数学模型，分别模拟了典型来水年份 2007 年（丰水）、2015 年（平水）和 2013 年（枯水）汛期洪泽湖的流场形态，其中丰水年对应时间段为 2007 年 6 月 27 日至 8 月 31 日；平水年对应时间段为 2015 年 6 月 18 日至 8 月 28 日；枯水年对应时间段为 2013 年 6 月 29 日至 8 月 24 日。2007 年峰值流量为 7312.43m³/s，2015 年峰值流量为 5387.01m³/s，2013 年峰值流量为 1459.59m³/s。典型年份下洪泽湖流场模拟时，选取定常风场，风速 5m/s，风向东南。

　　洪泽湖面积较大，将湖区分成溧河洼区、南部湖区、东部湖区和成子湖区，如图 12.1 所示。

　　成子湖区位于洪泽湖的北部，该湖区只有一条支流（徐洪河）在东侧汇入，在丰水、平水、枯水 3 个典型来水年份下数值模拟得到的流场如图 12.2 所示。从图中可以看出，该湖区整体环流显著，北部近岸区域存在逆向环流；中部区域存在带状环流，即在湖区中央水流流向为西北向，而靠岸两侧水流流向为东南向；南部近岸区域存在逆向环流，而且该环流在枯

图 12.1　洪泽湖空间区域划分

水年较为明显，平水年次之，丰水年最弱。成子湖区的流速在丰、平、枯 3 个典型来水年份下变化并不显著，大致稳定在 0.01～0.10m/s，且北部区域的流速普遍较南部要小，北部区域流域约为 0.01～0.05m/s，南部区域流速约为 0.04～0.10m/s。同时发现，近岸湖区流速比中心湖区流速大，2013 年（枯水）的大流速区域范围较 2015 年（平水）和 2007 年（丰水）大，位置集中在中心湖区，而 2015 年（平水）和 2013 年（枯水）的大流速区域范围主要集中在该湖区南部。成子湖区支流汇入作用较弱，风场的作用直接决定了该湖区的流场形态，而且相对于丰水年和平水年，枯水年流场受风场的作用更为明显。

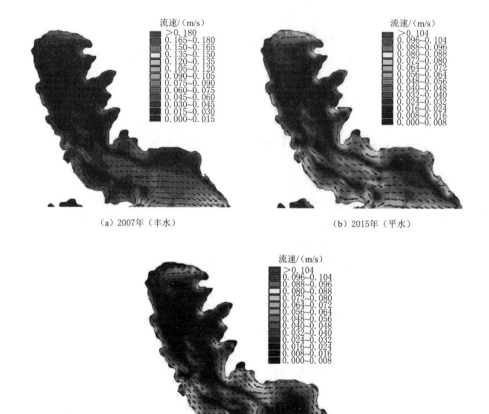

（a）2007年（丰水）　　　　　　　　（b）2015年（平水）

（c）2013年（枯水）

图 12.2　成子湖区流场

溧河洼区位于洪泽湖西侧，形状近似一把"镰刀"，是洪泽湖重要的行洪通道，濉河、老濉河、新汴河、怀洪新河等支流在此入湖，各支流的入湖流量和风场是决定该湖区流场形态的重要因素。溧河洼在丰、平、枯 3 个典型来水年份下的流场如图 12.3 所示。

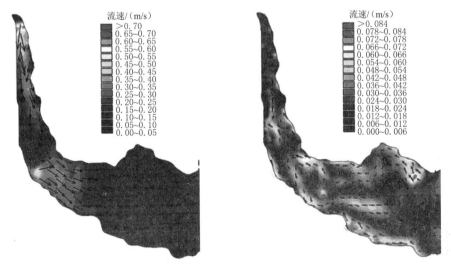

(a) 2007年（丰水）　　　　　　　　(b) 2015年（平水）

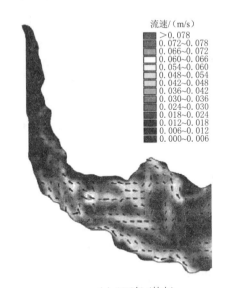

(c) 2013年（枯水）

图 12.3　溧河洼区流场

从图 12.3 中可以看出，2007 年（丰水）时濉河、老濉河、新汴河、怀洪新河等支流入湖流量较大，湖区内水流顺向流动，没有环流存在，而且在支流入湖口处流速较大，约为 0.30～0.60m/s，其他区域流速约为 0.10m/s。在 2015 年（平水）和 2013 年（枯水）时，怀洪新河等支流入湖流量较小，此时风场决定了该湖区的流场形态。如图 12.3（b）和图 12.3（c）所示，该湖区东北部近岸区存在逆向环流，而东南部近岸区存在正向环流，原因是近岸湖区受风场作用影响较大，致使近岸湖区流速大于中心湖区，从而形成相应的环流，西部也存在微弱的环流；流速方面，2015 年（平水）的流速与 2013 年（枯水）的流速相当，大约为 0.01~0.06m/s，但是 2013 年（枯水）大流速区域比 2015 年（平水）要大，可见 2013 年（枯水）受风的影响更显著。

南部湖区是洪泽湖的主体湖区，淮河作为入湖流量最大的河流在该湖区汇入，而且老子山段地形复杂，其间河道滩地相互交错，直接影响着流态；除了老子山段其他区域地形相对平顺，流态稳定。南部湖区在丰、平、枯 3 个典型来水年份下的流场如图 12.4 所示，从图中可以看出，该湖区丰水年和平水年整体流场稳定，水流主要以顺流形式运动，由于此时淮河入湖流量大，入湖口段的河道和滩地都有水流通过且流态稳定，风场的作用并不明显；枯水年时入

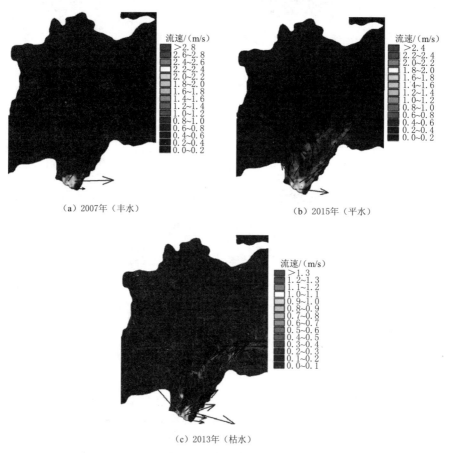

（a）2007年（丰水）　　　　　　　　　　（b）2015年（平水）

（c）2013年（枯水）

图 12.4　南部湖区流场

湖口段流态比较紊乱,风场的影响显著增加,同时北部近岸区域出现了逆向环流。流速方面,各典型年入湖口段流速随着水流的运动逐渐减小,2007 年(丰水)入湖口段流速大约从 2.00m/s 减少到 0.60m/s,2015 年(平水)入湖口段流速大约从 1.80m/s 减少到 0.40m/s,2013 年(枯水)入湖口段流速大约从 1.00m/s 减少到 0.10m/s,除了入湖口段以外的其他湖区,流速较为稳定,大约为 0.10~0.20m/s。

东部湖区内有三河闸、二河闸、高良涧闸和苏北灌溉总渠等出湖水道,是洪泽湖重要泄洪区域。东部湖区在丰、平、枯 3 个典型来水年份下的流场如图 12.5 所示,从图中可以看出,该湖区在丰水年和平水年时流场形态较为稳定,

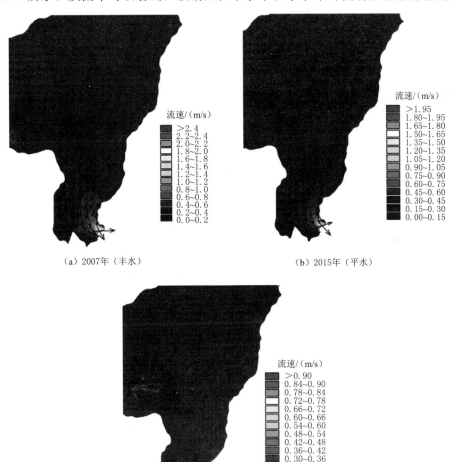

(a) 2007年(丰水)　　　　　　　　　　(b) 2015年(平水)

(c) 2013年(枯水)

图 12.5　东部湖区流场

水流以顺流形式运动，在三河闸出口和二河闸出口处，水流运动活跃；枯水年时在该湖区的南部出现了逆向环流，水流从入湖段出来之后流向紊乱，有向北运动的趋势，说明此时湖区的水流受风场的影响很大。东部湖区整体流速较为稳定，2007 年（丰水）湖区流速约为 0.20～0.40m/s，在三河闸和二河闸出口处的流速有递增趋势，且三河闸更为明显，流速大约为 0.80～1.80m/s；2015 年（平水）湖区流速约为 0.15～0.45m/s，在三河闸出口处流速大约为 0.60～1.50m/s；2013 年（枯水）大部分湖区流速低于 0.06m/s，在入湖段尾端、三河闸和二河闸出口处流速约为 0.24m/s。

综上所述，洪泽湖各个湖区的流场形态和流速大小各不相同，主要受各支流入湖和出湖水道流量大小、风场、湖区水位等因素影响。在丰水年时溧河洼区流场受入湖支流影响较大，南部湖区和东部湖区的流场主要由淮河入湖和三河闸、二河闸出湖流量所决定；而在平水年时，成子湖区和溧河洼区受风场作用明显，风生流显著，南部湖区和东部湖区的流场受入出湖流量决定；枯水年的大部分湖区受到风场的作用显著增加，在不同区域有逆向环流出现。为了进一步说明风场和吞吐流对洪泽湖流场分布的影响，将在下节进行模拟计算分析。

12.2　风场和吞吐流对洪泽湖流场分布的影响

12.2.1　风场对流场的影响

通过分析洪泽湖各湖区在典型来水年份流场形态时发现，风场和入湖出湖流量对湖区流场影响较大，因此利用二维水动力模型分别模拟了典型来水年份2007 年（丰水）、2015 年（平水）和 2013 年（枯水）时洪泽湖在无风和风速10m/s 下的流场，并对各湖区的流场变化进行了分析说明。

12.2.1.1　成子湖区

成子湖区 2007 年（丰水）无风和风速 10m/s 时流场如图 12.6 所示，从图中可以看出，在无风条件下该湖区中北部流场较微弱，仅在支流徐洪河入湖口处有明显的水流运动，流速大约为 0～0.03m/s；而该湖区南部水流运动活跃，流态稳定，流速约为 0.05～0.12m/s。在风速 10m/s 下该湖区流场发生明显改变，湖区整体环流增强，流场形态与上节成子湖区典型年下流场相似，流速较典型年时有所增加，北部区域流速约为 0.02～0.06m/s，南部区域流速较大，约为 0.12～0.15m/s，但同时存在近岸区域的低流速区，流速同北部区域相近。

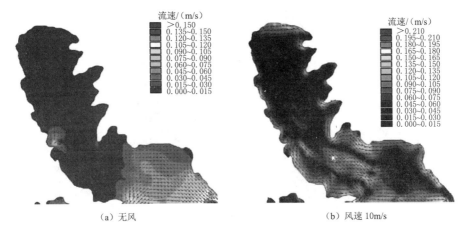

（a）无风 （b）风速 10m/s

图 12.6 丰水年成子湖区流场

成子湖在 2015 年（平水）和 2013 年（枯水）无风和风速 10m/s 下的流场如图 12.7 和图 12.8 所示。从图中可以看出，与丰水年的模拟结果相似，在无风条件下，该湖区水流运动极其微弱，接近静止湖面，而在风速 10m/s 下该湖区水流运动增强，流场形态较为相似，但枯水年流速比平水年和丰水年要大。综上，无论丰水年、平水年、枯水年，风场是决定成子湖区流场形态的重要因素，成子湖区形成的环流以风生流为主，而且枯水时风生流的流速较大。

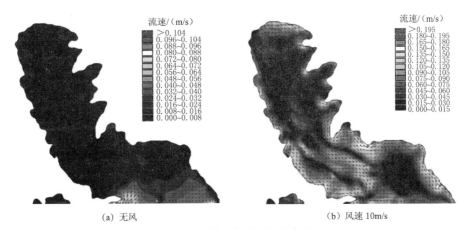

(a)无风 （b）风速 10m/s

图 12.7 平水年成子湖区流场

12.2.1.2 溧河洼区

溧河洼区 2007 年（丰水）无风和风速 10m/s 时流场如图 12.9 所示。从图中可以看出，由于丰水年时各支流入湖流量较大，在无风和风速 10m/s 作用下，该湖区流场几乎一致，以顺流形态为主，湖区流速也稳定在 0.10～

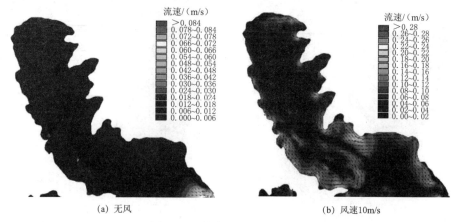

(a) 无风 (b) 风速10m/s

图 12.8 枯水年成子湖区流场

0.25m/s，支流入湖处流速约从 0.50m/s 递减到 0.20m/s。2015 年（平水）无风和风速 10m/s 时流场如图 12.10 所示。无风时该湖区西部由于支流入湖的影响，有稳定的流场存在且流速较大，流速大约为 0.08～0.40m/s；随着水流向东流动，流场越来越微弱，流速也逐渐减小至 0～0.04m/s；在风速 10m/s 时，溧河洼水流运动活跃，在该湖区多个区域出现了环流，流场形态与图 12.3（b）溧河洼平水年流场相似，但环流更显著，流速大约为 0.02～0.12m/s。2013 年（枯水）无风和风速 10m/s 时流场如图 12.11 所示，无风时溧河洼近似一潭静水，流场特别微弱，而在风速 10m/s 时，该湖区水流活跃度显著增加，有多个环流出现，流场形态和平水年风速 10m/s 时流场相似。

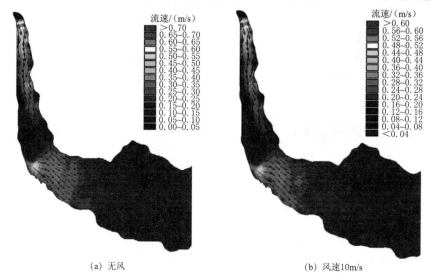

(a) 无风 (b) 风速10m/s

图 12.9 丰水年溧河洼区流场

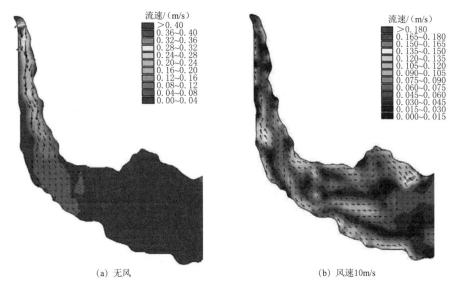

(a) 无风　　　　　　　　　　　　(b) 风速10m/s

图 12.10　平水年溧河洼区流场

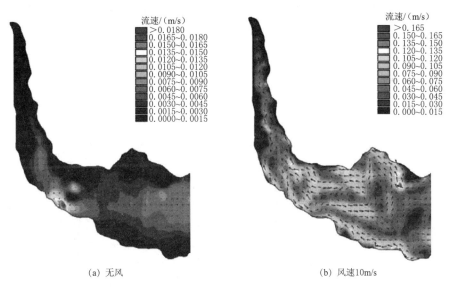

(a) 无风　　　　　　　　　　　　(b) 风速10m/s

图 12.11　枯水年溧河洼区流场

　　综上，溧河洼流场受各支流入湖流量和风场共同影响。在丰水年时，各支流入湖流量对该湖区流场影响较大；而在平水年和枯水年时，各支流入湖流量较小时，风场的作用直接决定了该湖区的流场形态。

12.2.1.3　南部湖区

南部湖区 2007 年（丰水）无风和风速 10m/s 时流场如图 12.12 所示。从图中可以看出，由于最大的入湖河流淮河，在该湖区进入洪泽湖，受淮河入湖流量的影响，在丰水年时无论有无风场的作用，南部湖区的流场都较为稳定，以顺流形态通过该湖区，在入湖口段和该湖区的东北部流速较大，流速约为 0.40～0.80m/s，入湖口处流速可达 2.00m/s，该湖区其他区域流速比较均匀，大约在 0～0.20m/s。2015 年（平水）无风和风速 10m/s 时流场如图 12.13 所示，湖区流态较为稳定，只是在入湖口段流态有些紊乱。在风速 10m/s 作用下，该湖区北部近岸区出现了逆向环流。无风和有风时湖区流速变化并不明显，大约维持在 0～0.20m/s，其中入湖口段流速较大，约为 1.00m/s。

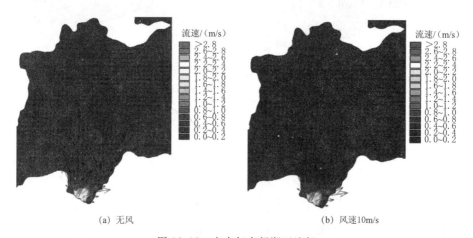

(a) 无风　　　　　　　　　　　(b) 风速10m/s

图 12.12　丰水年南部湖区流场

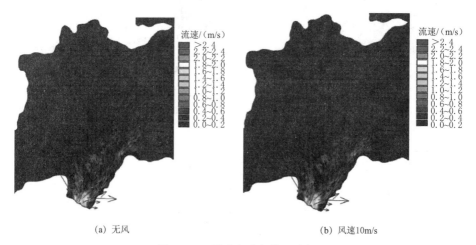

(a) 无风　　　　　　　　　　　(b) 风速10m/s

图 12.13　平水年南部湖区流场

2013 年（枯水）无风和风速 10m/s 时流场如图 12.14 所示，无风时只有入湖口段水流运动较为活跃，其他区域流场比较微弱，流速大约为 0～0.10m/s。在风速 10m/s 作用下，该湖区在北部近岸区出现了较为明显的逆向环流，湖区其他区域也存在环流，流速大约为 0～0.20m/s，风场的作用显著改变了该湖区的流场形态。

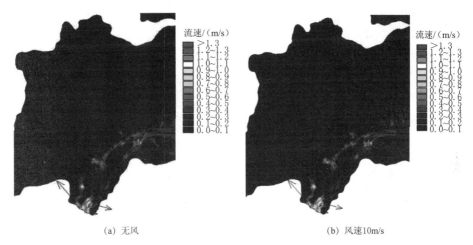

(a) 无风　　　　　　　　　　　　(b) 风速10m/s

图 12.14　枯水年南部湖区流场

综上，南部湖区流场主要受淮河入湖流量影响，在丰水年和平水年时，流场形态和流速都较为稳定，在枯水年时流场形态受风场的作用显著增加，在不同区域出现了环流。入湖口段流场不仅受到风场的影响，还与此处的地形密切相关，致使流场形态较为复杂。

12.2.1.4　东部湖区

东部湖区 2007 年（丰水）、2015 年（平水）无风和风速 10m/s 时流场如图 12.15 和图 12.16 所示。从图中可以看出，丰水年和平水年在无风和有风作用下流场形态几乎没什么变化，水流以顺流形态运动，流速大约稳定在 0.15～0.45m/s，在三河闸出口处流速较大，可达 1.50～2.00m/s。2013 年（枯水）无风和风速 10m/s 时流场形态如图 12.17 所示，无风时该湖区水流运动不活跃，流场微弱，风速 10m/s 时水流运动活跃，在多个区域内形成了环流，而且湖区流速也有所增加。

综上，东部湖区的流场主要由入湖出湖流量决定，丰水年和平水年流场稳定、流速均匀，只有在枯水年时，该湖区流场受风场的作用而形成以风生流为主的流场形态。

通过对比上节洪泽湖各湖区流场（风速 5m/s）和本节洪泽湖各湖区流场

（风速 10m/s）时发现，在其他条件相同的情况下，湖区风速较大时，各湖区流速反而变小了，这是因为汛期洪泽湖湖区盛行东南风和洪泽湖入出湖吞吐流方向呈相反方向，风速大时对湖流抑制作用更加显著，所以湖区风速大，流速小。

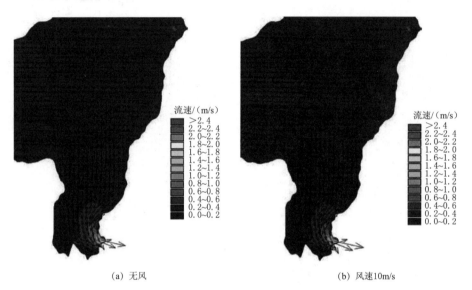

(a) 无风　　　　　　　　　　　　　　　　　　(b) 风速10m/s

图 12.15　丰水年东部湖区流场

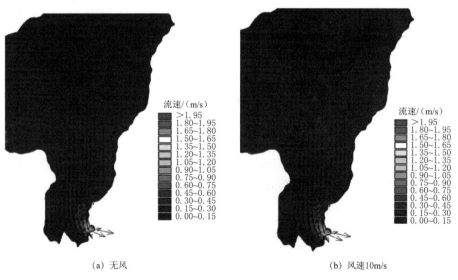

(a) 无风　　　　　　　　　　　　　　　　　　(b) 风速10m/s

图 12.16　平水年东部湖区流场

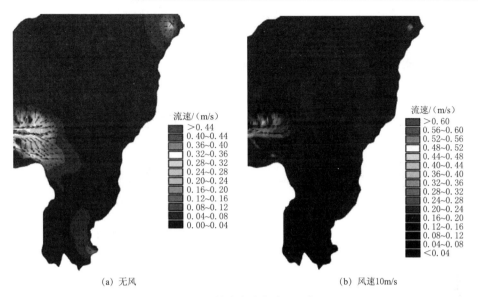

(a) 无风　　　　　　　　　　　　　　　　(b) 风速10m/s

图 12.17　枯水年东部湖区流场

12.2.2　吞吐流对流场的影响

吞吐流是指由河湖水量交换造成湖泊水面倾斜而产生的湖流现象。吞吐流是湖泊中湖水运动的主要形式之一[113-114]。在无风条件下，湖泊水流主要由吞吐流驱动。为了研究吞吐流对洪泽湖流场形态的影响，选取淮河流域 2007 年（丰水）汛期水文资料作为模型的入出湖边界，在淮河入湖口给定 2007 年实测流量过程，三河闸出口给定 2007 年实测水位过程，其余各出入口均以源汇项给定 2007 年实测流量过程，相比 2013 年（枯水）加大了吞吐流的流量，同时给定 5m/s 风场，其计算结果如图 12.18 所示。与 2013 年洪泽湖各湖区流场图 12.19 对比发现：溧河洼 A 区域和成子湖 D、E 区域的流场形态与 2013 年基本相同，仍存在类似的逆向环流；而在南部湖区的 B 区域逆向环流减弱，仅在湖岸周边有微弱的流场存在；东部湖区的 C 区域逆向环流基本消失，但

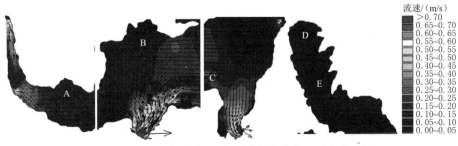

图 12.18　2007 年风速 5m/s 下洪泽湖各湖区流场分布图

是吞吐流作用加强。由此可知溧河洼湖区和成子湖区的流场形态主要受风场影响，南部湖区和东部湖区的流场形态受风场和吞吐流共同影响，且吞吐流为主导因素，随着吞吐流量减小，流速也随之减小。

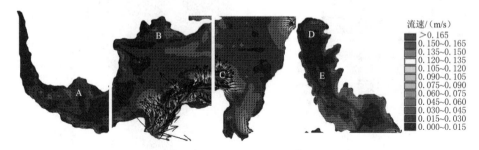

图 12.19　2013 年风速 5m/s 下洪泽湖各湖区流场分布图

12.2.3　不同湖水位对流场的影响

图 12.20　洪泽湖各湖区代表点分布图

湖泊不同部位的流速存在差异，同一部位在不同水位下的流速也存在差异。在对洪泽湖各湖区流场模拟过程中，发现除了风场之外，湖区水位也是影响湖区流场的一个重要因素。为此在洪泽湖各湖区中选取了 12 个代表点，各点位分布如图 12.20 所示，并分别对各湖区的水位与流速关系进行了分析。汛期是水文要素变化最明显的时期，因此选取各点 7 月水位平均值和流速平均值作为研究水位与流速关系的基础数据，具体见表 12.1。

表 12.1　　　　　　　洪泽湖各湖区典型年 7 月水位和流速平均值

湖区	点号	2007 年水位/m	2007 年流速/(m/s)	2015 年水位/m	2015 年流速/(m/s)	2013 年水位/m	2013 年流速/(m/s)
成子湖区	1 号	13.49	0.0192	12.97	0.0201	12.30	0.0207
	2 号	13.50	0.0159	12.98	0.0197	12.31	0.0248
	3 号	13.47	0.0570	12.95	0.0527	12.27	0.0538
溧河洼区	4 号	13.55	0.0434	12.98	0.0170	12.29	0.0200
	5 号	13.54	0.1037	12.97	0.0127	12.27	0.0214
	6 号	13.56	0.1572	12.98	0.0110	12.29	0.0260

续表

湖区	点号	2007年水位/m	2007年流速/(m/s)	2015年水位/m	2015年流速/(m/s)	2013年水位/m	2013年流速/(m/s)
南部湖区	7号	13.51	0.0502	12.97	0.0195	12.28	0.0268
	8号	13.51	0.1218	12.98	0.0596	12.46	0.0253
	9号	13.50	0.1922	12.96	0.1084	12.26	0.0242
东部湖区	10号	13.46	0.1269	12.93	0.0848	12.24	0.0232
	11号	13.28	0.5873	12.82	0.3762	12.21	0.0903
	12号	13.44	0.1353	12.92	0.0874	12.23	0.0693

成子湖区水位与流速关系如图12.21所示，1号点和2号点分别位于该湖区的带状环流区和逆向环流区，对比1号点和2号点在丰、平、枯水条件下的流速时发现，在水位较低的2013年（枯水）流速会更大，由于这两处湖区流场主要受风场的影响，在同样风场条件下湖区水位较低时，驱动湖水运动所受外力相对较大，因此低水位时湖区流速反而更大。3号点位于成子湖区的南部，靠近东部湖区，该处的流速受支流和东部湖区影响较大，无论水位高低，流速基本维持在0.06m/s。

溧河洼区水位与流速关系如图12.22所示，在2007年（丰水）时溧河洼区支流入湖流量较大，此时该湖区水位高，流速大。在2015年（平水）和2013年（枯水）时，该湖区支流入湖量不大，湖区流速主要由风场决定，此时流速较2007年（丰水）时要小得多，大约为0.02m/s，但是2013年（枯水）各点处的流速比2015年（平水）大，再一次说明湖水在低水位时流动性更好。

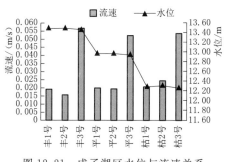

图12.21　成子湖区水位与流速关系

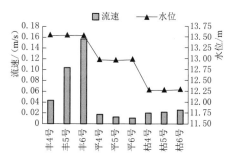

图12.22　溧河洼区水位与流速关系

南部湖区水位与流速关系如图12.23所示，7号点、8号点和9号点的分布位置由近岸区向湖区内部递近，且7号点位于近岸环流区。由于在2007年

（丰水）和 2015 年（平水）时水位高，该湖区吞吐流作用明显，流速由近岸区到湖区内部呈递增趋势；2013 年（枯水）水位低，吞吐流作用减弱，整个南部湖区也处于低流速态而且较为稳定。7 号点位于近岸环流区，在 2015 年（平水）和 2013 年（枯水）时，主要受风场的影响，2013 年（枯水）水位低时流速较大。

东部湖区水位与流速关系如图 12.24 所示，东部湖区是洪泽湖泄洪通道所在湖区，10 号点位于湖区的中心部位，也是受吞吐流作用明显的区域，水位较高时，流速较大；11 号点位于三河闸出口，12 号点位于二河闸出口，可以看出三河闸出口处的流速普遍较二河闸的要大，而且出口处水位高流速大，水位低流速小，这是由于出口处风的作用不再是主要驱动力。

综上，在丰水年时洪泽湖整体水位高，流速大；在平水年和枯水年时，南部湖区和东部湖区吞吐流作用明显，也呈现出高水位大流速的趋势，成子湖区和溧河洼受风场作用明显，湖流以风生流为主，在相同风速作用下，湖水位低时，流速大。

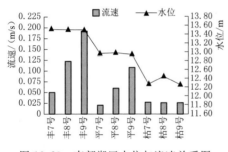

图 12.23　南部湖区水位与流速关系图

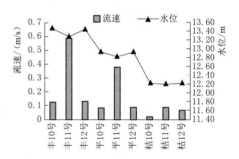

图 12.24　东部湖区水位与流速关系图

12.3　典型来水年份下洪泽湖水体交换能力

洪泽湖是淮河流域最大的调蓄型湖泊，具有过滤和缓冲作用，容纳了淮河中上游水、沙、污染物等，在湖泊变化多样的水动力环境下，水体更新过程影响着湖区污染物的迁移和转化，进而给湖泊水质的时空变化带来不容忽视的影响。水体输移时间和换水周期都是基于污染物迁移而提出的与湖泊水流运动密切相关的重要指标，但两者却是从不同角度来揭示湖泊系统的换水能力。为了清晰地表示洪泽湖水体更新情况，在平面二维水动力模型的基础上耦合对流扩散方程，用染色示踪剂的方法，开展了 2007 年（丰水）、2015 年（平水）和 2013 年（枯水）典型来水年份下洪泽湖水体输移时间和换水周期的模拟分析。

12.3.1　水体输移时间

丰水年洪泽湖水体输移过程如图 12.25 所示，可知溧河洼区水体输移较快，大约 7～9d 整个溧河洼区水体得到了全部更新，这与丰水年时各支流入湖流量大密切相关；同时淮河入湖口段水体输移也较快，大约 9d 水体可以完成从淮河入湖口到三河闸出湖口的输移过程，而东部湖区和南部湖区要达到水体全部更新需要大约 14d 时间；成子湖区水体输移速度较慢，14d 时只有 1/3 左右的区域完成了水体更新，54d 时也只有约一半的水域完成水体更新，其中在北部环流区水体更新速度最慢。

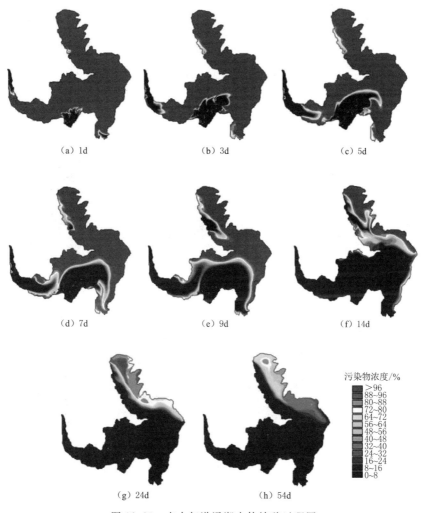

（a）1d　　　　　（b）3d　　　　　（c）5d

（d）7d　　　　　（e）9d　　　　　（f）14d

污染物浓度/%
>96
88～96
80～88
72～80
64～72
56～64
48～56
40～48
32～40
24～32
16～24
8～16
0～8

（g）24d　　　　　（h）54d

图 12.25　丰水年洪泽湖水体输移过程图

平水年洪泽湖水体输移过程如图 12.26 所示，由图中可知，淮河入湖口段水体输移速度快，从淮河入湖口到三河闸出湖口历时大约 7～9d；平水年时溧河洼区的入湖支流流量减少，使得该湖区水体输移速度降低，大约需要 20d 时间可以完成该湖区大部分水体的更新。从图 12.26 中还可以看出，大约 27d 洪泽湖东部湖区、南部湖区和溧河洼区基本上可以完成水体更新，而成子湖区水体更新速度较为缓慢，水域较为局限，经过 60d 左右的时间洪泽湖各区域水体更新可以达到和丰水年汛期最终的状态。

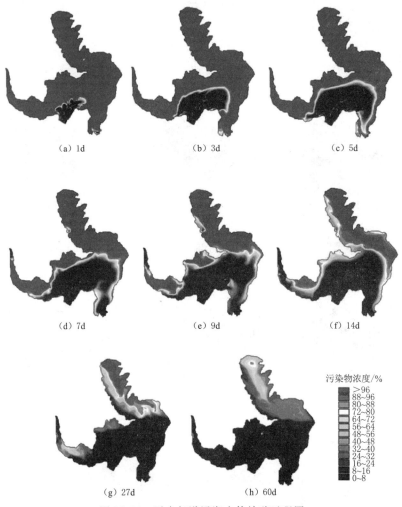

图 12.26　平水年洪泽湖水体输移过程图

枯水年洪泽湖水体输移过程如图 12.27 所示，由图中可知，在枯水年时洪泽湖水体输移较为缓慢，其中溧河洼区和成子湖区更为明显，在前 14d 中这两湖区几乎没有水体输移，整个湖区只有淮河入湖口段处有较为明显的水体移动，约 9d 能完成从淮河入湖口到三河闸出湖口的输移过程，其他湖区水体更新速度缓慢，经过 24d 后，整个湖区大约有一半水体得到了置换。

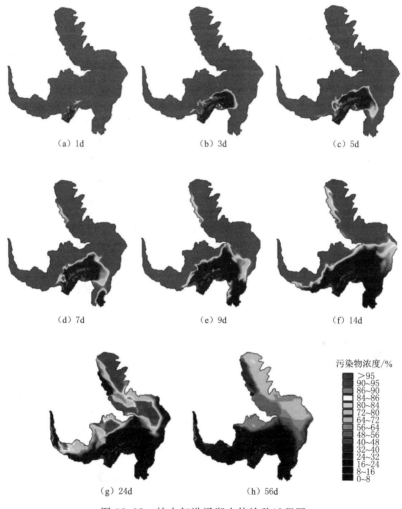

图 12.27　枯水年洪泽湖水体输移过程图

　　综上，洪泽湖的东部湖区和南部湖区水体输移较为显著，无论丰水年、平水年、枯水年，水流从淮河入湖口到出湖口大约经历 7～9d 时间，其中丰水年、平水年时东部湖区和南部湖区的整个水域都将得到更新，而枯水年时会有少部分水域得不到更新；溧河洼区在丰水年时水体输移较快，大约 5～7d 可以完成，在平水年和枯水年时输移较慢，需要 14～24d，最终可以完成水体的更新和置换；成子湖区无论丰水年、平水年、枯水年水体输移过程都较为缓慢，环流区更为明显。

12.3.2　换水周期

使用 Mike21 中的对流扩散方程计算换水周期时，其中示踪剂浓度衰减率用基于浓度变化的指数衰减函数式（12.1）来计算。

$$C_t = C_0 e^{-t/T_t} \tag{12.1}$$

式中：t 为时间；C_0 为示踪剂初始浓度值；C_t 为 t 时刻的剩余示踪剂浓度值。

由式（12.1）可得，当 $t = T_f(V/Q)$ 时，浓度已经衰减到初始浓度的 e^{-1} 或 37%，因此，换水周期定义为剩余浓度降低至初始浓度的 37% 时所需的时间。

临淮头、尚咀、二河闸分别位于溧河洼区、南部湖区和东部湖区的出口处，因此选取这 3 个位置的浓度变化作为评价洪泽湖各湖区换水周期的依据。丰水年和平水年换水周期相似，故重点对比了丰水年和枯水年换水周期的不同，计算结果如图 12.28 和图 12.29 所示。可以看出临淮头在丰水年时换水周期约为 5.5d，而在枯水年时换水周期约为 27d，在上述对洪泽湖流场进行讨论时已经阐明其主要原因是丰水年入湖支流流量较大，致使溧河洼流速较大，换水周期较短，而枯水年时湖流主要为风生流，湖区流速小，换水周期长。尚咀在丰水年时换水周期约为 7d，在枯水年时换水周期约为 19d；二河闸丰水年时的换水周期约为 7～8d，枯水年时的换水周期约为 10～11d。同时还发现枯水年时，尚咀和二河闸这两个位置的水域在达到换水周期的标准后，过了一段时间该水域的水体再次受到了污染，分析原因可以发现，枯水年整个湖区风生流

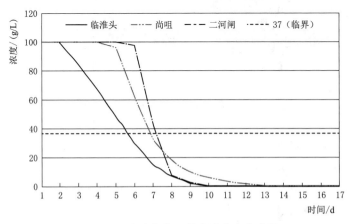

图 12.28　丰水年湖区站点浓度变化曲线

显著，成子湖区的污染物会随着风生流移动到尚咀和二河闸处，造成二次污染。

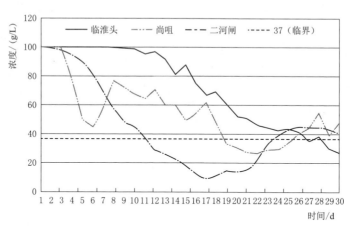

图 12.29　枯水年湖区站点浓度变化曲线

12.4　小　　结

基于平面二维水动力数学模型，研究探讨了典型来水年份下的洪泽湖流场形态及变化规律，以及风场、吞吐流和不同湖水位对洪泽湖流场的影响；利用水质模型对典型来水年份下洪泽湖水体交换能力进行了分析，结论如下：

（1）洪泽湖流场形态是由吞吐流和风生流共同决定，各个湖区流场有不同的特点，主要受各支流入湖和出湖水道流量大小、风场、湖区水位等因素影响。在丰水年时溧河洼区流场受入湖支流影响较大，南部湖区和东部湖区的流场主要由入湖出湖流量所决定；而在平水年时，成子湖区和溧河洼区受风场作用明显，风生流显著，南部湖区和东部湖区的流场受入湖出湖流量决定；枯水年的大部分湖区受到风场的作用显著增加，在不同区域存在有逆向环流。

（2）风生流是洪泽湖区的重要湖流形式，在风场的作用下在不同区域会形成环流，且风速越大环流越显著，同时，由于洪泽湖盛行风和湖流主要流向呈相反方向，使得风速大的时候湖区整体流速降低。

（3）丰水年和平水年时洪泽湖水流运动活跃，吞吐流作用下的湖区水位较高，流速较大，水体输移速度较快，换水能力强；风生流作用下的湖区，在水位高时流速反而较慢，换水周期较长。枯水年时洪泽湖水流运动缓慢，溧河洼区和成子湖区尤为明显，湖流运动主要依靠风场的驱动，流速较小，换水效率低。

第 13 章

浮山至洪泽湖出口含沙量的分布及湖盆冲淤变化

基于平面二维水沙数学模型对浮山以下河段和洪泽湖的悬移质含沙量分布，以及洪泽湖泥沙冲淤变化规律进行了分析讨论[82]。

13.1 典型水沙年份下悬移质含沙量的分布

淮河和洪泽湖的泥沙资料较少，在调查统计水沙资料的过程中发现，2007—2015 年淮河和洪泽湖各入湖河道和出湖水道的水沙数据比较全面且代表性较好，因此在已有泥沙资料的基础上重点对平沙年（2007 年、2015 年）和枯沙年（2013 年）进行了模拟分析，并对比了不同水沙条件下洪泽湖含沙量分布情况。模拟计算时洪泽湖风场设置成定常风速 $5m/s$，风向东南。

浮山以下河段和洪泽湖含沙量分布模拟计算结果如图 13.1 所示。值得注意的是从输沙量角度判断 2007 年和 2015 年均为平沙年，两者输沙总量相差不大，但 2007 年为丰水年而 2015 年为平水年，两者虽然输沙总量几乎相当，但由于水量的不同含沙量分布有很大区别。图 13.1（a）为 2007 年（丰水平沙）浮山以下河段和洪泽湖含沙量分布，图 13.1（b）为 2015 年（平水平沙）浮山以下河段和洪泽湖含沙量分布，对比发现 2007 年和 2015 年在浮山—老子山河段以及洪泽湖湖区的含沙量大致相同，入湖口段（老子山段）含沙量为 $0.10\sim0.60kg/m^3$，洪泽湖湖区含沙量为 $0.05\sim0.15kg/m^3$，局部区域尤其是河湖交汇口处含沙量较高，可达 $0.60\sim0.80kg/m^3$。仅看 2007 年洪泽湖含沙量分布时，发现入湖泥沙几乎分布在洪泽湖的南部湖区和东部湖区，且在入湖口段（老子山段）含沙量很高，达 $0.60kg/m^3$，而在溧河洼区和成子湖区，泥沙分布区域主要集中在支流入湖口一带，含沙量一般在 $0.15kg/m^3$，而其他区域的含沙量很低。2015 年时入湖泥沙主要分布在入湖口段（老子山段）、溧河洼区支流入口处、二河闸出口处，含沙量为 $0.10\sim0.15kg/m^3$，虽然和 2007 年相当，但由于入湖水量小的原因，大部分湖区泥沙输移较迟缓。2013 年是枯水枯沙年，浮山以下河段和洪泽湖含沙量分布如图 13.1（c）所示，可以看出在浮山—老子山段的泥沙含量比较少，为 0.03～0.09kg/m³，入湖后泥沙分布主要集中在入湖口段和出湖口处，含沙量为 0.03～0.06kg/m³，在局部区域含沙量较高，可达 0.25～0.30kg/m³，可能是由于地形复杂，泥沙输移受阻，容易在该处造成泥沙的沉积，枯水枯沙条件下的洪泽湖整体含沙量分布较小，大部分区域几乎没有泥沙输移。

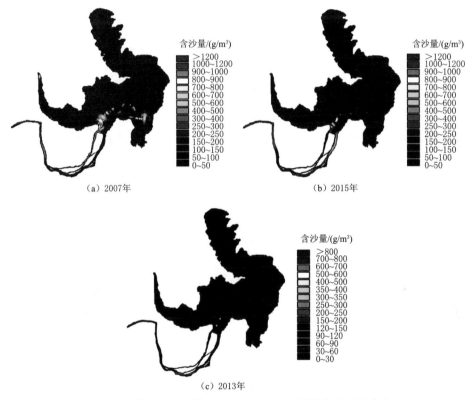

图 13.1　典型水沙年份下浮山以下河段和洪泽湖含沙量分布

13.2　典型水沙年份下洪泽湖冲淤变化

在淮河与洪泽湖水沙输移过程中，来水来沙的变化直接影响到湖盆的冲淤情况，为探讨洪泽湖在不同水沙条件下的冲淤变化规律，选取了 2007 年（丰水平沙）、2015 年（平水平沙）和 2013 年（枯水枯沙）3 个典型水沙年份汛期水沙资料分别对湖盆冲淤情况进行了模拟，湖盆初始地形采用 2015—2016 年间实测地形资料。洪泽湖各湖区湖盆冲淤形态云图如图 13.2 所示。

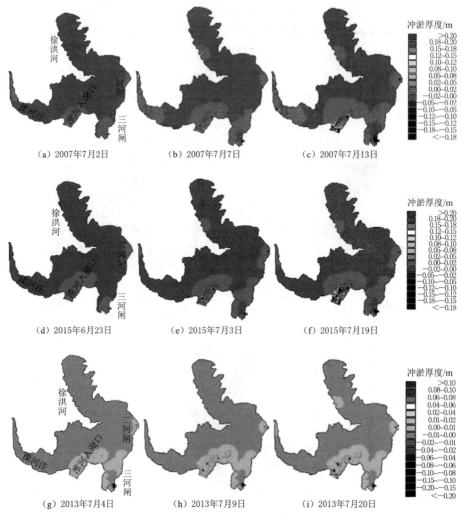

图 13.2　洪泽湖典型水沙年份下冲淤形态云图

(图中：正值为淤积，负值为冲刷)

　　2007 年为丰水平沙年，7 月 2 日为入湖水量沙量变大的时间节点，此时在溧河洼东部即各支流入湖交汇处、淮河入湖口段（老子山段）、二河闸出口和三河闸出口处的湖盆呈现微淤状态，大概淤高 0.02m。7 月 7 日时入湖水量沙量接近汛期峰值，此时在溧河洼大部分湖盆存在淤积现象，在成子湖区徐洪河入湖口处也出现了新的淤积区域，而在淮河入湖口段（老子山段）和三河闸出口区域的淤积扇也有明显的增长趋势，各个区域的淤积高度大约维持在 0.02m。7 月 13 日时汛期水沙峰值已经过去，整个湖盆的主要冲淤变化基本成型，此时溧河洼区的淤积面积大约占到了该湖区的 2/3；淮河入湖口段（老子山段）和三河闸出口区域的淤积扇继续扩大，在靠近湖岸一侧已经连在一起；而成子湖区徐洪河入口和二河闸出口处的淤积状态基本维持不变。同时，还可以看到在淮河入湖口段（老子山段）以及三河闸出口区域存在小范围的冲刷，这是由于接近峰值流量入湖出湖过程中，在进出湖口处水流流速很大，使挟沙力增大，致使在一些区域存在微冲的现象。在洪泽湖其他部分湖区泥沙含量很少，几乎没有冲淤变化。

2015 年为平水平沙年，6 月 23 日时入湖水量沙量开始增大，此时在淮河入湖口段、二河闸出口区域和三河闸出口区域有淤积扇出现；到 7 月 3 日时入湖水量沙量达到了峰值，此时原有的淤积扇继续扩大，在成子湖区徐洪河入湖口处出现了新的淤积区域；7 月 19 日时汛期水沙峰值已经过去，整个湖盆的主要冲淤变化基本成型，此时洪泽湖的淤积区域较 7 月 3 日时继续扩大，湖区淤高大约 0.02m。同时，与 2007 年一样，在淮河入湖口段和三河闸出口区域的小范围湖盆存在冲刷情况；但是与 2007 年不同的是 2015 年溧河洼湖区的输沙量很小，几乎没有冲淤出现。分析原因可知，2015 年时从溧河洼入湖的各支流流量很小，致使泥沙输移量减少，所以该区域湖盆没有明显的变化。

2013 年为枯水枯沙年，可以看出从 7 月 4 日到 7 月 20 日整个汛期过程，洪泽湖湖盆高程几乎没有显著的变化，仅在淮河入湖口段和三河闸出口区域略有淤积，大约淤高 0.01m；同样，在淮河入湖口段和三河闸出口处的小范围区域存在微量冲刷。在枯水枯沙时，洪泽湖整体湖盆地形较为稳定，几乎没有变化。

通过对典型水沙年份下入湖水沙过程的模拟，可以发现洪泽湖泥沙主要淤积在淮河入湖口段（老子山段）、各支流入湖段以及二河闸和三河闸出口区域，而且会形成淤积扇。主要原因是汛期水量很大，同时携带的沙量和泥沙粒径较平时大很多，当进入湖区后，水面突然开阔致使流速突然减小，由于之前的水流挟沙量均达到饱和，在流速突然减小的情况下，水流挟沙能力骤然减弱，从而使泥沙落淤。而且水量沙量较大的年份淤积扇较大，平均淤高约 0.02m，在淮河入湖口段和三河闸出口区域会有小范围冲刷现象，原因是出口处流速较大，冲刷作用明显。洪泽湖其他区域泥沙冲淤效果并不显著，湖盆地形几乎没有什么变化，主要以水流运动为主。

13.3 长系列水沙条件下泥沙冲淤模拟

13.3.1 2007—2015 年各年份连续模拟

模拟时段采用 2007—2015 年（9 年长系列），入出口边界条件为 9 年全时段水沙资料，水动力及泥沙计算参数均选用 2007 年的计算参数，连续模拟运行 9 年，泥沙中值粒径为 0.046mm，河床泥沙孔隙率设置为 0.35。

图 13.3 为提取的 2007 年、2010 年、2013 年和 2015 年年底时计算的湖底地形。由图中可知，从总体的冲淤情况看，在 2007 年结束时湖底地形发生了较为显著的变化，而后几年的地形改变很小，几乎没发生变化。根据实际情况来看，洪泽湖的湖底地形变化也是极小，主要因为近年来入湖沙量减少，湖盆地形维持一种稳定状态。由模拟结果可以得出：①在入湖口段存在明显的淤积情况，淮河干流淤积程度较各支流大，淮河入湖口段的淤积由于该处地形所致，凸起的洲滩改变了水流条件使得泥沙有相对明显的落淤，同时在淮河入湖口段还存在冲刷现象，走势沿主河道方向；②冲淤变化走势具有一定的弯曲性；③在出湖口处有显著的冲刷现象，三河闸作为洪泽湖主要出口，水流在出湖前流速会变大，挟沙能力增强，因此冲刷作用明显。

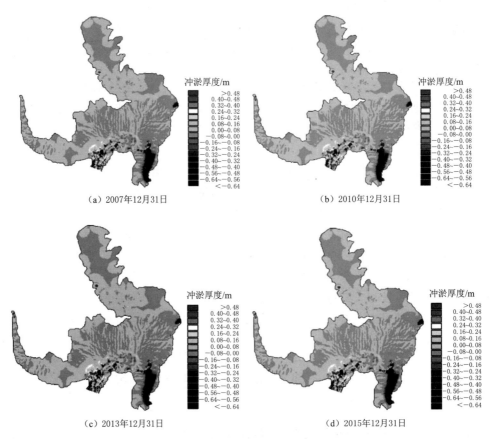

（a）2007年12月31日　　　　　　　　　　（b）2010年12月31日

（c）2013年12月31日　　　　　　　　　　（d）2015年12月31日

图 13.3　洪泽湖湖底高程变化分布（2007—2015 年各年份连续模拟）

（图中：正值为淤积，负值为冲刷）

13.3.2　2007—2015 年各年份分开模拟

上面讨论分析了 2007—2015 年各年份连续模拟时的湖底高程计算结果，发现除了 2007 年洪泽湖地形有明显变化外，其余年份地形几乎没有变化。为了进一步探讨模拟的可靠性以及与实际情况的吻合性，分别输入 2007—2015 年每一年的水沙系列，模拟每年的湖底高程变化，计算结果如图 13.4 所示。从数值模拟的结果可以看出，2007 年的水沙系列对洪泽湖湖底地形变化影响较大；而 2008—2014 年，每一年的水沙系列对洪泽湖地形变化几乎没有影响；

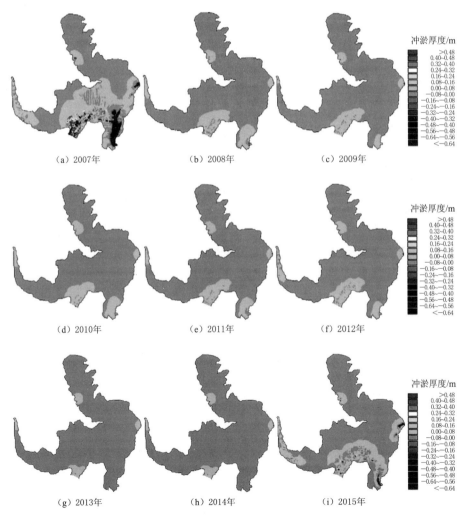

图 13.4　洪泽湖湖底高程变化分布（2007—2015 年各年份分开模拟）

（图中：正值为淤积，负值为冲刷）

2015 年的水沙系列致使在洪泽湖局部区域出现冲刷现象,整体变化并不显著。模拟的结果证实了前述 2007—2015 年各年份连续模拟计算结果的可靠性,同时说明,水多沙多的年份对洪泽湖湖底地形影响较大,冲淤显著;水少沙少的年份洪泽湖湖底地形变化很小,维持在一个稳定水平。

总体上来看,模拟结果符合洪泽湖多年以来湖底地形变化不大这一实际情况,同时在入湖口段(老子山段)淤积也基本符合以往经验推断。

13.4 小　　结

基于洪泽湖平面二维水沙数学模型研究了洪泽湖在典型年下泥沙场分布情况。典型年汛期洪泽湖湖底地形的变化规律,运用长系列水文资料对洪泽湖冲淤演变情况做了模拟,得到以下结论:

(1) 2007 年为丰水平沙年而 2015 年为平水平沙年,虽然这两年输沙量相差不大,但由于来水量不同含沙量分布有较大区别。2007 年入湖泥沙几乎分布在洪泽湖的南部湖区和东部湖区,且在入湖口段(老子山段)含沙量很高;2015 年时洪泽湖泥沙主要分布在入湖口段(老子山段)、溧河洼支流入口处、二河闸出口处,且输移迟缓。

(2) 入湖口段(老子山段)处、出湖口处的洪泽湖湖底地形变化显著,且水沙量较大的年份对地形的改变量也较大。

(3) 通过长系列泥沙冲淤模拟发现,2007 年(丰水平沙)结束时湖底地形发生了较为显著的变化,而后几年的地形改变量很小。之后对各年份实行分开单独模拟,计算结果同样证实了 2007 年水量沙量较多的年份对洪泽湖湖底地形影响较大。

第 14 章

浮山至洪泽湖出口疏浚对泄流能力的影响分析

针对淮河入洪泽湖河段泥沙淤积和洪泽湖围垦而导致的浮山以下河段行洪不畅的问题，基于平面二维水动力模型，开展入湖河段疏浚和洪泽湖退圩还湖疏浚对河道泄流能力影响的模拟研究。首先模拟计算浮山—老子山河段现状泄流能力；然后模拟计算浮山—老子山河段和洪泽湖疏浚后的河道泄流能力，疏浚范围主要包括浮山以下河段和湖区退圩还湖部位；最后分析这两种疏浚方案及其不同工况组合实施后对降低河道和湖区水位的效果，以及退圩还湖疏浚实施后湖区流速水深变化情况[23]。

14.1 浮山至老子山河段现状泄流能力模拟计算

14.1.1 河道现状

浮山至老子山河段长约 48km，紧靠洪泽湖，为淮河入洪泽湖河段。断面地形资料表明，该河段洲滩棋布，主槽宽浅，河床倒比降十分突出，地形高程的倒比降、平均值、均方差和变差系数见表 14.1。变差系数越大，地形起伏越剧烈。

表 14.1　　　　浮山至老子山河段床面地形高程的倒比降、
平均值、均方差和变差系数

区　段	分汊	倒比降	平均值	均方差	变差系数
大码头—洪山头	左汊	-1.89×10^{-4}	6.714	1.333	0.199
	右汊	-9.08×10^{-4}	5.552	2.155	0.388
洪山头—高营	左汊	-1.89×10^{-4}	6.714	1.333	0.199
	右汊	1.98×10^{-5}	7.056	1.255	0.178
高营—龟山	左汊	-8.57×10^{-5}	7.622	1.951	0.256
	右汊	6.78×10^{-6}	6.161	2.851	0.463

续表

区　　段	分汊	倒比降	平均值	均方差	变差系数
龟山—老子山	左汊	2.85×10^{-4}	8.376	1.311	0.157
	右汊	2.71×10^{-4}	4.700	2.226	0.474
大码头—老子山	左汊	-5.07×10^{-5}	7.370	1.779	0.241
	右汊	-8.79×10^{-5}	5.910	2.466	0.417

　　该河段沿程分为单汊、双汊、三汊、四汊不等，但主要有左右两个较宽的分汊河道，中间较小的分汊沿程汇入这两个汊道或者由这两个分汊分出，故表 14.1 中没有列出，只列出了左右两个较宽的分汊。淮河入洪泽湖河段各汊道深泓线如图 14.1 所示。左汊主要河道为溜子河和龙河，全年过流量约占全部来流量的 4 成；右汊为淮河主河道，全年过流量约占全部来流量的 6 成，但含沙量左汊高于右汊。各个汊道的深泓线高程最低处约 -8.40m，高处可达 12.21m。从大码头到洪山头为双汊河道，左汊河床略高于右汊，右汊倒比降和起伏剧烈程度均比左汊高；洪山头—高营为三汊河道，两个汊道河床高度差异不大，但是右汊的后半段与其他河段略有不同，倒比降问题较小而且地形平缓；高营至龟山主要为四汊河道，左汊河床高于右汊，左汊虽然略有倒比降，但起伏并不大，与之相比，右汊的盱眙—龟山段起伏极大；龟山—老子山为三汊河段，两段的倒比降相近，但左汊河床比右汊高出许多，右汊的起伏程度较高且与右汊的盱眙—龟山段相近。整体上来看，淮河主汊的倒比降问题更为严重，起伏剧烈，从盱眙开始尤为严重。

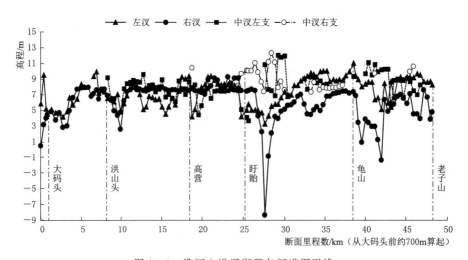

图 14.1　淮河入洪泽湖段各汊道深泓线

14.1.2　河道现状泄流能力

14.1.2.1　河道断面设置

浮山—老子山河段共设置 8 个断面，如图 14.2 所示。入口处 HG1068 断面和弯道处冯铁营引河口（以下简称引河口）附近 A008 断面都是单汊河道，而在大码头 HG1206 断面附近开始分为两汊，随后在洪山头后分为三汊，其中最右汊为主汊。高营 HG1250 为明显的三汊河道断面，之后在盱眙附近分为四汊，HG1267 为四汊河道。盱眙断面过后中左汊主要流入左汊，剩余部分和中右汊一起并流入右汊，变为双汊河道，如 A252 断面。A252 断面后主要分为两汊，但是大部分洲滩高程较低，大水年可以淹没，所以按单汊河道处理。河道分汊断面 HG1206、HG1224、HG1250、HG1267、A252、HG1300 形状如图 14.3 所示。

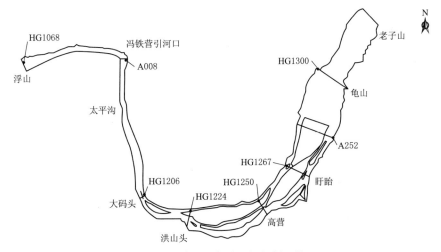

图 14.2　浮山—老子山河段断面设置

14.1.2.2　现状泄流能力

现状泄流能力模拟计算时不考虑风场作用。上游给出小柳巷流量值，支流池河以源项给定女山湖闸实测流量过程，下游给出老子山水位值。在小柳巷实测洪水流量过程中，选取与老子山水位 13.00～14.50m 对应的流量 3000～8000m³/s（1000m³/s 的级差）作为模型计算上下游边界条件（表 14.2）。

表 14.2　　　　　　　　　　　现状泄流能力上下游边界条件

日　　期	小柳巷流量/(m³/s)	浮山水位/m	盱眙水位/m	老子山水位/m
2007－08－27	2970	15.09	13.83	13.31
2003－08－12	4070	16.13	14.44	13.58

续表

日　期	小柳巷流量/(m³/s)	浮山水位/m	盱眙水位/m	老子山水位/m
2007 - 08 - 05	5120	16.58	14.66	13.70
2003 - 07 - 31	5940	17.37	15.12	14.02
2007 - 07 - 16	7010	17.52	15.34	14.23
2003 - 07 - 12	7910	18.27	15.84	14.50

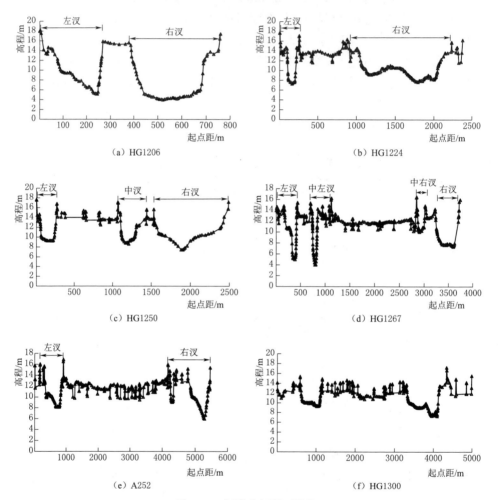

(a) HG1206　　　　　　　　　　　(b) HG1224

(c) HG1250　　　　　　　　　　　(d) HG1267

(e) A252　　　　　　　　　　　(f) HG1300

图 14.3　河道分汊断面形状

　　表 14.3 为上游来水流量 3000~8000m³/s 时沿程各断面过流能力计算值。分汊河道虽然洪水水面宽阔[115]，但是由于主槽宽浅再受到洪泽湖水位的顶托和入湖河段倒比降的限制，由表 14.3 可看出，在中小洪水时过流能力并未因

河道分汊而有所增加，只有当流量级达到 $8000\mathrm{m^3/s}$ 后，分汊河道的泄流潜力才得到了进一步利用。如分汊前断面 HG1068 的过流能力为 $7887\mathrm{m^3/s}$，分汊后断面 HG1300 的过流能力为 $9710\mathrm{m^3/s}$，增加了约 $1800\mathrm{m^3/s}$，比分汊前的断面泄流量增大约 23%。

表 14.3   沿程各断面过流能力计算值

断　面	流　量/($\mathrm{m^3/s}$)					
	3000	4000	5000	6000	7000	8000
HG1068	2962	4059	5105	5923	6990	7887
A008	2969	4068	5118	5932	7002	7903
HG1206	2977	4079	5133	5942	7016	7925
HG1224	2980	4083	5139	5946	7022	7935
HG1250	2986	4100	5304	6009	7207	9678
HG1267	2988	4105	5312	6016	7214	9691
A252	2988	3824	5317	6020	7217	9696
HG1300	2982	4101	5341	6039	7223	9710

14.1.2.3　分汊河道过水断面分流比、流速和过流面积比

选取了 5 个典型分汊河道断面，计算其过水断面分流比、流速和过流面积比。其中 HG1206 和 HG1224 为刚开始分汊的双汊断面，但是分汊断面的主槽面积比（支汊断面主槽面积占全部断面主槽面积比）不太相同。HG1206 左右汊断面面积相差不大，右汊主槽面积比约为 0.60，左右汊河床底部高程均分布在 4～5m，滩地高程在 15～16m。HG1224 左右汊断面面积相差较大，左汊主槽面积比为 0.15，左右汊河床底部高程均分布在 7～8m。HG1250 为三汊断面，主槽面积比为 0.17、0.20、0.63，底部高程按左中右三汊顺序依次降低，右汊与中、左汊高程相比要低 1m 左右，分布在 6～7m。HG1267 为典型的四汊河道断面，右汊主槽面积比约为 0.50，其中左汊和中左汊河道为窄深式断面，底部高程较低，分布在 3～5m。原来的四汊河道沿程逐渐合并为三汊并最终合为双汊，即 A252 断面，该断面右汊主槽面积比为 0.60～0.65。

表 14.4 为 HG1206 断面分流比、流速和过流面积比。由表中可以看出，随着流量级的增大，HG1206 断面左汊的分流比从 0.173 增大到 0.297，而右汊分流比从 0.827 减小到 0.703，左汊的过流面积比也由原来的 0.255 增大到 0.322，右汊的过流面积比也由原来的 0.745 减小到 0.680。左汊的分流比与其过流面积比相比要小一些，而右汊的分流比与其过流面积比相比要大。左右汊断面的平均流速整体趋势是随着流量增大而增大，右汊流速略大于左汊。

表 14.4　　　　　　　　HG1206 断面分流比、流速和过流面积比

流量 /(m³/s)	分　流　比		平均流速/(m/s)		过流面积比	
	左汊	右汊	左汊	右汊	左汊	右汊
3000	0.173	0.827	0.302	0.494	0.255	0.745
4000	0.205	0.795	0.375	0.566	0.280	0.720
5000	0.230	0.770	0.474	0.646	0.290	0.710
6000	0.253	0.747	0.540	0.682	0.300	0.700
7000	0.268	0.732	0.626	0.757	0.307	0.693
8000	0.297	0.703	0.652	0.734	0.322	0.680

表 14.5 为 HG1224 断面分流比、流速和过流面积比。由表中可以看出，随着流量的增大，左汊的分流比从 0 增大到 0.109，而右汊分流比从 1 减小到 0.891，左汊的过流面积比也由原来的 0.085 增大到 0.097，右汊的过流面积比也由原来的 0.915 减小到 0.903，当左右汊河道断面面积相差较大且流量较低时，河道水流几乎全部流入右汊。除去大洪水（流量级为 8000m³/s），左汊的分流比与其过流面积比相比要小一些，而右汊的分流比与其过流面积比相比要大；当大洪水来临时，左汊河道过流能力明显增加。左右汊断面的平均流速随着流量增大而增大，流量为 3000～7000m³/s 时右汊流速明显大于左汊，而当流量为 8000m³/s 时左汊流速略大于右汊。

表 14.5　　　　　　　　HG1224 断面分流比、流速和过流面积比

流量 /(m³/s)	分　流　比		平均流速/(m/s)		过流面积比	
	左汊	右汊	左汊	右汊	左汊	右汊
3000	0	1.000	0	0.436	0.085	0.915
4000	0.001	0.999	0.009	0.526	0.076	0.924
5000	0.025	0.975	0.176	0.613	0.082	0.918
6000	0.050	0.950	0.370	0.642	0.084	0.916
7000	0.063	0.937	0.506	0.719	0.087	0.913
8000	0.109	0.891	0.825	0.728	0.097	0.903

表 14.6 为 HG1250 断面分流比、流速和过流面积比。由表中可知，原来双汊河道的右汊分为当前断面中汊与右汊两股，左汊分流比最大可达 0.089，同时中汊和右汊分流比分别达到 0.189、0.722。中汊在流量大于 5000m³/s 后相对于整个断面的过流能力没有明显变化，说明中等洪水以上该段中汊河道过流趋于稳定。因为中汊与右汊相隔不远，中汊与右汊分流比与其过流面积比相

比要大，但同时由于中汊相比右汊过流宽度较窄，所以中汊流速最大，而右汊和左汊依次次之。

表 14.6　　　　　　　　HG1250 断面分流比、流速和过流面积比

流量/(m³/s)		3000	4000	5000	6000	7000	8000
分流比	左汊	0	0.002	0.025	0.050	0.061	0.089
	中汊	0.155	0.178	0.186	0.186	0.190	0.189
	右汊	0.845	0.820	0.789	0.764	0.749	0.722
平均流速/(m/s)	左汊	0	0.012	0.188	0.367	0.482	0.743
	中汊	0.704	0.761	0.856	0.831	0.918	0.976
	右汊	0.515	0.595	0.695	0.715	0.808	0.910
过流面积比	左汊	0.068	0.079	0.088	0.095	0.101	0.109
	中汊	0.111	0.134	0.146	0.157	0.164	0.175
	右汊	0.822	0.788	0.766	0.748	0.735	0.716

表 14.7 为 HG1267 断面分流比、流速和过流面积比。由表中可知，原来三汊河道的左中两汊经过短暂合并又变为两汊，而原来的右汊分为当前断面中右汊与右汊两股，左汊和中左汊的分流比分别最大可达 0.275 和 0.071，同时中右汊和右汊分流比分别达到 0.061、0.593，左汊在流量大于 5000m³/s 后相对于整个断面的过流能力没有明显变化，中汊的分流比随流量增大而增大，右汊与之相反，说明中等洪水以上该段左汊河道过流趋于稳定。中汊与左汊分流比与其过流面积比相比要小，右汊主河道过流能力较强。但该断面的水流较为复杂，中汊的流速在洪水量较小时普遍较低，而中右汊面临中大型洪水时，流速有明显提升。而该断面左汊平均流速略高于右汊，这可能是因为水流在该断面后主要流入左侧河道导致局部流速增大缘故。

表 14.7　　　　　　　　HG1267 断面分流比、流速和过流面积比

流量/(m³/s)		3000	4000	5000	6000	7000	8000
分流比	左汊	0.195	0.241	0.264	0.266	0.269	0.275
	中左汊	0	0	0.012	0.038	0.049	0.071
	中右汊	0	0.015	0.028	0.038	0.046	0.061
	右汊	0.805	0.744	0.696	0.658	0.636	0.593
平均流速/(m/s)	左汊	0.429	0.613	0.792	0.798	0.902	1.062
	中左汊	0.003	0.002	0.057	0.154	0.208	0.316
	中右汊	0	0.285	0.444	0.521	0.630	0.794
	右汊	0.563	0.619	0.688	0.682	0.746	0.811

续表

流量/(m³/s)		3000	4000	5000	6000	7000	8000
过流面积比	左汊	0.237	0.238	0.206	0.206	0.204	0.201
	中左汊	0.002	0.003	0.128	0.152	0.161	0.174
	中右汊	0.016	0.032	0.039	0.045	0.050	0.059
	右汊	0.745	0.727	0.626	0.597	0.584	0.566

表 14.8 为 A252 断面分流比、流速和过流面积比。由表中可以看出，随着流量级的增大，左汊的分流比从 0.195 增大到 0.343，而右汊分流比从 0.805 减小到 0.657；左右汊的过流面积比却在流量大于 5000m³/s 后变化不大，左汊接近 4 成，右汊接近 6 成，该断面后各汊水流交换减少，且不易受流量大小的影响。左右汊断面的平均流速整体趋势是随着流量增大而增大，右汊流速在中等洪水时比左汊要大一半。

表 14.8　　　　　　　　**A252 断面分流比、流速和过流面积比**

流量 /(m³/s)	分　流　比		平均流速/(m/s)		过流面积比	
	左汊	右汊	左汊	右汊	左汊	右汊
3000	0.195	0.805	0.069	0.266	0.483	0.517
4000	0.259	0.741	0.120	0.289	0.457	0.543
5000	0.276	0.724	0.182	0.323	0.403	0.597
6000	0.304	0.696	0.209	0.311	0.394	0.606
7000	0.318	0.682	0.251	0.340	0.387	0.613
8000	0.343	0.657	0.322	0.402	0.394	0.606

14.1.3　降低洪泽湖水位对河道水面线的影响

从 2003 年、2007 年实测洪水资料中可知，当小柳巷的流量在 3000～8000m³/s 变化时，老子山水位在 13.31～14.50m 波动。浮山—老子山段实测水位和水面比降见表 14.9。

表 14.9　　　　　**浮山—老子山段各流量级下的水位及水面比降实测值**

流量 /(m³/s)	水位/m			水位差/m		水面比降（1/10000）	
	浮山	盱眙	老子山	浮山—盱眙	盱眙—老子山	浮山—盱眙	盱眙—老子山
3000	15.09	13.83	13.31	1.26	0.52	0.219	0.230
4000	16.13	14.44	13.58	1.69	0.86	0.294	0.381
5000	16.58	14.66	13.70	1.92	0.96	0.334	0.426

续表

流量 /(m³/s)	水位/m			水位差/m		水面比降（1/10000）	
	浮山	盱眙	老子山	浮山—盱眙	盱眙—老子山	浮山—盱眙	盱眙—老子山
6000	17.37	15.12	14.02	2.25	1.10	0.391	0.487
7000	17.52	15.34	14.23	2.18	1.11	0.379	0.492
8000	18.27	15.84	14.50	2.43	1.34	0.423	0.594

由表 14.9 可以发现该河段水面比降整体趋势是随着流量增大而增大，入湖的下半段（盱眙—老子山）的水面比降明显大于前段河道，两者之比达 1.05～1.40，可见入湖口段是明显的阻水河段。在实际洪水资料的基础上，依据现有的地形及模型，设计 3000～8000m³/s 不同流量级下老子山水位（以老子山代表洪泽湖的顶托水位）分别降低 0.5m 和 1.0m，恒定流计算浮山以下各站水位的降幅变化，来研究洪泽湖水位对该段河道的作用。计算结果见表 14.10～表 14.12。

表 14.10　　　　　降低洪泽湖水位对河道大流量水面线的影响　　　　单位：m

断　面		浮山	小柳巷	大码头	洪山头	高营	盱眙	龟山	老子山
8000 m³/s	老子山现状水位	18.086	17.957	16.800	16.546	15.948	15.577	14.720	14.500
	老子山降低 0.5m 水位	18.048	17.918	16.730	16.467	15.824	15.396	14.338	14.000
	老子山降低 1.0m 水位	17.980	17.849	16.647	16.378	15.709	15.243	14.029	13.500
	老子山降低 0.5m 降幅	0.038	0.039	0.070	0.079	0.124	0.181	0.382	0.500
	老子山降低 1.0m 降幅	0.106	0.108	0.153	0.168	0.239	0.334	0.691	1.000
7000 m³/s	老子山现状水位	17.625	17.499	16.469	16.227	15.648	15.293	14.463	14.250
	老子山降低 0.5m 水位	17.590	17.462	16.406	16.156	15.533	15.123	14.089	13.750
	老子山降低 1.0m 水位	17.521	17.393	16.324	16.069	15.423	14.975	13.796	13.250
	老子山降低 0.5m 降幅	0.035	0.037	0.063	0.071	0.115	0.170	0.374	0.500
	老子山降低 1.0m 降幅	0.104	0.106	0.145	0.158	0.225	0.318	0.667	1.000

表 14.11　　　　　降低洪泽湖水位对河道中流量水面线的影响　　　　单位：m

断　面		浮山	小柳巷	大码头	洪山头	高营	盱眙	龟山	老子山
6000 m³/s	老子山现状水位	17.308	17.185	16.113	15.884	15.331	14.991	14.203	14.000
	老子山降低 0.5m 水位	17.273	17.149	16.055	15.818	15.225	14.829	13.837	13.500
	老子山降低 1.0m 水位	17.206	17.081	15.974	15.733	15.128	14.698	13.561	13.000
	老子山降低 0.5m 降幅	0.035	0.036	0.058	0.066	0.106	0.162	0.366	0.500
	老子山降低 1.0m 降幅	0.102	0.104	0.139	0.151	0.203	0.293	0.642	1.000

续表

断面		浮山	小柳巷	大码头	洪山头	高营	盱眙	龟山	老子山
5000 m³/s	老子山现状水位	16.769	16.652	15.737	15.522	14.999	14.672	13.940	13.750
	老子山降低 0.5m 水位	16.730	16.612	15.676	15.452	14.889	14.505	13.581	13.250
	老子山降低 1.0m 水位	16.663	16.544	15.597	15.369	14.786	14.367	13.314	12.750
	老子山降低 0.5m 降幅	0.039	0.040	0.061	0.070	0.110	0.167	0.359	0.500
	老子山降低 1.0m 降幅	0.106	0.108	0.140	0.153	0.213	0.305	0.626	1.000

表 14.12　　　　　　降低洪泽湖水位对河道小流量水面线的影响　　　　单位：m

断面		浮山	小柳巷	大码头	洪山头	高营	盱眙	龟山	老子山
4000 m³/s	老子山现状水位	16.068	15.963	15.279	15.084	14.602	14.299	13.672	13.500
	老子山降低 0.5m 水位	16.027	15.921	15.215	15.013	14.490	14.131	13.314	13.000
	老子山降低 1.0m 水位	15.953	15.846	15.128	14.932	14.387	13.987	13.011	12.500
	老子山降低 0.5m 降幅	0.041	0.042	0.064	0.071	0.112	0.168	0.358	0.500
	老子山降低 1.0m 降幅	0.115	0.117	0.151	0.152	0.215	0.312	0.661	1.000
3000 m³/s	老子山现状水位	15.221	15.128	14.727	14.577	14.163	13.864	13.399	13.250
	老子山降低 0.5m 水位	15.172	15.077	14.662	14.504	14.044	13.681	13.006	12.750
	老子山降低 1.0m 水位	15.093	14.999	14.573	14.412	13.937	13.522	12.716	12.250
	老子山降低 0.5m 降幅	0.049	0.051	0.065	0.073	0.119	0.183	0.393	0.500
	老子山降低 1.0m 降幅	0.128	0.129	0.154	0.165	0.226	0.342	0.683	1.000

由表 14.10～表 14.12 计算结果可知，老子山水位降低 0.500m 时，浮山可降低 0.035～0.049m，河道开始分汊的大码头处可降低 0.058～0.070m，入湖后段开始的盱眙处可降低 0.162～0.183m，而入湖断面附近的龟山可降低 0.358～0.393m；老子山水位降低 1.000m 时，浮山可降低 0.102～0.128m，河道开始分汊的大码头处可降低 0.139～0.154m，入湖后段开始的盱眙处可降低 0.293～0.342m，而入湖断面附近的龟山可降低 0.626～0.691m。由此可见，降低洪泽湖水位对降低入湖河段（大码头—老子山）水位效果较为明显，而对浮山—大码头段水位降幅仅为老子山降幅的 7.0%～15.4%，当老子山水位降幅大和流量偏小时浮山处的水位降幅大一些。其次当流量小于 5000m³/s 时，沿程水面降幅随流量的减小而呈略为增大的趋势。而且入湖口段水面线对洪泽湖水位的变化较为敏感。因此想要大幅降低浮山水位及减小淮河中游洪涝问题，提高该段的泄流能力和减小水面比降，不但需要提高洪泽湖出湖泄流能力，同时还要实施浮山以下河道的疏浚工程。

14.2 浮山至老子山河段和洪泽湖疏浚后泄流能力模拟计算

14.2.1 疏浚方案概化及计算工况

14.2.1.1 疏浚方案

疏浚方案主要包括以下两种：

（1）下半段疏浚方案[116]。包括两段，第一段为浮山—引河口河段沿河道中心线疏浚，河床疏浚底宽为 400m，高程为 5m（以浮山断面为例，如图14.4 所示），边坡设计为 1∶4，疏浚河长约 14.5km；第二段为引河口—老子山河段沿河道中心线疏浚，河床疏浚底宽为 500m，高程为 5m，疏浚高程以下的地形保持不变，边坡设计为 1∶4，疏浚河长约 66.5km。由上可知，疏浚河长约 81km，疏浚土方量共约 1.76 亿 m³。

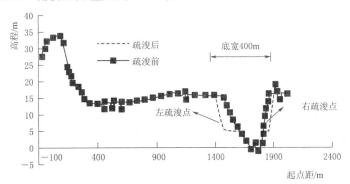

图 14.4 浮山断面疏浚示意图

（2）退圩还湖疏浚方案[42]。全面清退洪泽湖蓄水范围内围垦圈圩，主要清退范围为湖区，如图 14.5 所示。主要包括现状圩堤拆除、鱼田埂清除及湖面清淤 3 项。湖面清淤包含两部分：一是将从 A256 断面开始至丁滩部分的淮河干流滩面疏浚至洪泽湖死水位 11.11m；二是将丁滩及以下滩面疏浚至10.31m，便于和湖底平顺衔接。疏浚面积约 406km²，疏浚方量 6401.36 万 m³。

疏浚方案概化是通过改变局部地形来反映疏浚工程的实施，模型计算网格和糙率及其他参数设置不改变，与上节现状泄流能力模拟一样，这样是为了避免产生其他因素所引起的误差而影响结论。

14.2.1.2 计算工况及边界条件

（1）计算工况。模型计算共考虑以下 3 种工况。

1）工况一：采用下半段疏浚方案，未采用退圩还湖疏浚方案。

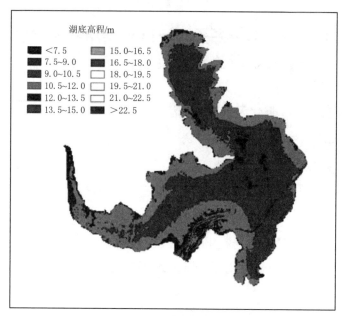

（a）疏浚前

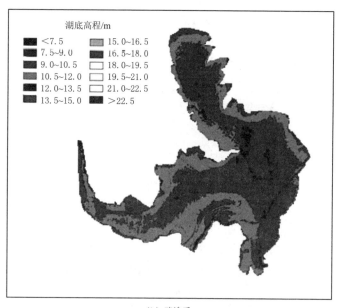

（b）疏浚后

图 14.5　洪泽湖退圩还湖前后湖底高程分布

　　2）工况二：采用退圩还湖疏浚方案，未采用下半段疏浚方案。

　　3）工况三：同时采用下半段疏浚方案和退圩还湖疏浚方案。

将这 3 种工况与上节现状地形下的计算结果比较，分析 2 种疏浚方案及其不同工况组合实施后对降低主要测站洪峰水位的效果，以及分析退圩还湖实施后洪泽湖流态变化情况。

（2）计算边界条件。计算边界条件包括上、下游。上游采用小柳巷还原而成的洪水过程，分析特大洪水、中等洪水、小洪水 3 种不同等级洪峰水位降幅，特大洪水级别的洪水重现期为 100 年一遇，中等洪水重现期为 20 年一遇，小洪水重现期为 5 年一遇。另外采用大水年（2007 年汛期实测水位过程线）计算退圩还湖疏浚对湖区流速水深的影响。下游采用三河闸、高良涧闸、二河闸现状泄流能力的水位与流量关系。

14.2.2 疏浚效果分析

14.2.2.1 疏浚对降低洪水位效果

（1）5 年一遇小洪水水位降幅。利用模型计算了 5 年一遇小洪水条件下疏浚后的河道和湖区水位，提取各主要测站洪峰时刻的水位值，比较疏浚工程实施后主要测站洪峰水位与现状地形下同级别洪峰水位，降幅见表 14.13 和表 14.14。

表 14.13　　　　　　　　　小洪水条件下河道水位降幅

工　况	水　位　降　幅/m				
	浮山	小柳巷	引河口	洪山头	盱眙
下半段疏浚	0.266	0.270	0.260	0.097	0.066
退圩还湖疏浚	0.001	0	0	0	0
下半段＋退圩还湖疏浚	0.666	0.647	0.648	0.308	0.240

表 14.14　　　　　　　　　小洪水条件下湖区水位降幅

工　况	水　位　降　幅/m					
	老子山	临淮头	尚咀	二河闸	高良涧闸	蒋坝
下半段疏浚	0.070	0.023	0.012	0.055	0.017	0.006
退圩还湖疏浚	0.073	0.025	0.013	0.051	0.018	0.005
下半段＋退圩还湖疏浚	0.096	0.048	0.037	0.147	0.042	0.023

由表 14.13 和表 14.14 可知，在小洪水条件下，只实施下半段疏浚对浮山—引河口沿程水位降低效果较为明显，水位降低幅度为 0.260～0.270m，而对湖区（除老子山河湖交汇处）水位降低并不明显，水位降低幅度为 0.006～0.055m；只实施退圩还湖疏浚对浮山—老子山沿程水位影响很小，水位降低幅度仅为 0～0.001m，而对湖区水位降低有一定效果，水位降低幅度为

0.005～0.073m；实施下半段＋退圩还湖疏浚组合对降低河道弯道（引河口）及以上河段的水位效果明显，水位降低幅度为 0.647～0.666m，而对弯道之后水位降幅较小。

（2）20 年一遇中等洪水水位降幅效果。计算 20 年一遇中等洪水条件下疏浚后的河道和湖区水位，提取各主要测站洪峰时刻的水位值，比较疏浚工程实施后主要测站洪峰水位与现状地形下同级别洪峰水位，降幅见表 14.15 和表 14.16。

表 14.15　　　　　　　　　中等洪水条件下河道水位降幅

工　况	水　位　降　幅/m				
	浮山	小柳巷	引河口	洪山头	盱眙
下半段疏浚	0.289	0.291	0.271	0.111	0.075
退圩还湖疏浚	0.001	0.001	0	0	0
下半段＋退圩还湖疏浚	0.724	0.706	0.694	0.359	0.283

表 14.16　　　　　　　　　中等洪水条件下湖区水位降幅

工　况	水　位　降　幅/m					
	老子山	临淮头	尚咀	二河闸	高良洞闸	蒋坝
下半段疏浚	0.096	0.023	0.009	0.062	0.019	0.005
退圩还湖疏浚	0.097	0.024	0.009	0.056	0.015	0.004
下半段＋退圩还湖疏浚	0.143	0.038	0.024	0.163	0.025	0.020

由表 14.15 和表 14.16 可知，在中等洪水条件下，只实施下半段疏浚对浮山—引河口沿程水位降低效果较为明显，水位降低幅度为 0.271～0.291m，而对湖区（除老子山河湖交汇处）水位降低并不明显，水位降低幅度为 0.005～0.062m；只实施退圩还湖疏浚对浮山—老子山沿程水位影响很小，水位降低幅度仅为 0～0.001m，而对湖区水位降低有一定效果，水位降低幅度为 0.004～0.097m；实施下半段＋退圩还湖疏浚组合对降低河道弯道（引河口）及以上河段的水位效果明显，水位降低幅度为 0.694～0.724m，而对弯道之后水位降幅较小。

（3）100 年一遇特大洪水水位降幅效果。计算 100 年一遇特大洪水条件下疏浚后的河道和湖区水位，提取各主要测站洪峰时刻的水位值，比较疏浚工程实施后主要测站洪峰水位与现状地形下同级别洪峰水位，降幅见表 14.17 和表 14.18。

由表 14.17 和表 14.18 可知，在特大洪水条件下，只实施下半段疏浚对浮山—引河口沿程水位降低效果较为明显，水位降低幅度为 0.288～0.342m，而对湖区（除老子山河湖交汇处）水位降低并不明显，水位降低幅度为 0.005～0.129m；只实施退圩还湖疏浚对浮山—老子山沿程水位影响很小，水位降低幅度仅为 0～0.001m，而对湖区水位降低有一定效果，水位降低幅度为 0.005～0.131m；实施下半段疏浚＋退圩还湖疏浚组合对降低河道弯道（引河口）及以上河段的水位效果明显，水位降低幅度为 0.750～0.809m，而对弯道之后水位降幅较小。

表 14.17 特大洪水条件下河道水位降幅

工 况	水 位 降 幅/m				
	浮山	小柳巷	引河口	洪山头	盱眙
下半段疏浚	0.340	0.342	0.288	0.127	0.088
退圩还湖疏浚	0.001	0.001	0.001	0	0
下半段＋退圩还湖疏浚	0.809	0.794	0.750	0.417	0.344

表 14.18 特大洪水条件下湖区水位降幅

工 况	水 位 降 幅/m				
	老子山	临淮头	尚咀	二河闸	高良涧闸	蒋坝
下半段疏浚	0.124	0.037	0.010	0.129	0.021	0.005
退圩还湖疏浚	0.124	0.037	0.010	0.131	0.022	0.005
下半段＋退圩还湖疏浚	0.193	0.056	0.036	0.292	0.043	0.016

（4）综合分析。综合分析疏浚方案实施后，特大洪水、中等洪水、小洪水 3 种不同等级洪水下的水位降幅效果可知，下半段疏浚方案能明显降低浮山—洪山头段的单汊河道的洪峰水位，而对于主要阻水河段（洪山头—盱眙）水位降幅效果相对较差，水位降幅仅为单汊河段的 1/5～1/2。这是由于从该河段河流开始分汊及汊道河床较窄容易造成壅水，而又因为湖区蓄水面积大，所以除河湖交汇的老子山之外的湖区各站水位降幅相对较小；单一的退圩还湖疏浚方案对降低河道洪峰水位几乎不起作用，而对湖区水位的降低效果相对显著，其中老子山和二河闸水位降幅最大，这可能是因为入湖口处的洲滩消失使得入湖水流顺畅且减少地形边界的束水作用，东北（NE）方向水流流动增强最终经二河闸泄流；但下半段疏浚＋退圩还湖疏浚方案实施后的洪峰水位降幅，一般要比这两种疏浚方案分别单独实施后的水位降幅之和还大，对于入湖之前的河道（浮山—盱眙）水位尤为明显，这说明要想降低河道洪峰水位除了湖区疏浚外还要辅以河道疏浚才能充分发挥其作用。

14.2.2.2 退圩还湖疏浚对湖区流速、水深的影响

综上论述可知，单一的退圩还湖疏浚对河道水位降幅效果不明显，但对湖

区水位降幅较好。洪泽湖属于大型浅水湖泊，水域宽广，其湖区流态也十分重要。为讨论退圩还湖疏浚实施后对湖区水动力条件可能带来的影响，主要从疏浚工程实施前后湖区流速水深分布等方面的变化来进行分析。考虑到采用大水年计算可以更好地反映湖泊地形变化对流态的影响且能兼顾各类水情变化，而平水年过程可用常水位状态进行模拟，所以选取湖区代表站蒋坝 2007 年汛期实测的水位过程线作为计算序列，计算常水位、涨水过程、最高水位、退水过程下洪泽湖的流速流场分布以及对应的水深（图 14.6）。

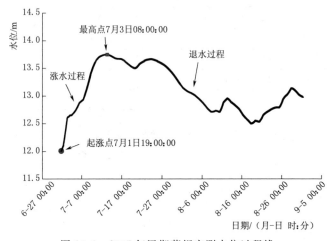

图 14.6　2007 年汛期蒋坝实测水位过程线

（1）常水位流速、水深分布变化。取 2007 年 8 月 18 日 09：00：00 为常水位过程显示点（蒋坝水位 12.50m），绘制退圩还湖疏浚前后洪泽湖流速和水深分布图（图 14.7）。

计算结果表明，常水位退圩还湖疏浚前，全湖区平均流速 0.19m/s，最大值 1.75m/s，出现在三河闸出口附近，入湖口区域流速较大，为 0.35～1.50m/s，但是该处水流紊乱入湖水流明显受阻不畅，溧河洼区入口处受围垦的影响，行洪通道较窄且流速比溧河洼平均速度要大一些，为 0.40～1.00m/s；从水深来看，常水位时洪泽湖平均水深 1.68m，最深处 6.20m 出现在尚咀附近的深坑处，溧河洼及入湖口区域水深较浅，其他湖区尤其是成子湖区水深相对较深。

退圩还湖疏浚后，湖区整体水深加深，平均水深为 2.03m，平均流速有所降低，变为 0.15m/s。但其效果反映在湖区流场结构的改变，主要有两点：一是改善了入湖水流散乱的现状，使得入湖水流行洪通畅；二是减弱了三河闸出口湖区的吞吐流，因为 NEE 方向的水流流动阻碍减少，增强二河区附近的吞吐流。

（2）涨水过程流速、水深分布变化。取 2007 年 7 月 6 日 04：00：00 为涨水位过程显示点（蒋坝水位 12.85m），绘制退圩还湖疏浚前后洪泽湖流速和水深分布图（图 14.8）。计算结果表明，涨水过程退圩还湖前，全湖区平均流速 0.14m/s，最大值 1.02m/s，出现在入湖河道右汊，涨水过程与常水位时的流速和水深分布特征基本一致，都是入湖口和三河闸出口附近流速较高，成子湖和中心湖区域流速相对较小，区别是溧河洼和徐洪河入湖处（成子湖）流速

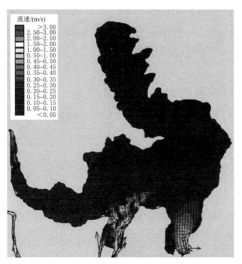

（a）疏浚前流速分布

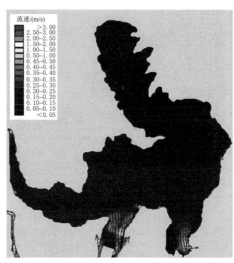

（b）疏浚后流速分布

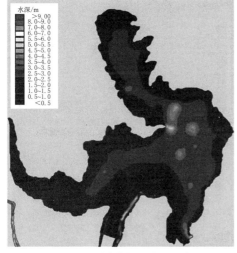

（c）疏浚前水深分布

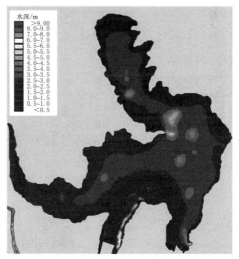

（d）疏浚后水深分布

图 14.7　退圩还湖疏浚前后常水位流速、水深分布图

明显增大，为 0.20~1.50m/s；从水深来看，涨水时洪泽湖平均水深 1.88m，最深处 6.22m。

退圩还湖疏浚后湖区整体水深降低，平均水深 1.66m，平均流速有所提升变为 1.30m/s。湖区流场结构除同常水位流场变化外还有两点：一是改善溧河洼水流散乱的现状，减小溧河洼 4 条河流共计两股水流的遭遇阻水现象，使得溧河洼中部水流衔接更加平滑；二是增大湖中心区整体水流流速，减弱湖中心区滞水作用。

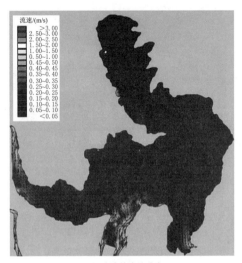
（a）疏浚前流速分布

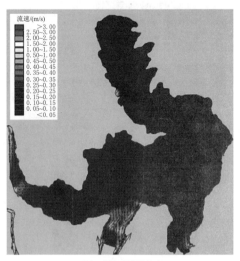
（b）疏浚后流速分布

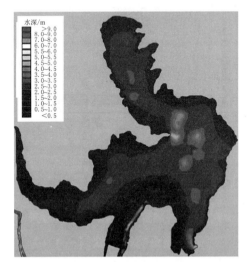
（c）疏浚前水深分布

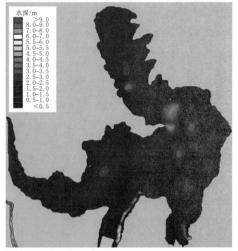
（d）疏浚后水深分布

图 14.8　退圩还湖疏浚前后涨水过程流速、水深分布图

（3）最高水位时流速、水深分布变化。取 2007 年 7 月 13 日 08：00：00
为最高水位显示点（蒋坝水位 13.75m），绘制退圩还湖疏浚前后洪泽湖流速
和水深分布图（图 14.9）。计算结果表明，最高水位退圩还湖前，湖区平均流
速 0.24m/s，最大值 1.85m/s，入湖口、三河闸和二河闸出口附近流速显著增
大，为 0.45~2.00m/s；从水深来看，高水位时洪泽湖平均水深 2.78m，最深
处 7.10m，常水位和涨水过程整个湖区水深为 0.90~1.00m。退圩还湖后湖
区整体水深增加，平均水深 2.83m，平均流速有所提升变为 1.98m/s。高水位

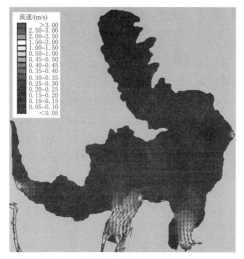

（a）疏浚前流速分布

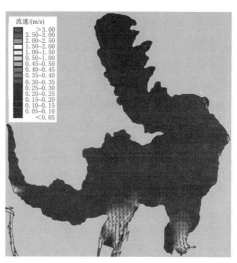

（b）疏浚后流速分布

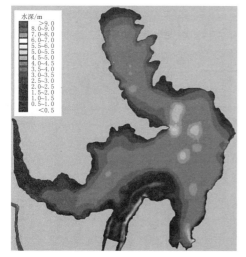

（c）疏浚前水深分布

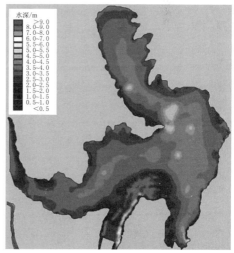

（d）疏浚后水深分布

图 14.9　退圩还湖疏浚前后最高水位时流速、水深分布图

时水多漫过洲滩行洪，入湖区水流散乱现象有所减缓，退圩还湖后对改善该区域流场作用减弱，同时高良涧闸出口附近流速增加。

（4）退水过程流速、水深分布变化。取 2007 年 8 月 1 日 09：00：00 为退水过程显示点（蒋坝水位 13.14m），绘制退圩还湖疏浚前后洪泽湖流速和水深分布图（图 14.10）。计算结果表明，退水过程退圩还湖前，平均流速 0.21m/s，最大值 1.87m/s，退水过程与最高水位时的流速和水深分布特征基本一致，入湖口和三河闸出口附近流速减小，流速为 0.35～1.50m/s；从水深

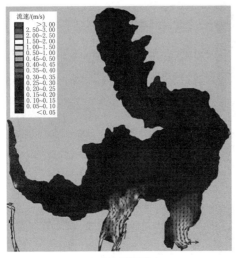

（a）疏浚前流速分布

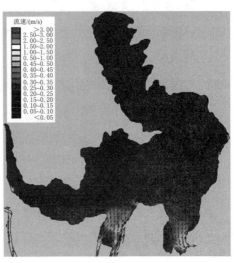

（b）疏浚后流速分布

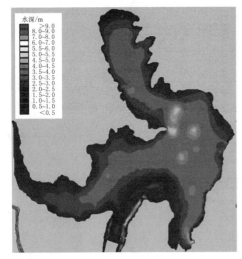

（c）疏浚前水深分布

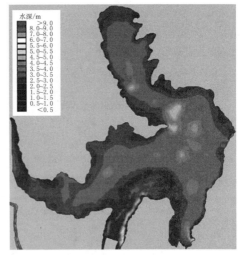

（d）疏浚后水深分布

图 14.10　退圩还湖疏浚前后退水过程流速、水深分布图

来看，高水位时洪泽湖平均水深 2.22m，最深处 6.60m，较最高水位整个湖区水深下降 0.50～0.60m。

退圩还湖疏浚后湖区整体水深增加，平均水深为 2.64m，平均流速有所下降变为 1.76m/s，疏浚工程实施后退水过程整个湖区水体仍可顺畅流动，对改善该区域流场作用减弱，同时高良涧闸出口附近流速增加。

14.3 小　　结

基于平面二维水动力模型，首先模拟计算了浮山—老子山河段现状泄流能力，然后模拟计算了浮山—老子山河段疏浚和洪泽湖退圩还湖疏浚后的泄流能力及退圩还湖疏浚对湖区流速、水深的影响，计算结果表明：

（1）对于盱眙以上的双汊、三汊河道来说，左汊和中汊（三汊河道）为次要的入流河道，分流比会随着流量增大而增大，大洪水时次要河道的水流可达总来水量的 1～3 成，与各汊的过流断面形状有关，右汊的平均流速要比其他分汊河道的流速大。对于四汊河道来说，主汊即右汊的过流量约占全部河道来水量的 6 成以上，而中汊分流比不到 0.15，过流能力较弱，但靠近主汊的中右汊平均流速较大与主汊相近。而盱眙以下主要为双汊河道，其左汊水流接近 4 成，右汊接近 6 成，各汊水流交换减少，且分流比不易受流量大小的影响。除此之外，右汊分流比一般要比过流面积比稍大些，是承担主要泄洪任务的淮河主汊道。

（2）老子山水位降低 0.500m 时，浮山水位可降低 0.035～0.049m，河道开始分汊的大码头处水位可降低 0.058～0.070m，入湖后段开始的盱眙处水位可降低 0.162～0.183m，而入湖段附近的龟山水位可降低 0.358～0.393m；老子山水位降低 1.000m 时，浮山水位可降低 0.102～0.128m，河道开始分汊的大码头处水位可降低 0.140～0.158m，入湖后段开始的盱眙处水位可降低 0.293～0.342m，而入湖断面附近的龟山水位可降低 0.626～0.691m。降低洪泽湖水位对降低入湖河段（大码头—老子山）水位效果较为明显，而对浮山—大码头段河道水位降幅仅为老子山降幅的 7.0%～15.4%，当老子山降幅大和流量偏小时浮山处的降幅大一些。

（3）只实施入湖河段疏浚对降低分汊前河道水位明显，不同等级洪水下水位降幅为 0.260～0.342m，对湖区水位效果不明显；只实施退圩还湖疏浚对降低浮山—老子山河道沿程水位很小，而对湖区效果相对较好，不同等级洪水下水位降幅为 0.004～0.131m；两种疏浚方案一起实施后对降低引河口以上河段的水位效果明显，水位降低幅度为 0.647～0.809m，而对弯道之后水位降幅较小，对湖区水位降幅为 0.016～0.292m；除去河湖交汇的老子山外，两种疏浚方案综合实施比单一方案实施效果要好，说明湖区疏浚要想充分发挥作用需要辅以入湖河段疏浚。

（4）退圩还湖疏浚前后流速水深分布对比显示，疏浚后洪泽湖整体水深加深，增加了湖区的调蓄库容；疏浚工程实施后可以改善入湖口区和溧河洼水流紊乱的现状，同时增大涨水过程中淮河入湖口流速，提高行洪效率，而且还可以增大二河闸和高良涧闸出口附近的流速，便于与未来的入海水道二期工程配合使用，减小洪涝灾害；其次还可以增大湖中心区域整体水流的流速，减弱湖中心区域滞水作用，但是对于成子湖区这种地形狭长且水深较深的区域，简单的退圩还湖疏浚对其流场结构影响不大。

综上可知，退圩还湖疏浚后，洪泽湖不论是涨水过程还是常水位时刻，湖区水流都可以保持流动，其主要出入口水流顺畅，不易形成淤积，有利于湖泊生态环境的改善。

第 15 章

河道治理措施对洪泽湖及淮河干流水位和冲淤演变的影响

利用淮河干流与洪泽湖一体化平面二维水沙数学模型，研究扩大洪泽湖泄量、扩大河道过流能力以及开挖冯铁营引河规划方案实施后，河湖在不同等级洪水作用下沿程水位降低的效果、河湖水沙输移规律及河床湖盆冲淤演变响应；同时基于淮河水沙特性，设计了符合淮河干流河道水沙周期性丰枯变换的30年长系列水沙时间序列，利用该水沙序列计算分析综合治理措施对河湖冲淤演变的长期影响[51]。

15.1　扩大洪泽湖泄量的影响

15.1.1　研究工况设计

在当前防洪工程体系下，洪泽湖出口设计泄洪能力分别为入江水道12000m³/s，苏北灌溉总渠（包括废黄河）1000m³/s，分淮入沂3000m³/s，入海水道2270m³/s。洪泽湖出湖水道现状泄量与水位关系见表15.1。目前洪泽湖的出流规模仍然偏小，特别是在洪泽湖中低水位时泄量不足，导致中小洪水时洪泽湖的水位偏高。因此，扩大洪泽湖的泄流能力，降低洪泽湖的水位有利于确保洪泽湖大堤和下游地区的防洪安全。

在洪泽湖现状泄流水道中，可以通过实施入海水道二期工程，即全线扩挖深槽、扩建各枢纽泄洪建筑物，将入海水道的设计泄流能力由现状的2270m³/s提高到7000m³/s。入江水道现状行洪能力不足，达不到设计流量12000m³/s，通过疏浚河道、加固堤防险工险段，修建三河越闸工程，即从洪泽湖蒋坝镇以北建深水闸，沿蒋坝引河至入江水道小金庄新挖一条泄洪道，河长7km，净宽500m，底高程7.5m，当洪泽湖蒋坝水位14.01m时，即可达到最大设计泄量12000m³/s，水位较之前的15.11m降低了1.10m。而分淮入沂由于牵涉到淮沂洪水遭遇的问题，只能维持现有规模，苏北灌溉总渠仅为辅助行洪水道，扩大的余地较小。

故扩大洪泽湖的泄量仅能从扩大入海水道和入江水道着手，扩大入海、入江水道后的洪泽湖泄量与水位关系见表 15.2。

表 15.1　　　洪泽湖出湖水道现状泄量与水位关系

蒋坝水位 /m	入江水道 /(m³/s)	苏北灌溉总渠 (含废黄河)/(m³/s)	分淮入沂 /(m³/s)	入海水道 /(m³/s)	合计 /(m³/s)
12.31	4800	800	0	0	5600
12.81	5900	800	0	0	6700
13.31	7150	800	0	0	7950
13.31	7150	1000	0	0	8150
13.31	7150	1000	0	1720	9870
13.31	7150	1000	1000	1600	10750
13.81	8600	1000	1650	2000	13250
14.31	10050	1000	2000	2060	15110
14.81	11600	1000	2510	2270	17380
15.11	12000	1000	2870	2270	18140
15.31	12000	1000	3000	2270	18270
15.81	12000	1000	3000	2270	18270
16.31	12000	1000	3000	2270	18270
16.81	12000	1000	3000	2270	18270

表 15.2　　　扩大入海、入江水道后的洪泽湖泄量与水位关系

蒋坝水位/m	入江水道(含三河越闸)/(m³/s)	苏北灌溉总渠(含废黄河)/(m³/s)	分淮入沂/(m³/s)	入海水道/(m³/s)	合计/(m³/s)	扩大泄量/(m³/s)
12.31	6360	800	0	0	7160	1560
12.81	7740	800	0	0	8540	1840
13.31	9350	800	0	0	10150	2200
13.31	9350	1000	600	3800	14750	4000
13.81	11150	1000	1150	4450	17750	4500
14.01	12000	1000	1380	4680	19060	5070
14.31	12000	1000	1730	5040	19770	4660
14.81	12000	1000	2320	5680	21000	3620
15.11	12000	1000	2680	6050	21730	3590
15.31	12000	1000	2920	6260	22180	3910
15.81	12000	1000	3000	7000	23000	4730

蒋坝水位/m	入江水道(含三河越闸)/(m³/s)	苏北灌溉总渠(含废黄河)/(m³/s)	分淮入沂/(m³/s)	入海水道/(m³/s)	合计/(m³/s)	扩大泄量/(m³/s)
16.31	12000	1000	3000	7000	23000	4730
16.81	12000	1000	3000	7000	23000	4730

目前淮河中游正阳关以下的防洪标准已经达到了100年一遇，根据淮河流域近些年发生的较大洪水流量及设计洪水流量标准，以2007年汛期典型洪水过程为基础，设计了3种洪水过程的日平均流量和含沙量时间序列作为洪泽湖入流边界条件，即中小洪水（5~10年一遇）、大洪水（10~20年一遇）、特大洪水（100年一遇）。洪泽湖各入湖支流洪水过程均以2007年汛期实测流量和含沙量时间序列为基础，按照同频率放大法设计不同洪水年的日平均流量和含沙量时间序列，如图15.1所示，部分入湖河流由于日平均含沙量较少，中小

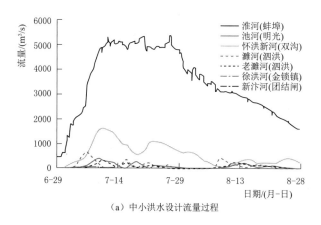

（a）中小洪水设计流量过程

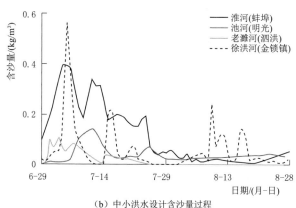

（b）中小洪水设计含沙量过程

图15.1（一） 典型设计洪水下洪泽湖各入湖河流设计流量和含沙量过程

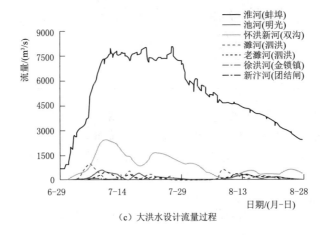

（c）大洪水设计流量过程

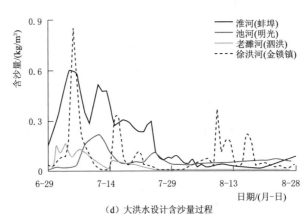

（d）大洪水设计含沙量过程

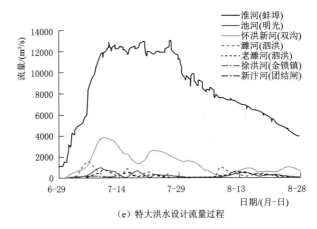

（e）特大洪水设计流量过程

图 15.1（二） 典型设计洪水下洪泽湖各入湖河流设计流量和含沙量过程

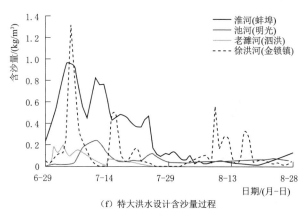

（f）特大洪水设计含沙量过程

图 15.1（三）　典型设计洪水下洪泽湖各入湖河流设计流量和含沙量过程

洪水、大洪水和特大洪水作用下指定为常量，含沙量分别指定为 0.01kg/m³、0.03kg/m³ 和 0.05kg/m³。

针对扩大洪泽湖泄量对淮河中游河道水位的降低效果，以及对河湖水沙输移和河床湖盆冲淤演变的影响，基于洪泽湖入江水道和入海水道的下泄流量组合方案，设计 4 种研究工况，分别为：①现状泄量，即入江水道和入海水道均采用表 15.1 中的现状泄流能力；②仅扩大入海水道泄量，即入海水道采用表 15.2 中的扩大泄流能力，入江水道采用表 15.1 中的现状泄流能力；③仅扩大入江水道泄量，即入海水道采用表 15.1 中的现状泄流能力，入江水道采用表 15.2 中的扩大泄流能力；④同时扩大入海、入江水道泄量，即入海水道和入江水道同时采用表 15.2 中的扩大泄流能力。

数值模拟分析过程中，以搜集到的实测河湖现状地形（国家地球系统科学数据中心，2016 年）作为计算的初始河床湖盆地形。蚌埠闸下游水沙过程作为模型的进口边界条件，洪泽湖各支流水沙过程作为源项流入。模型的出口边界条件为三河闸（入江水道泄量与水位关系），而高良涧闸（苏北灌溉总渠泄量与水位关系）和二河闸（入沂水道和入海水道泄量与水位关系）作为汇项流出。

15.1.2　水位降低效果

提取现状泄量及扩大洪泽湖泄量不同工况的计算结果，绘制不同等级洪水作用下淮河沿程主要测站的水位过程线，如图 15.2 所示；提取各主要测站洪峰时刻的水位值，绘制不同工况下洪峰时刻的沿程水面线，如图 15.3（a）所示；进而将不同工况计算所得的洪峰水位值与对应等级洪水下的现状泄量工况计算结果进行对比，得到不同工况下洪峰沿程水位降低值，如图 15.3（b）所示。扩大洪泽湖泄量后不同工况下洪峰水位降低值见表 15.3。

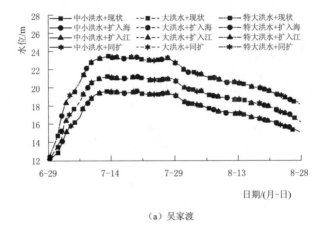

（a）吴家渡

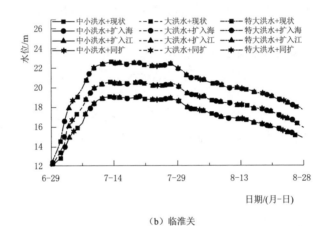

（b）临淮关

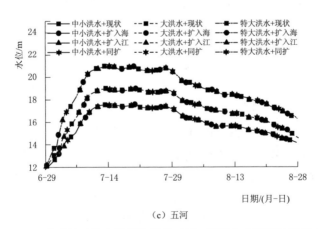

（c）五河

图 15.2（一）　现状泄量及扩大洪泽湖泄量不同工况下各主要测站汛期水位过程线

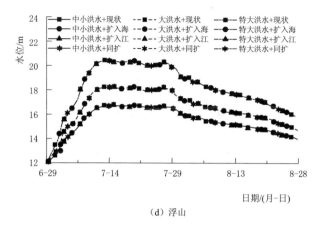

（d）浮山

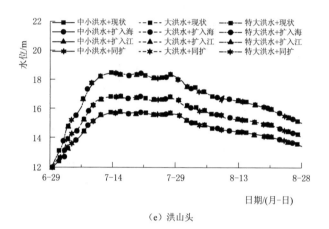

（e）洪山头

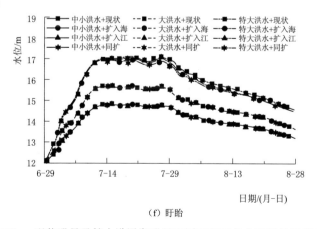

（f）盱眙

图 15.2（二）　现状泄量及扩大洪泽湖泄量不同工况下各主要测站汛期水位过程线

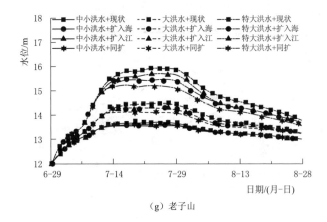

（g）老子山

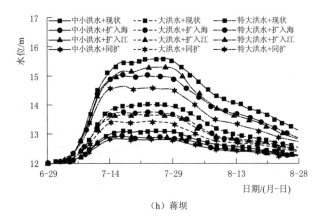

（h）蒋坝

图 15.2（三）　现状泄量及扩大洪泽湖泄量不同工况下各主要测站汛期水位过程线

表 15.3　与现状泄量相比扩大洪泽湖泄量不同工况洪峰水位降低值

工况	设计洪水	水 位 降 低 值 /m							
		吴家渡	临淮关	五河	浮山	洪山头	盱眙	老子山	蒋坝
仅扩大 入海泄量	中小洪水	0.01	0.01	0.01	0.01	0.01	0.03	0.09	0.19
	大洪水	0.01	0.01	0.01	0.02	0.03	0.06	0.19	0.28
	特大洪水	0.02	0.03	0.04	0.06	0.08	0.18	0.44	0.54
仅扩大 入江泄量	中小洪水	0.01	0.01	0.01	0.01	0.01	0.01	0.05	0.17
	大洪水	0.01	0.01	0.01	0.02	0.03	0.06	0.19	0.36
	特大洪水	0.01	0.02	0.03	0.04	0.05	0.10	0.23	0.30
同时扩大 入海、入 江泄量	中小洪水	0.01	0.01	0.01	0.01	0.01	0.02	0.11	0.26
	大洪水	0.01	0.01	0.02	0.03	0.05	0.10	0.34	0.59
	特大洪水	0.04	0.06	0.08	0.10	0.13	0.26	0.68	0.93

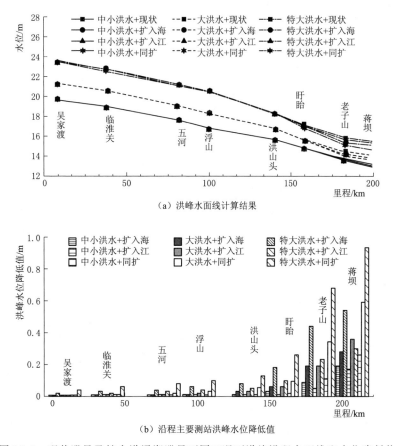

（a）洪峰水面线计算结果

（b）沿程主要测站洪峰水位降低值

图 15.3　现状泄量及扩大洪泽湖泄量不同工况下洪峰沿程水面线和水位降低值

不同工况计算结果如下：

（1）当仅扩大入海水道泄量时，在中小洪水作用下，洪山头以上的水位并没有显著降低，而自洪山头开始的入湖段水位呈现出不明显的降低，降低值为 0.01～0.09m，洪泽湖蒋坝水位降低值最大，降低值为 0.19m。在大洪水作用下，洪山头以上的水位依然没有显著降低，洪山头以下的入湖段水位有较为明显的降低，降低值为 0.03～0.19m，洪泽湖蒋坝水位降低值最大，降低值为 0.28m。在特大洪水作用下，洪山头以上水位降低不明显，降低值为 0.02～0.08m，入湖段的水位降低显著，降低值为 0.08～0.44m，洪泽湖蒋坝水位降低值最大，降低值为 0.54m。可见，仅扩大入海水道泄量对淮河干流洪山头以上水位降低效果并不显著，但在大洪水和特大洪水作用下，可以有效降低入湖段和洪泽湖的水位。

（2）当仅扩大入江水道泄量时，在中小洪水作用下，洪泽湖以上淮河干流的水位并未显著降低，而蒋坝水位降低值最大，降低值为 0.17m；在大洪水作用下，洪山头以上淮河干流的水位仍未显著降低，入湖段水位降低值为 0.03~0.19m，已呈现较为显著的降低效果，而蒋坝水位降低值最大，降低值为 0.36m；在特大洪水作用下，洪山头以上淮河干流的水位降低不显著，降低值为 0.01~0.05m，而入湖段及洪泽湖的水位降低效果显著，降低值为 0.05~0.23m，蒋坝水位降低值依然最大，降低值为 0.3m，相比大洪水而言，降低幅度有所减少。可见，仅扩大入江水道泄量对淮河干流洪山头以上水位降低效果仍不显著，但在大洪水和特大洪水作用下，可以有效降低入湖段和洪泽湖的水位。

（3）当同时扩大入海、入江水道泄量时，在中小洪水作用下，洪山头以上淮河干流的水位仍未有显著降低，入湖段水位呈现出不明显的降低，降低值为 0.01~0.11m，蒋坝的水位降低值最大，降低值为 0.26m；在大洪水作用下，洪山头以上淮河干流的水位未有显著降低，入湖段水位有较为显著降低，降低值为 0.05~0.34m，蒋坝水位降低值最大，降低值为 0.59m；在特大洪水作用下，洪山头以上淮河干流的水位有较为显著降低，降低值为 0.04~0.13m，入湖段的水位有显著降低，降低值为 0.13~0.68m，蒋坝水位降低值依然最大，降低值为 0.93m。可见，在大洪水和特大洪水作用下，同时扩大入海、入江水道泄量，淮河干流河道以及洪泽湖的水位降低效果明显。

综上所述，同时扩大入海、入江泄量的方案为研究工况中的最优方案，但此方案在中小洪水作用下，淮河干流洪山头以上的水位降低仍然较小，但在大洪水和特大洪水作用下，可以有效降低洪山头以上水位，但越往上游水位降低的效果越不明显。入湖段及洪泽湖水位降低的效果显著，且越往下游，水位降低的效果越显著，在特大洪水作用下，洪泽湖蒋坝水位最高可以降低 0.93m。同时，在不同等级洪水作用下，仅扩大入海泄量方案降低洪峰水位的效果要优于仅扩大入江泄量方案，其原因在于，入海水道的扩大是基于增加泄量的方案，即将入海水道泄量由 2270m³/s 提升到 7000m³/s，而入江水道的扩大，采用的是当洪泽湖水位达到 14.01m 时可达到出湖设计泄量 12000m³/s，但其最大泄量并未增加。

为了进一步探究上述模拟结果的可靠性，还建立了淮河中游一维、洪泽湖二维耦合水动力数学模型。基于该数学模型，分析了扩大入海水道以及入江水道泄量对洪泽湖及淮河干流水位的影响[117-118]，计算结果见表 15.4。从表中可以看出，与现状泄量相比，扩大入海水道泄流能力能够使洪泽湖水位有明显的降低，其中蒋坝水位降低幅度最大，50 年一遇洪水蒋坝水位降低 0.34m，但对淮河入湖河段水位的降幅相对影响比较小，吴家渡水位降幅不明显。扩大入江水道泄量到设计流量 12000m³/s，能明显降低洪泽湖水位，其中蒋坝水位降幅最大，1991 年型洪水［图 15.4（a）］时下降 0.70m，2003 年型洪水［图 15.4（b）］时下降 0.62m，同时使淮河沿程水位均有不同程度的降低，从上游至下游沿程水位降幅呈逐渐增加的趋势。

表 15.4　　　　　　　与现状泄量相比扩大洪泽湖泄量水位降低值
（一维、二维耦合模型计算结果）

工　况	设计洪水	水 位 降 低 值 /m				
		吴家渡	五河	浮山	盱眙	蒋坝
仅扩大 入海泄量	10 年一遇洪水	0	0.01	0.01	0.03	0.18
	20 年一遇洪水	0	0.01	0.02	0.08	0.23
	50 年一遇洪水	0.01	0.03	0.04	0.12	0.34
仅扩大 入江泄量	1991 年型洪水	0.01	0.02	0.20	0.20	0.70
	2003 年型洪水	0	0.01	0.03	0.13	0.62

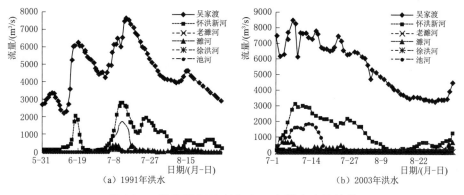

（a）1991 年洪水　　　　　　　　　（b）2003 年洪水

图 15.4　洪泽湖 1991 年和 2003 年洪水入流过程

15.1.3　河湖冲淤能力

为研究不同工况下，淮河干流及洪泽湖不同区域的冲淤情况，将淮河干流分为 4 段，即蚌埠—临淮关、临淮关—五河、五河—浮山以及浮山—洪山头；将洪泽湖分为 6 块区域，即入湖段、溧河洼区、湖中区、成子湖区、入海湖区以及入江湖区，如图 15.5 所示。同时，为研究淮河干流滩槽冲淤变化，将主槽和滩地的数据单独提取进行分析。

15.1.3.1　不同区域冲淤量分析

将研究时段内，现状泄量及扩大洪泽湖泄量不同计算工况河湖各区域冲淤量的计算结果进行整理汇总，得到如图 15.6（a）所示的淮河干流及洪泽湖不同区域冲淤量变化图；同时为研究淮河干流不同河段的冲淤能力，以不同工况下单位公里内的冲淤量作为研究对象，绘制了如图 15.6（b）所示的淮河干流单位冲淤量对比图。扩大洪泽湖泄量不同工况下的河段单位冲淤量见表 15.5。

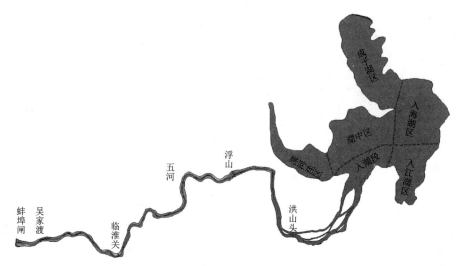

图 15.5　河湖计算区域划分示意

表 15.5　　　　　　　　现状泄量及扩大洪泽湖泄量不同工况下

各河段的单位冲淤量　　　　　　　单位：万 t/km

工况	设计洪水	吴家渡—临淮关		临淮关—五河		五河—浮山		浮山—洪山头	
		滩地	主槽	滩地	主槽	滩地	主槽	滩地	主槽
现状泄量	中小洪水	−0.07	−3.53	0.27	−4.21	0.90	−2.11	0.27	−3.99
	大洪水	−0.31	−6.21	−0.40	−6.63	−0.08	−3.55	0.28	−6.97
	特大洪水	−1.71	−10.04	−2.79	−9.97	−2.74	−5.42	−0.96	−11.74
仅扩大入海泄量	中小洪水	−0.07	−3.53	0.26	−4.23	0.90	−2.11	0.27	−3.99
	大洪水	−0.32	−6.22	−0.40	−6.64	−0.07	−3.66	0.27	−7.02
	特大洪水	−1.72	−10.11	−2.86	−10.04	−2.76	−5.51	−1.03	−11.93
仅扩大入江泄量	中小洪水	−0.07	−3.53	0.26	−4.23	0.90	−2.10	0.27	−3.99
	大洪水	−0.33	−6.22	−0.42	−6.66	−0.08	−3.62	0.27	−7.01
	特大洪水	−1.72	−10.08	−2.85	−10.01	−2.76	−5.48	−1.00	−11.87
同时扩大入海、入江泄量	中小洪水	−0.07	−3.53	0.26	−4.24	0.91	−2.13	0.27	−4.00
	大洪水	−0.32	−6.23	−0.41	−6.65	−0.08	−3.59	0.26	−7.04
	特大洪水	−1.74	−10.16	−2.88	−10.15	−2.77	−5.56	−1.03	−12.05

注　表中正值为淤积量，负值为冲刷量。

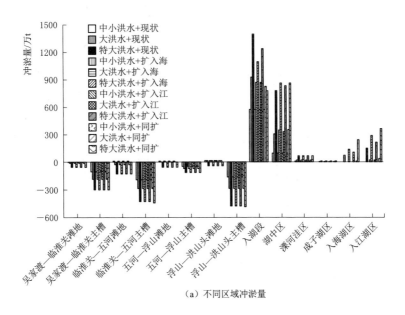

（a）不同区域冲淤量

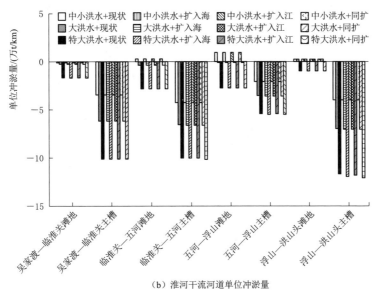

（b）淮河干流河道单位冲淤量

图15.6 现状泄量及扩大洪泽湖泄量河湖不同区域冲淤量变化

由计算结果可知：

（1）在洪泽湖现状泄量工况下，随着洪水等级的提升，淮河干流主槽和滩地冲刷能力逐渐增强，淤积能力逐渐减弱，且出现滩地由淤积转为冲刷的变化状态。

1）在中小洪水作用下，主槽各段均呈冲刷状态，吴家渡—五河主槽的冲刷能力逐渐增大，五河—浮山主槽的冲刷能力有所降低，但浮山—洪山头主槽的冲刷能力又有所增强，其中临淮关—五河单位冲刷量最大，为 4.21 万 t/km；五河—浮山单位冲刷量最小，为 2.11 万 t/km。滩地除吴家渡—临淮关为冲刷状态外，其余各河段均为淤积状态，且五河—浮山的单位淤积量最大，为 0.90 万 t/km。

2）在大洪水作用下，主槽各段均呈冲刷状态，河段冲刷能力的变化规律与中小洪水下的变化规律相同，其中浮山—洪山头单位冲刷量最大，为 6.97 万 t/km；五河—浮山单位冲刷量最小，为 3.55 万 t/km。滩地除浮山—洪山头呈淤积状态外，其他河段的滩地均呈冲刷状态，其中临淮关—五河单位冲刷量最大，为 0.40 万 t/km。

3）在特大洪水作用下，淮河干流主槽和滩地均呈冲刷状态，吴家渡—浮山主槽的冲刷能力呈逐渐降低的变化规律，而浮山—洪泽湖主槽的冲刷能力有所加强，其中浮山—洪山头主槽单位冲刷量最大，为 11.74 万 t/km，五河—浮山主槽单位冲刷量最小，为 5.42 万 t/km。滩地各个河段均呈冲刷状态，且吴家渡—五河滩地的冲刷能力逐渐增强，而五河—洪山头滩地的冲刷能力又有所降低，其中临淮关—五河的单位冲刷量最大，为 2.79 万 t/km。

洪泽湖各区域在不同等级洪水作用下均呈淤积状态，且随洪水等级的增大，各区域淤积总量逐渐增大。入湖段淤积总量最大，其次是湖中区，两个区域的淤积总量在中小洪水和大洪水作用下，可以达洪泽湖淤积总量的 90% 以上。在特大洪水作用下，入海湖区和入江湖区的淤积量有明显增加，两湖区的淤积总量可以达到洪泽湖淤积总量的 10% 以上。

（2）在仅扩大入海水道泄量工况下，在中小洪水作用下，淮河干流主槽及滩地的单位冲淤量数值与现状泄量工况计算结果相近，不同河段的冲刷能力变化规律与现状泄量工况所分析结果相一致。

1）在大洪水作用下，淮河干流主槽的单位冲淤量比现状泄量工况计算结果有所增大，但增幅较小，且浮山—洪山头段的增幅在所有河段中为最大。滩地的单位冲淤量数值与现状泄量工况计算结果接近，不同河段有增有减。不同河段的冲刷能力变化规律与现状泄量工况分析结果相一致。

2）在特大洪水作用下，淮河干流主槽和滩地的单位冲刷量较现状泄量工况计算结果均有所增大，且浮山—洪泽湖段的增幅最大。不同河段的冲刷能力变化规律与现状泄量工况所分析结果相一致。

洪泽湖各区域在不同等级洪水作用下均呈淤积状态，且随洪水等级的增大，各区域淤积总量逐渐增大。在不同洪水等级下，入湖段淤积总量较现状泄量工况有所减小，而湖中区淤积总量较现状泄量工况有所增加，入海及入江湖区的淤积总量在特大洪水作用下也有显著增加。其他变化规律与现状泄量工况所分析的结果相一致。

（3）在仅扩大入江水道泄量工况下，在不同等级洪水作用下，淮河干流主槽和滩地的单位冲刷量计算结果与扩大入海水道泄量工况下的计算结果相接近，但每项数值略小或一致，所呈现出的主槽和滩地冲刷能力变化规律也与之相一致。但仅扩大入江水道泄量计算结果较仅扩大入海水道泄量而言，滩槽的冲刷能力较弱。

洪泽湖各区域在不同等级洪水作用下均呈淤积状态，且随洪水等级的增大，各区域淤积总量逐渐增大。在不同等级洪水下，所呈现的变化规律与仅扩大入海水道泄量工况的分析结果相一致。但仅扩大入江水道泄量工况相对仅扩大入海水道泄量工况计算结果而言，入湖段的淤积量略有增大，湖中区、入海湖区及入江湖区的淤积量略有减小。

（4）在同时扩大入海、入江水道泄量工况下，在中小洪水作用下，淮河干流主槽和滩地的单位冲刷量计算结果与现状泄量工况计算结果相接近，没有明显增幅。在大洪水作用下，计算结果相对现状泄量工况计算结果有小幅度增加。在特大洪水作用下，计算结果相对现状泄量工况计算结果有明显的增幅，且越接近下游河段，增幅越大。在浮山以上河段，不同等级洪水下，河道单位冲刷量与仅扩大入海水道泄量和仅扩大入江水道泄量的计算结果相一致，而浮山以下河段的河道单位冲刷量有显著增加，河道冲刷能力增强。整体而言，不同河段的冲刷能力变化规律与现状泄量工况所分析结果相一致。

洪泽湖各区域在不同等级洪水作用下均呈淤积状态，在不同等级洪水作用下，所呈现的淤积变化规律与现状泄量工况分析结果相一致。湖中区的淤积量比仅扩大入海水道泄量和仅扩大入江水道泄量的计算结果有所减少，而湖中区、入海湖区及入江湖区有所增多。

综上所述，在不同等级洪水作用下，淮河干流河道整体呈冲刷状态，洪泽湖整体呈淤积状态。在中小洪水和大洪水作用下，扩大洪泽湖泄量不会改变淮河干流主槽和滩地的冲淤量，但对洪泽湖不同区域的淤积总量有一定影响。在特大洪水作用下，扩大洪泽湖泄量可以有效减少洪泽湖入湖段的泥沙淤积，但进而造成了入海湖区和入江湖区泥沙的淤积量增大。

15.1.3.2 断面冲淤厚度分析

从模型计算结果中提取现状泄量及扩大洪泽湖泄量不同工况淮河干流典型测站计算初始时刻和末时刻的横断面数据，并计算各工况末时刻与初始时刻断面起点距对应底高程的差值，得到各工况断面的冲淤厚度，如图 15.7 所示。

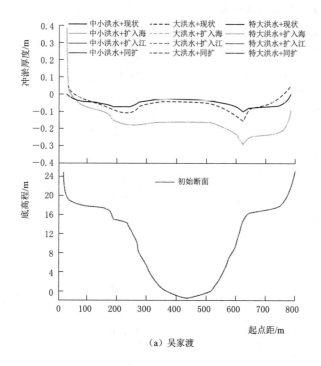

（a）吴家渡

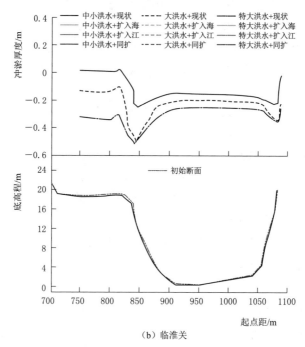

（b）临淮关

图 15.7（一）　现状泄量及扩大洪泽湖泄量不同工况下河道断面形状及冲淤厚度

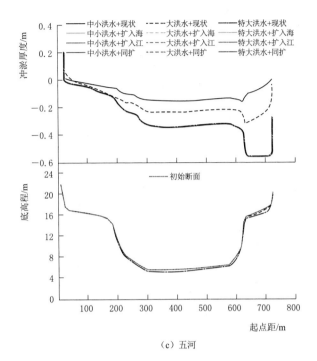

（c）五河

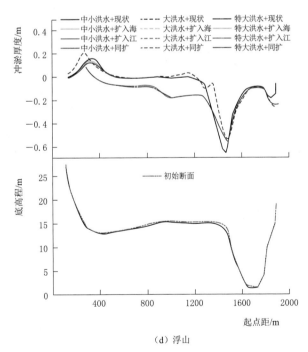

（d）浮山

图 15.7（二）　现状泄量及扩大洪泽湖泄量不同工况下河道断面形状及冲淤厚度

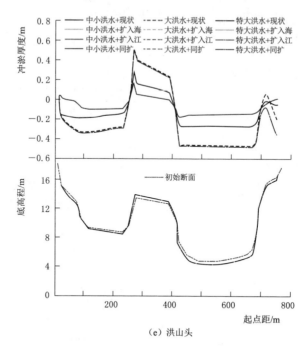

（e）洪山头

图 15.7（三）　现状泄量及扩大洪泽湖泄量不同工况下河道断面形状及冲淤厚度

由计算结果可知：

（1）吴家渡断面，如图 15.7（a）所示，河道主槽在不同等级洪水下呈冲刷状态，河道右岸边坡与滩地交界处冲刷最为严重，在中小洪水、大洪水、特大洪水作用下，最大下切值分别为 0.11m、0.17m 和 0.29m。左岸滩地堤脚处在大洪水和特大洪水作用下淤积明显。

（2）临淮关断面，如图 15.7（b）所示，河道主槽和滩地均呈冲刷状态，左侧滩地在大洪水和特大洪水作用下有明显的冲刷，且左岸边坡与滩地的交界处冲刷最为严重，在中小洪水、大洪水、特大洪水作用下，最大下切值分别为 0.23m、0.53m 和 0.53m。

（3）五河断面，如图 15.7（c）所示，河道主槽呈冲刷状态，右侧边坡与滩地交界处冲刷量最大，在中小洪水、大洪水、特大洪水作用下，最大下切值分别为 0.16m、0.24m 和 0.56m。左岸堤脚在大洪水和特大洪水作用下呈淤积状态。

（4）浮山断面，如图 15.7（d）所示，河道主槽呈冲刷状态，左侧边坡与滩地交界处冲刷量最大，在中小洪水、大洪水、特大洪水作用下，最大下切值分别为 0.65m、0.57m 和 0.56m。中小洪水和大洪水作用下左侧滩地整体呈冲淤平衡状态，左侧底脚处淤积值为 0.16m 和 0.22m。特大洪水作用下左侧滩地呈冲刷状态，左侧底脚处呈淤积状态，淤积值为 0.11m。

（5）洪山头断面，如图 15.7（e）所示，两分叉主槽呈现冲刷状态，不同等级洪水下最大下切值分别为 0.19m、0.30m 和 0.49m。中间洲滩呈淤积状态，在中小洪水、大洪水、特大洪水作用下，最大淤积值分别为 0.15m、0.29m 和 0.50m。

综上所述，扩大洪泽湖泄量各种工况下河道的冲淤值变化较小，冲淤值与洪水等级联系紧密，且呈现随洪水等级的提升，冲淤值呈明显增大的趋势。河道断面主槽以冲刷为主，最大冲刷处多出现在边坡与滩地交界处；滩地整体呈微冲状态，部分工况下堤脚处呈较为明显的淤积状态。

15.1.4 河湖冲淤形态

为研究扩大洪泽湖泄量不同工况河道及湖盆的冲淤变化规律，选取研究时段内各计算工况最后时刻的冲淤形态云图，如图 15.8～图 15.10 所示，并在图中对现状泄量冲淤形态云图进行对比分析。

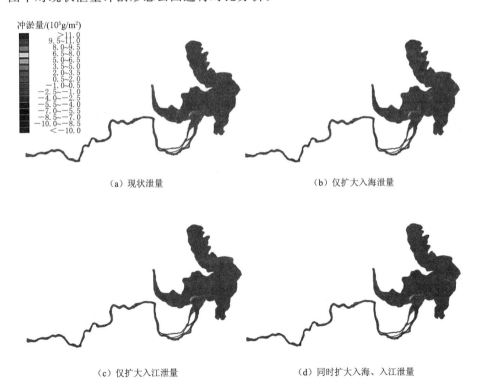

（a）现状泄量   （b）仅扩大入海泄量

（c）仅扩大入江泄量   （d）同时扩大入海、入江泄量

图 15.8　现状泄量及扩大洪泽湖泄量不同工况中小洪水作用下河湖冲淤形态云图

（图中：正值为淤积，负值为冲刷）

由计算结果可知：

（1）在中小洪水的作用下，如图 15.8 所示，扩大洪泽湖泄量各种工况下，淮河干流主槽呈冲刷状态，冲刷较明显的河段是临淮关附近河段、临淮关—五河中部弯曲河段、五河附近河段以及浮山附近河段。而滩地整体呈微冲或不冲不淤状态。洪山头以下的入湖段，由于河道开始分叉，流速放缓，河道冲刷能力明显减弱，河道部分区域呈现明显淤积。入湖口淤积体明显，呈不规则扇形分布，在扩大洪泽湖泄量后，相对现状泄量计算结果而言，扇形淤积体有向入江湖区扩展的趋势，但不显著。

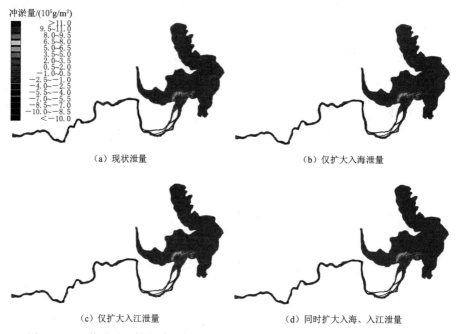

图 15.9　现状泄量及扩大洪泽湖泄量不同工况大洪水作用下河湖冲淤形态云图
（图中：正值为淤积，负值为冲刷）

（2）在大洪水的作用下，如图 15.9 所示，扩大洪泽湖泄量各种工况下，淮河干流主槽的冲刷能力相比中小洪水的作用有较为显著的增强，且冲刷范围向河道两侧扩展，因此滩地有较为明显的冲刷。入湖河段冲刷能力相对主河道有所降低，河道部分区域淤积明显。洪泽湖的淤积区域集中在入湖口附近，相对中小洪水而言，扇形淤积体北部向湖中区有显著扩展，东部向入江湖区有显著扩展。洪泽湖泄量的扩大会加剧这种扩展趋势，且同时扩大入海、入江水道泄量工况所形成的扇形淤积体向入江湖区扩展明显。

（3）在特大洪水的作用下，如图 15.10 所示，扩大洪泽湖泄量各种工况下，淮河干流主槽的冲刷能力进一步增强，尤其是浮山—洪山头河段冲刷能力显著增强。冲刷由主槽向滩地显著扩展，不同河段的滩地冲刷也明显增强。洪泽湖的扇形淤积体不再集中于入湖口附近，而是由北部向湖中区扩展，东部向入海湖区和入江湖区扩展，且扩展显著。同时扩大入海、入江水道泄量工况所形成的扇形淤积体范围最广，而仅扩大入海水道泄量所形成的扇形淤积体比仅扩大入江水道泄量所形成的扇形淤积体范围要广，且向入海湖区和入江湖区的扩展更为明显。

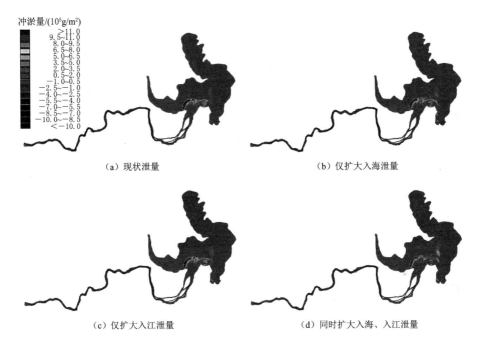

图 15.10　现状泄量及扩大洪泽湖泄量不同工况特大洪水作用下河湖冲淤形态云图
（图中：正值为淤积，负值为冲刷）

　　综上所述，淮河干流河道整体呈冲刷状态，且弯道处冲刷更为显著；洪泽湖入湖段呈淤积状态，其余部分冲淤变化较小。随着洪水等级的加大，河道主槽的冲刷能力有所提高，易冲刷河段的冲刷更为明显，冲刷逐渐由主槽向滩地扩展，且在特大洪水作用下，部分河段的滩地也呈现出明显冲刷状态。洪泽湖在不同等级洪水的影响下，入湖口处的扇形淤积体呈逐渐向湖中区、入海湖区和入江湖区扩展的趋势，且特大洪水作用下的扩展尤为显著。淮河干流的冲刷状态主要受洪水等级的影响，洪泽湖下泄流量的扩大对其影响较小。但扩大洪泽湖下泄流量，会使得入湖口处的扇形淤积体进一步扩大，且随洪水等级的提升，逐步向湖中区—入江湖区—入海湖区扩展。

15.1.5　水沙输移规律

河流泥沙在输移过程中随着水体的流动而运动，因此在某种程度上水流的流向可以解释泥沙的运动方向。通过在洪峰时段的含沙量分布云图中绘制流场线（图 15.11～图 15.13），来研究不同工况下河湖的水沙输移规律。

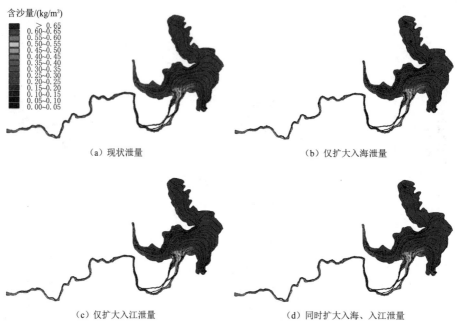

含沙量/(kg/m³)

> 0.65
0.60~0.65
0.55~0.60
0.50~0.55
0.45~0.50
0.40~0.45
0.35~0.40
0.30~0.35
0.25~0.30
0.20~0.25
0.15~0.20
0.10~0.15
0.05~0.10
0.00~0.05

（a）现状泄量　　　　　　　　　　　　　（b）仅扩大入海泄量

（c）仅扩大入江泄量　　　　　　　　　　（d）同时扩大入海、入江泄量

图 15.11　现状泄量及扩大洪泽湖泄量不同工况中小洪水作用下
河湖流场和含沙量分布云图

由计算结果可知：

（1）在不同等级洪水作用下，现状泄量工况下的河湖水沙输移过程如图 15.11（a）、图 15.12（a）、图 15.13（a）所示。淮河干流水沙在抵达入湖段后，左汊水沙向东北部湖中区输移，在输移过程中，一部分流向入海湖区，经入海水道下泄；另一部分流向入海湖区后，转而南下流向入江湖区，经入江水道下泄。右汊水沙向东输移后流向入江湖区，经入江水道下泄。溧河洼区的水沙，流经湖中区北部后，一部分进入成子湖区，另一部分流向入海湖区经入海水道下泄。

扩大洪泽湖泄量将明显影响洪泽湖的水沙输移规律。在仅扩大入海水道泄量时，可以使部分原本由淮河干流入湖段左汊流进入海湖区后又南下入江的水沙，直接由入海水道下泄；同时将部分原本流进成子湖区的水沙由入海水道直接下泄。在仅扩大入江水道泄量时，可以将原本由入海水道下泄的水沙，改为经入江水道下泄。同时扩大入海、入江水道泄量，使得洪泽湖水沙场得到了进一步增强，但入江湖区水沙输移强度明显优于入海湖区。

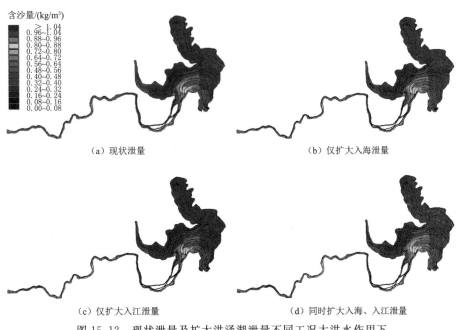

含沙量/(kg/m³)

（a）现状泄量　　　　　　　　　　　　　（b）仅扩大入海泄量

（c）仅扩大入江泄量　　　　　　　　　　（d）同时扩大入海、入江泄量

图 15.12　现状泄量及扩大洪泽湖泄量不同工况大洪水作用下
河湖流场和含沙量分布云图

（2）在中小洪水作用下，如图 15.11（b）、（c）、（d）所示，淮河干流含沙量分布在扩大洪泽湖泄量影响下未呈现显著变化，从蚌埠至洪山头，含沙量呈现出逐渐增大的变化趋势。洪山头以下的入湖段，前半河段右汊比左汊含沙量高，而到后半河段左汊比右汊含沙量高，且含沙量分布在后半河段呈逐渐降低的趋势。在入湖口处含沙量呈不规则扇形分布，因左右汊入湖含沙量分布不同，扇形区域的左部比右部含沙量要高。除此之外，洪泽湖其他区域整体含沙量较低。在扩大洪泽湖泄量时，不同工况的计算结果表明，淮河干流及入湖段的含沙量分布没有显著改变，但在入湖口处的含沙量扇形分布区域，有向入江湖区进一步扩散的趋势，且同时扩大入海、入江水道泄量，入湖口含沙量扇形分布区域向入江湖区的扩散最为明显。

（3）在大洪水作用下，如图 15.12（b）、（c）、（d）所示，扩大洪泽湖泄量淮河干流含沙量分布未呈现显著变化，且含沙量的变化规律与中小洪水作用下变化规律基本一致。在入湖段仍呈现出前半河段右汊比左汊含沙量高，后半河段左汊比右汊含沙量高的现象，但左右汊含沙量分布的差异已经缩小，自洪山头开始沿程呈现含沙量递减的趋势。现状泄流工况下，入湖口处所形成的含沙量扇形分布区域相比中小洪水向湖中区和入江湖区有了进一步的扩散。从入湖口处至三河闸区域呈现显著的水沙输移轨迹，所流经之处含沙量有显著提升；同时，湖中区及入海湖区的交界区域含沙量也有显著提升，这说明由于洪水等级的提升，水沙输移的动力有了显著增强。在仅扩大入海水道泄量时，入湖口含沙量的扇形分布区域向入海湖区扩散出一条显著的水沙通道，向入江湖区的扩散相对较小。在仅扩大入江水道泄量时，入湖口含沙量的扇形分布区域向入海水道扩散出的水沙通道没有仅扩大入海水道泄量时明显，向入江湖区的扩散未显著变化。在同时扩大入海、入江水道泄量时，入湖口含沙量的扇形分布区域向入海湖区和入江湖区各扩散出一条显著的水沙输移通道，且大部分泥沙流经入江湖区由三河闸处下泄。

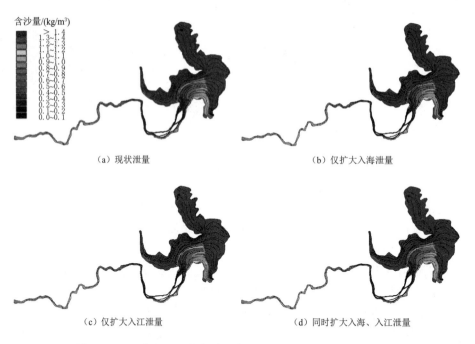

图 15.13　现状泄量及扩大洪泽湖泄量不同工况特大洪水作用下
河湖流场和含沙量分布云图

　　（4）在特大洪水作用下，如图 15.13（b）、（c）、（d）所示，淮河干流含沙量分布不受扩大洪泽湖泄量的影响未呈现显著变化，且含沙量的变化规律与大洪水作用下变化规律基本一致。在入湖段整体含沙量呈逐渐降低的趋势，且左右汊河段含沙量较为接近，但右汊河岸处的含沙量较低。现状泄流工况下，入湖口处含沙量的扇形分布区域较大洪水作用下有进一步的扩散，北部向湖中区有了较大扩散，东部向入海湖区的水沙通道扩宽，向入江湖区进一步延伸，至三河闸出口处呈现一条显著的含沙量扩散带。在仅扩大入海水道泄量时，流经入海湖区的水沙通道有了进一步的延伸扩散，入江湖区的含沙量在临近三河闸出口区域有一定程度增加。在仅扩大入江水道泄量时，流经入海湖区和入江湖区的水沙通道都有了进一步的延伸扩散，通道内含沙量有显著提升且范围变广。在同时扩大入海、入江水道泄量时，含沙量的扇形分布区域以及流经入海湖区和入江湖区水沙通道的含沙量和范围均达到了最大值。

综上所述，河湖水沙输移的变化与洪水等级有紧密的联系，而加大洪泽湖的泄量，对淮河干流水沙输移影响较小，但对入海湖区和入江湖区的水沙输移影响较大，且会使流经入海湖区和入江湖区的水沙通道有进一步的扩展且含沙量也有所提高。

15.2 扩大河道过流能力的影响

15.2.1 研究工况设计

河道治理措施应顺应河道自身的演变趋势才能行之有效，疏浚作为一种清淤工程技术，在河道治理、航道维护等领域而广泛应用。但疏浚工程实施后，河道有发生回淤的可能，造成工程治理的失败。但在河道特性合适的条件下，采用大规模的河道疏浚也是一种行之有效的降低洪水位措施。现有研究表明，淮河中游河道以冲刷为主，对于这种以冲刷为主的河道，将疏浚作为河道治理的一种措施是可行的。但河道疏浚后是否回淤、能否维持长期的效果，则有待进一步深入研究。

这里所研究的扩大淮河中游河道过流能力的治理方案，采用的是郭庆超[116]提出的河道疏浚方案。研究内容具体分为以下 4 种研究工况：①现状地形，即以 2016 年实测的地形资料（国家地球系统科学数据中心）作为河道的初始地形；②切滩＋现状，在现状地形基础上，蚌埠闸—浮山河段统一切边滩 200m，沿程各断面切滩由底高程 8m 线性降至 5m，床面高程小于切滩底高程的保持原高程不变；浮山—老子山河段地形保持现状；③现状＋疏浚，在现状地形基础上，蚌埠闸—浮山河段地形保持现状，浮山—老子山河段沿河道中心线或主汊中心线进行疏浚，疏浚底宽为 500m，底高程为 5m，边坡为 1：4；④切滩＋疏浚，同时采取以上蚌埠闸—浮山段切滩和浮山—老子山段疏浚。

模型的进口边界条件及源项流同前，仍选用图 15.1 所示水沙过程。模型的出口边界条件仍为三河闸，汇项流为高良涧闸和二河闸，因同时扩大洪泽湖入海、入江水道泄量，可以较好地降低洪水位，故本节模型出口边界水位流量关系选用表 15.2 中同时扩大洪泽湖入海、入江水道泄量时的水位流量关系。

15.2.2　水位降低效果

提取现状地形及扩大河道过流能力不同工况计算结果，绘制不同等级洪水下河道沿程主要测站的水位过程线，如图 15.14 所示。同时提取各主要测站洪峰时刻的水位值，绘制不同工况下洪峰时刻的沿程水面线，如图 15.15（a）所示。进而将扩大河道过流能力不同工况洪峰水位值与对应等级洪水下的现状地形工况计算结果进行对比，得到不同工况下洪峰沿程水位降低值，如图 15.15（b）所示。扩大河道过流能力不同工况洪峰水位降低值见表 15.6。

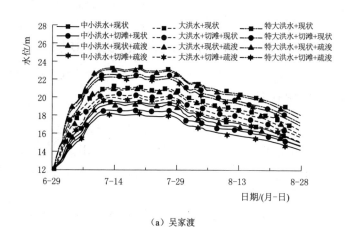

（a）吴家渡

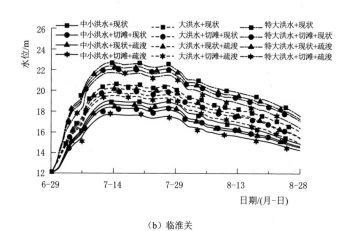

（b）临淮关

图 15.14（一）　现状地形及扩大河道过流能力不同工况下各主要测站汛期水位过程线

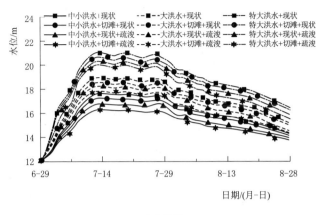

（c）五河

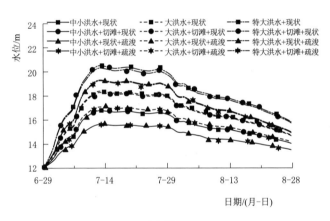

（d）浮山

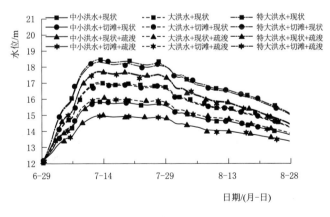

（e）洪山头

图 15.14（二） 现状地形及扩大河道过流能力不同工况下各主要测站汛期水位过程线

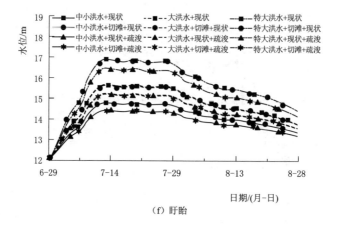

（f）盱眙

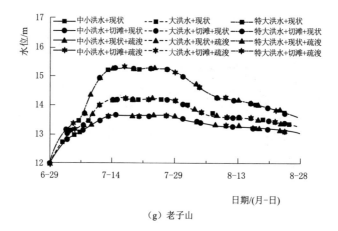

（g）老子山

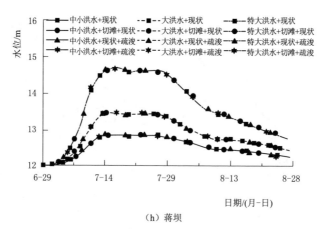

（h）蒋坝

图 15.14（三）　现状地形及扩大河道过流能力不同工况下各主要测站汛期水位过程线

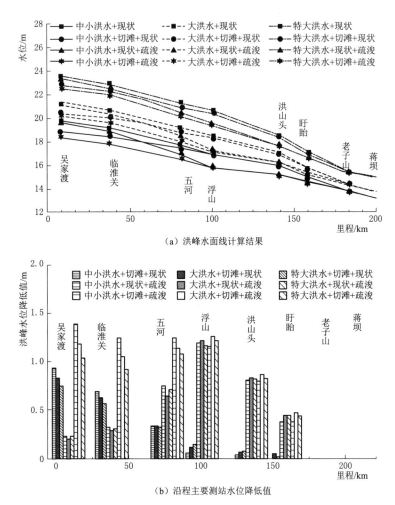

（a）洪峰水面线计算结果

（b）沿程主要测站水位降低值

图 15.15　现状地形及扩大河道过流能力不同工况下洪峰沿程水面线和水位降低值

表 15.6　与现状地形相比扩大河道过流能力不同工况洪峰水位降低值

工况	设计洪水	水 位 降 低 值 /m							
		吴家渡	临淮关	五河	浮山	洪山头	盱眙	老子山	蒋坝
切滩＋现状	中小洪水	0.93	0.69	0.33	0.05	0.02	0.00	0.00	0.00
	大洪水	0.83	0.62	0.33	0.11	0.05	0.05	0.00	0.00
	特大洪水	0.74	0.56	0.32	0.14	0.06	0.01	0.00	0.00
现状＋疏浚	中小洪水	0.23	0.32	0.75	1.18	0.81	0.38	0.00	0.00
	大洪水	0.19	0.28	0.64	1.21	0.83	0.44	0.00	0.00
	特大洪水	0.23	0.30	0.70	1.16	0.81	0.44	0.00	0.00

续表

工况	设计洪水	水 位 降 低 值 /m							
		吴家渡	临淮关	五河	浮山	洪山头	盱眙	老子山	蒋坝
切滩＋疏浚	中小洪水	1.39	1.24	1.24	1.15	0.80	0.37	−0.01	0.00
	大洪水	1.18	1.05	1.13	1.26	0.87	0.46	0.00	0.00
	特大洪水	1.04	0.91	1.08	1.21	0.82	0.43	0.00	0.00

注 正值为水位降低值，负值为水位升高值。

不同工况计算结果如下：

(1) 当采用蚌埠—浮山段切滩、浮山—老子山段维持现状地形方案时，不同等级洪水的沿程水位相对河道现状地形而言，吴家渡—蒋坝沿程水位的降低值逐渐减小。其中，吴家渡—五河段，中小洪水的水位降低值最大，降低0.93～0.33m；而特大洪水的水位降低值最小，降低0.74～0.32m。五河—洪山头段，特大洪水的水位降低值最大，降低0.32～0.06m；而中小洪水的水位降低值最小，降低0.33～0.02m。不同等级洪水下，入湖段及洪泽湖蒋坝水位的降低效果较差，降低值接近于0。

(2) 采用蚌埠—浮山段维持现状地形、浮山—老子山段疏浚方案时，不同等级洪水的沿程水位相对河道现状地形而言，吴家渡—蒋坝沿程水位的降低值呈"下凹型"，即吴家渡—浮山沿程水位的降低值逐渐增大，而浮山—蒋坝沿程水位的降低值逐渐减少。其中，吴家渡—五河段，中小洪水下沿程水位的降低值最大，降低0.23～0.75m；而大洪水下沿程水位的降低值最小，降低0.19～0.64m。浮山—老子山段，大洪水下沿程水位的降低值最大，降低0.44～1.21m。中小洪水、大洪水和特大洪水下，入湖段老子山及洪泽湖蒋坝水位的降低效果较差，降低值接近于0。可以看出，此疏浚方案，可以有效降低吴家渡—盱眙段水位，但对于洪泽湖区域的水位降低效果较差。

(3) 当采用蚌埠—浮山段切滩、浮山—老子山段疏浚方案时，不同等级洪水的沿程水位相对河道现状地形而言，中小洪水下，吴家渡—盱眙段水位降低值逐渐减小，降低值在1.39～0.37m；大洪水下，吴家渡—浮山水位降低值均在1.00m以上，浮山—盱眙段水位降低值逐渐减小，降低1.26～0.46m；特大洪水下，吴家渡—浮山水位降低值大部分在1.00m以上，但较大洪水降低值要小，浮山—盱眙段水位降低值逐渐减小，降低1.21～0.43m。不同等级洪水下，入湖段老子山及洪泽湖蒋坝水位的降低效果较差，降低值接近于0。

综合分析扩大河道过流能力不同工况计算结果，实施淮河干流蚌埠以下全河段疏浚，可以有效降低淮河干流的水位，且不同等级的洪水吴家渡—浮山河段沿程水位降低值均在1.00m左右；浮山以下至老子山的水位降低值逐渐减小，降低值逐渐接近于 0，仅扩大河道过流能力，不能降低洪泽湖的水位。因此，同时扩大淮河干流过流能力和洪泽湖的泄流能力，可以有效大幅度降低淮河中游蚌埠以下至洪泽湖蒋坝的洪水位。

为了进一步探究上述模拟结果的可靠性，基于淮河中游一维、洪泽湖二维耦合水动力数学模型，分析了在洪泽湖现状泄量下发生中等洪水（表 15.7）时、3 种疏浚方案（包括切滩＋现状、现状＋疏浚以及切滩＋疏浚）对于洪泽湖及淮河干流沿程水位的影响[118]，计算结果见表 15.8。从表中可以看出，与现状地形相比，3 种疏浚方案均能使淮河干流水位产生明显降幅。对于切滩＋现状效果而言，吴家渡—浮山沿程水位降幅呈减小趋势；对于现状＋疏浚，主要使得浮山以下水位降低明显，同时浮山以上水位也有所降低，这是下游水位降低效果传至上游的结果；对于切滩＋疏浚，能使蚌埠闸以下河段水位均有明显降低，其中吴家渡水位降幅最大。

表 15.7 洪泽湖中等洪水组成

河道名称	淮河干流	池河	怀洪新河	新汴河	濉河	老濉河	合计
流量/(m³/s)	10500	1000	2500	500	400	100	15000

表 15.8 与现状地形相比 3 种疏浚方案淮河干流水位降幅
（一维、二维耦合模型计算结果）

疏浚方案	水 位 降 幅/m			
	吴家渡	临淮关	浮山	盱眙
切滩＋现状	1.22	0.85	0.15	0.17
现状＋疏浚	0.43	0.61	1.20	0.59
切滩＋疏浚	1.71	1.60	1.25	0.54

15.2.3 河湖冲淤能力

15.2.3.1 不同区域冲淤量分析

将研究时段内，不同计算工况中各区域冲淤量的计算结果进行整理汇总，得到如图 15.16（a）所示的淮河干流河道及洪泽湖不同区域冲淤量变化图。同时为研究淮河干流不同河段的冲淤能力，以不同工况下单位公里内的冲淤量作为研究对象，绘制了如图 15.16（b）所示的淮河干流河道单位冲淤量对比图。扩大河道过流能力不同工况下的单位冲淤量见表 15.9。

由计算结果可知：

（1）在现状地形下，淮河干流主槽在不同洪水下，均表现为冲刷状态，且随着洪水等级的增大，冲刷量逐渐增大。其中，浮山—洪山头段的单位冲刷量

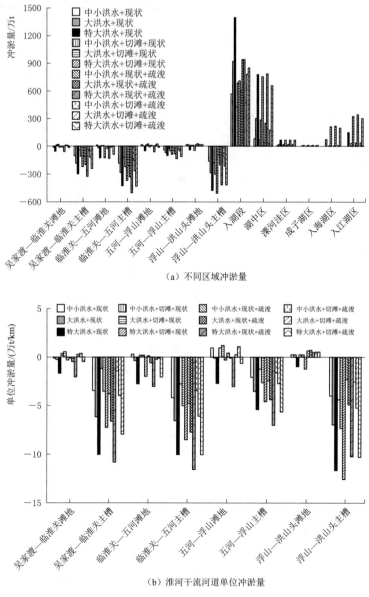

（a）不同区域冲淤量

（b）淮河干流河道单位冲淤量

图 15.16　现状地形及扩大河道过流能力河湖不同区域冲淤量变化

最大，而吴家渡—临淮关、临淮关—五河、五河—浮山不同河段的单位冲刷量
呈减少的变化规律。滩地随洪水等级的不同，冲淤状态有一定的差异，且随洪
水等级的提升，不同河段滩地的冲刷量逐渐增大或由淤积转为冲刷；除临淮
关—五河、五河—浮山、浮山—洪山头河段的滩地在中小洪水下呈淤积状态，

浮山—洪山头段的滩地在大洪水下呈淤积状态，其他洪水作用下河道的滩地均呈冲刷状态。

表 15.9　　　　　现状地形及扩大河道过流能力不同工况下
各河段的单位冲淤量　　　　　单位：万 t/km

工况	设计洪水	吴家渡—临淮关		临淮关—五河		五河—浮山		浮山—洪山头	
		滩地	主槽	滩地	主槽	滩地	主槽	滩地	主槽
现状地形	中小洪水	−0.07	−3.53	0.27	−4.21	0.90	−2.11	0.27	−3.99
	大洪水	−0.31	−6.21	−0.40	−6.63	−0.08	−3.55	0.28	−6.97
	特大洪水	−1.71	−10.04	−2.79	−9.97	−2.74	−5.42	−0.96	−11.74
切滩＋现状	中小洪水	0.43	−1.20	0.09	−2.79	0.95	−1.30	0.19	−4.36
	大洪水	0.49	−3.57	0.09	−5.10	1.16	−2.65	0.14	−7.43
	特大洪水	−0.31	−7.32	−1.97	−8.55	−0.30	−4.60	−1.15	−12.58
现状＋疏浚	中小洪水	−0.14	−3.82	0.04	−4.84	0.41	−2.48	0.59	−2.29
	大洪水	−0.47	−6.70	−0.63	−7.76	−0.04	−4.40	0.63	−4.96
	特大洪水	−2.06	−10.87	−3.06	−11.61	−3.05	−7.13	0.41	−10.26
切滩＋疏浚	中小洪水	0.29	−1.50	−0.29	−3.48	0.20	−1.61	0.44	−2.56
	大洪水	0.29	−4.04	−0.11	−6.13	1.02	−2.78	0.48	−5.27
	特大洪水	−0.44	−7.96	−2.10	−10.02	−0.67	−5.67	0.00	−10.36

注　表中正值为淤积量，负值为冲刷量。

洪泽湖区域在不同等级洪水下均呈淤积状态，且各个区域均表现出淤积量随洪水等级增大而增多的变化趋势。其中，入湖段的淤积量最大，湖中区的淤积量次之，在中小洪水和大洪水作用下，两区域的淤积总量可占到洪泽湖总淤积量的 90％以上；而在特大洪水作用下，入海湖区和入江湖区淤积明显增加，两区域的淤积量可占到洪泽湖总淤积量的 10％以上。

（2）当采用蚌埠—浮山段切滩、浮山—老子山段维持现状地形方案时，相同等级洪水下，吴家渡—临淮关、临淮关—五河、五河—浮山河段主槽和滩地的冲刷能力均有所降低，而浮山—洪山头主槽和滩地的冲刷能力有所增大。针对不同等级洪水下滩地的冲淤情况，吴家渡—临淮关段在中小洪水下，滩地由现状的冲刷转为淤积；吴家渡—临淮关、临淮关—五河、五河—浮山河段在大洪水下，滩地由现状的冲刷转为淤积。

洪泽湖区域不同等级洪水下泥沙的淤积量变化规律与现状地形下所呈现的规律一致，但入湖段和湖中区的淤积量相对现状地形而言都有所减少，但两区域的淤积总量仍可占到洪泽湖总淤积量的 90％以上。

（3）采用蚌埠—浮山段维持现状地形、浮山—老子山段疏浚方案时，相同等级洪水下，吴家渡—临淮关、临淮关—五河、五河—浮山河段主槽和滩地的冲刷能力均有所增大，而浮山—洪山头主槽和滩地的冲刷能力有所减小。不同河段的主槽和滩地冲淤情况，在对应洪水等级下，与现状地形的冲淤情况基本相同。不同的是，浮山—洪山头段的滩地在特大洪水下，由现状的冲刷转为淤积。不同等级洪水下，临淮关—五河段主槽的单位冲刷量均为最大值；而对滩地而言，浮山—洪山头段的单位淤积量均为最大值。

在不同等级洪水作用下，洪泽湖各个区域都呈淤积状态；而在中小洪水和大洪水的作用下，入湖段的淤积量较现状地形有所增加，而湖中区的淤积量较现状地形有所减少；在特大洪水的作用下，入湖段的淤积量较现状地形有大幅减少，而湖中区的淤积量有小幅的增多。不同等级洪水下，两区域的淤积总量仍可占到洪泽湖总淤积量的 90% 以上。

（4）当采用蚌埠—浮山段切滩、浮山—老子山段疏浚方案时，对淮河干流主槽而言，在中小洪水和大洪水作用下，吴家渡—临淮关、临淮关—五河、五河—浮山、浮山—洪山头全河段，冲刷能力较现状地形均有所降低；而在特大洪水作用下，除吴家渡—临淮关段主槽冲刷能力有所降低外，其余河段的冲刷能力均有增大。对淮河干流滩地而言，不同河段呈现出的变化有较大的差异，其中，吴家渡—临淮关段，冲刷能力减弱，中小洪水和大洪水作用下，滩地由现状的冲刷转为淤积；临淮关—五河、五河—浮山段，中小洪水作用下冲刷能力增强，而大洪水和特大洪水作用下冲刷能力有所减弱；浮山—洪山头段，不同洪水作用下，冲刷能力均有所减弱，且滩地均呈现淤积状态。

在不同等级洪水作用下，洪泽湖各个区域都呈淤积状态，淤积量分布状况随洪水等级的变化规律与现状地形的计算结果相一致。但相对现状地形而言淤积量都有所减少。同样，在中小洪水和大洪水作用下，两区域的淤积总量可占到洪泽湖总淤积量的 90% 以上，而在特大洪水作用下，入海湖区和入江湖区淤积明显，两区域的淤积量可占到洪泽湖总淤积量的 10% 以上。

综上所述，通过疏浚或切滩而扩大河道的过流能力时，在改变河道过流能力的同时，也改变了河道主槽和滩地的冲淤状态。

15.2.3.2　断面冲淤厚度分析

从模型计算结果中提取现状地形及扩大河道过流能力不同工况淮河干流典型测站计算初始时刻和末时刻的横断面数据，并计算各工况末时刻与初始时刻断面起点距对应底高程的差值，得到各工况的断面冲淤厚度，如图 15.17 所示。

由计算结果可知：

（1）吴家渡断面。如图 15.17（a）所示，现状地形下断面整体基本处于冲

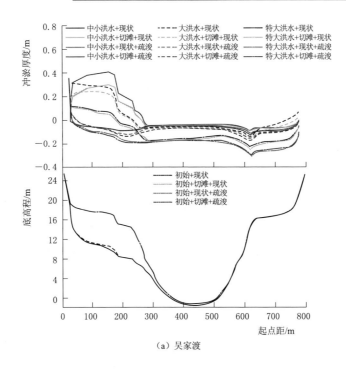

（a）吴家渡

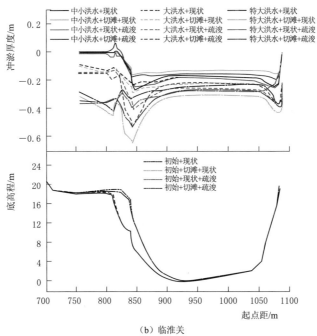

（b）临淮关

图 15.17（一）　现状地形及扩大河道过流能力不同工况下河道断面形状及冲淤厚度

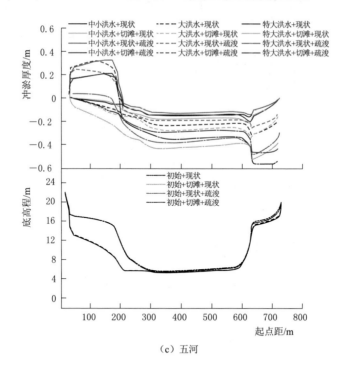

（c）五河

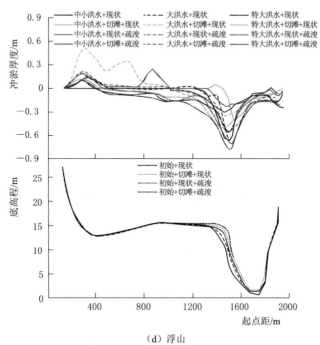

（d）浮山

图 15.17（二） 现状地形及扩大河道过流能力不同工况下河道断面形状及冲淤厚度

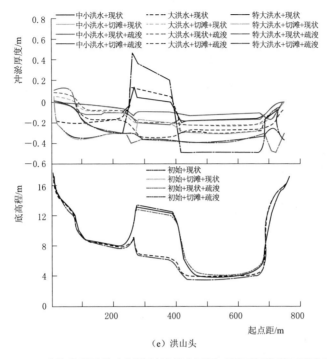

（e）洪山头

图15.17（三） 现状地形及扩大河道过流能力不同工况下河道断面形状及冲淤厚度

刷状态，且随洪水等级的提升，冲刷量有所增大，最大冲刷发生在右侧边坡与滩地交界处，在中小洪水、大洪水、特大洪水作用下，下切值分别为0.11m、0.17m和0.29m。当采用蚌埠—浮山段维持现状地形、浮山—老子山段疏浚方案时，不同等级洪水下断面冲淤变化与现状地形变化一致。当采用蚌埠—浮山段切滩、浮山—老子山段维持现状地形方案时，断面左侧切滩部分呈现明显的淤积，洪水等级越小断面淤积值越大，中小洪水和大洪水作用下最大淤积值可达0.41m和0.29m；在特大洪水作用下，最大淤积发生在左岸堤脚处，为0.13m。主槽的冲刷量有所减少，在中小洪水、大洪水、特大洪水作用下，最大下切值分别为0.08m、0.13m和0.23m，均发生在右侧边坡和滩地交界处。当采用蚌埠—浮山段切滩、浮山—老子山段疏浚方案时，不同等级洪水下断面左岸的淤积值有所降低，最大淤积值分别为0.30m、0.23m和0.06m；右侧边坡和滩地交界处下切值最大，分别为0.09m、0.15m和0.25m。

（2）临淮关断面。如图15.17（b）所示，现状地形工况在不同洪水下断面整体处于冲刷状态，且左岸边坡与滩地交界处的冲刷量最大，在中小洪水、大洪水、特大洪水作用下，最大下切值分别为0.23m、0.53m和0.53m。当采用蚌埠—浮山段维持现状地形、浮山—老子山段疏浚方案时，断面主槽较现状地形下冲刷量有所增大，但左岸边坡与滩地交界处的冲刷量在中小洪水和大洪水作用下有所减少，此工况下不同等级洪水下的最大下切值分别为 0.24m、0.40m 和 0.57m。当采用蚌埠—浮山段切滩、浮山—老子山段维持现状地形方案时，切滩部分以及主槽在相同洪水作用下较现状地形的冲刷量有所减少，最大下切值分别为 0.16m、0.24m 和 0.32m；但新形成的滩地与边坡交界处的冲刷量有所增大。当采用蚌埠—浮山段切滩、浮山—老子山段疏浚方案时，左侧滩地在中小洪水作用下呈局部淤积状态最大淤积值为 0.06m，在大洪水作用下冲刷量有所减小，最大下切值为 0.13m，而在特大洪水作用下冲刷量增大，最大下切值为 0.44m；不同等级洪水作用下主槽冲刷量均有所增大，最大下切值分别为 0.19m、0.20m 和 0.30m。

（3）五河断面。如图 15.17（c）所示，现状地形工况在不同等级洪水下断面整体处于冲刷状态，且右岸边坡与滩地交界处的冲刷量最大，在中小洪水、大洪水、特大洪水作用下，最大下切值分别为 0.16m、0.32m 和 0.56m。采用蚌埠—浮山段维持现状地形、浮山—老子山段疏浚方案时，主槽整体呈现的冲刷量变大，最大下切值分别为 0.21m、0.35m 和 0.53m。当采用蚌埠—浮山段切滩、浮山—老子山段维持现状地形方案时，切滩部分在不同洪水作用下均呈淤积状态，在中小洪水、大洪水、特大洪水作用下，最大淤积值分别为 0.32m、0.31m 和 0.21m；主槽的冲刷量也有所减少，不同等级洪水作用下的最大下切值分别为 0.15m、0.25m 和 0.47m。当采用蚌埠—浮山段切滩、浮山—老子山段疏浚方案时，左岸切滩部分的冲刷量有所减少，但不同等级洪水作用下仍呈淤积状态，主槽的冲刷量有所增大。

（4）浮山断面。如图 15.17（d）所示，现状地形工况下断面左侧堤脚处呈淤积状态，中小洪水和大洪水作用下滩地主体部分呈冲淤平衡状态，特大洪水作用下呈冲刷状态，但左岸边坡与滩地交界处的冲刷量最大，在中小洪水、大洪水、特大洪水作用下，最大下切值分别为 0.65m、0.57m 和 0.56m。采用蚌埠—浮山段维持现状、浮山—老子山段疏浚方案时，中小洪水作用下冲刷量减少，最大下切值为 0.41m；大洪水和特大洪水作用下冲刷量增大，最大下切值为 0.76m 和 0.72m。当采用蚌埠—浮山段切滩、浮山—老子山段维持现状地形方案时，左侧堤脚的淤积量增大，但左岸切滩部位的冲刷量大幅减少，不同等级洪水作用下的最大下切值分别为 0.29m、0.35m 和 0.44m。当采用蚌埠—浮山段切滩、浮山—老子山段疏浚方案时，在中小洪水作用下左侧滩地基本处于冲淤平衡状态，大洪水作用下自主槽至左侧滩地由冲转淤，特大洪水作用下除堤脚处为淤积状态，其他部分均为冲刷状态，不同等级洪水作用下的最大下切值分别为 0.22m、0.56m 和 0.50m。浮山处为断面疏浚处理的交界处，故不同工况所呈现的变化较为复杂。

（5）洪山头断面。如图 15.17（e）所示，现状地形工况下左右汊主槽呈冲刷状态，右汊主槽较左汊冲刷较为严重，在中小洪水、大洪水、特大洪水作用下，最大下切值分别为 0.19m、0.30m 和 0.49m；中间洲滩呈淤积状态，不同等级洪水作用下的最大淤积值分别为 0.16m、0.29m 和 0.50m。采用蚌埠—浮山段维持现状、浮山—老子山段疏浚方案时，中间洲滩疏浚后河道整体呈冲刷状态，不同等级洪水作用下的最大下切值分别为 0.16m、0.23m 和 0.49m。当采用蚌埠—浮山段切滩、浮山—老子山段维持现状地形方案时，受水流状态的改变，中间洲滩由淤转冲，左汊主槽的冲刷情况与现状地形工况的变化基本一致，右汊主槽的冲刷略有减少。当采用蚌埠—浮山段切滩、浮山—老子山段疏浚方案时，断面变化情况与仅疏浚浮山至老子山河段所呈现的变化规律一致。

整体而言，仅蚌埠—浮山段进行切滩时，河道的冲刷能力减弱，切滩部位在部分断面由冲刷状态变为淤积状态。仅浮山—老子山段进行疏浚时，会增强蚌埠—浮山河道的冲刷能力，但浮山—老子山段的冲刷能力有所减弱。当采用蚌埠—浮山段切滩、浮山—老子山段疏浚方案时，河道整体的冲刷能力减弱。

15.2.4　河湖冲淤形态

为研究扩大河道过流能力不同工况河道及湖盆的冲淤变化规律，选取研究时段内各计算工况最后时刻的冲淤形态云图（图 15.18～图 15.20）进行对比分析。

计算结果表明：

（1）在中小洪水的作用下，现状地形的淮河干流主槽呈冲刷状态，如图 15.18（a）所示，冲刷较明显的河段是临淮关附近河段、临淮关至五河中部弯曲河段、五河附近河段以及浮山附近河段。而滩地整体呈微冲状态或不冲不淤状态；入湖段河道冲刷能力明显减弱，河道部分区域呈现明显的淤积；入湖口淤积体明显，呈不规则扇形分布。

当采用蚌埠—浮山段切滩、浮山—老子山段维持现状地形方案时，如图 15.18（b）所示，蚌埠—浮山河段主槽的冲刷有所减弱，浮山至入湖段的冲淤状态未呈现显著改变，而入湖口扇形淤积体的形态和淤积分布没有显著变化，但淤积量有所减少。

当采用蚌埠—浮山段维持现状地形、浮山—老子山段疏浚方案时，如图 15.18（c）所示，蚌埠—浮山河段的淤积状态未呈现显著改变，浮山至入湖段的冲刷有所减弱，而入湖口扇形淤积体也没有显著变化，但淤积量有所减少。

当采用蚌埠—浮山段切滩、浮山—老子山段疏浚方案时，如图 15.18（d）

所示，全河段主槽的冲刷有所减弱，但在河道弯曲段部分冲刷有所增强，入湖段淤积量减少。入湖口淤积量减少，扇形淤积体有所缩小。

（2）在大洪水的作用下，现状地形的淮河干流主槽的冲刷能力相比中小洪水的作用有较为显著的增强，且冲刷范围向河道扩展，因此滩地有较为明显的冲刷状态。入湖段冲刷能力相对主河道有所降低，河道部分区域淤积明显。洪泽湖的淤积区域集中在入湖口处，相对中小洪水而言，扇形淤积体北部向湖中区有了显著扩展，东部向入江湖区有了显著扩展，如图 15.19（a）所示。

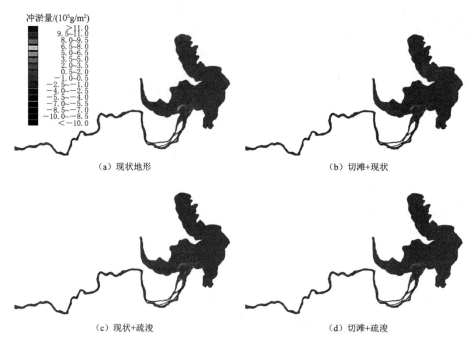

图 15.18　现状地形及扩大河道过流能力不同工况中小洪水作用下河湖冲淤形态云图

（图中：正值为淤积，负值为冲刷）

当采用蚌埠—浮山段切滩、浮山—老子山段维持现状地形方案时，如图 15.19（b）所示，蚌埠—浮山河段主槽冲刷减弱，但在河道的弯曲段部分冲刷依然严重。浮山至入湖段的冲淤状态未呈现显著改变，而入湖口扇形淤积体北部的淤积范围缩小，且淤积量有所减少。

当采用蚌埠—浮山段维持现状地形、浮山—老子山段疏浚方案时，如图 15.19（c）所示，蚌埠—浮山河段的冲淤状态未呈现显著改变，浮山至入湖段的冲刷有所减弱。入湖段的淤积区域范围增大且淤积量增多，但入湖口冲积扇北部的淤积范围缩小，且淤积量减少。

当采用蚌埠—浮山段切滩、浮山—老子山段疏浚方案时，如图 15.19（d）

所示，全河段主槽和滩地的冲刷有所减弱，但在河道弯段部分冲刷有所增强。入湖段淤积范围扩大且淤积量增大。而入湖口扇形淤积体整体的淤积范围缩小，且淤积量减少。

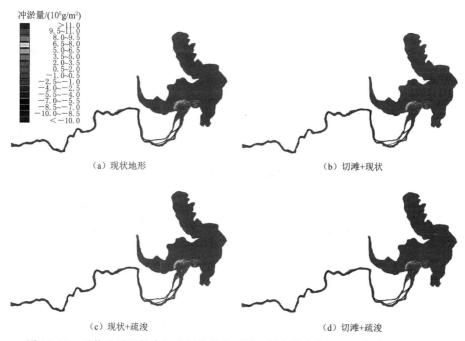

冲淤量/(10⁵g/m²)
≥11.0
9.5~11.0
8.0~9.5
6.5~8.0
5.0~6.5
3.5~5.0
2.0~3.5
0.5~2.0
−1.0~0.5
−2.5~−1.0
−4.0~−2.5
−5.5~−4.0
−7.0~−5.5
−8.5~−7.0
−10.0~−8.5
<−10.0

（a）现状地形

（b）切滩+现状

（c）现状+疏浚

（d）切滩+疏浚

图 15.19　现状地形及扩大河道过流能力不同工况大洪水作用下河湖冲淤形态云图

（图中：正值为淤积，负值为冲刷）

（3）在特大洪水的作用下，现状地形的淮河干流主槽的冲刷能力进一步增强，尤其是浮山—洪山头河段的河道冲刷能力增强效果显著。冲刷由主槽向滩地显著扩展，不同河段的滩地冲刷效果也明显增强。洪泽湖的淤积不再集中于入湖口区域，而是由北部向湖中区扩展，东部向入海湖区和入江湖区扩展，且扩展效果显著，如图 15.20（a）所示。

当采用蚌埠—浮山段切滩处理、浮山—老子山段维持现状地形方案时，如图 15.20（b）所示，蚌埠—浮山河段主槽的冲刷有所减弱，但在河道的弯段部分冲刷依然严重。浮山至入湖段的冲淤状态未显著改变，而入湖口扇形淤积体北部的淤积范围有一定程度缩小，且淤积量减少。

当采用蚌埠—浮山段维持现状地形、浮山—老子山段疏浚方案时，如图 15.20（c）所示，蚌埠—浮山河段的冲淤状态未显著改变，浮山至入湖段的冲刷有所减弱。入湖段的淤积区域范围增大且淤积量增多，但入湖口扇形淤积体北部的淤积范围缩小，且淤积量减少。

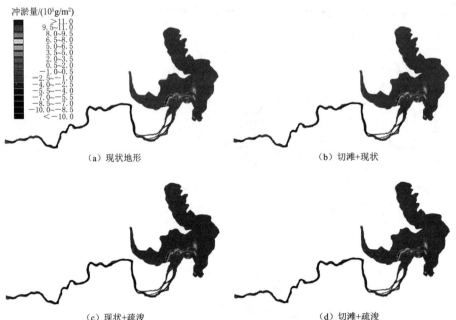

冲淤量/($10^5 g/m^2$)
> 11.0
9.5~11.0
8.0~9.5
6.5~8.0
5.0~6.5
3.5~5.0
2.0~3.5
0.5~2.0
−1.0~0.5
−2.5~−1.0
−4.0~−2.5
−5.5~−4.0
−7.0~−5.5
−8.5~−7.0
−10.0~−8.5
< −10.0

（a）现状地形　　　　　　　　　　　　　（b）切滩+现状

（c）现状+疏浚　　　　　　　　　　　　　（d）切滩+疏浚

图 15.20　现状地形及扩大河道过流能力不同工况特大洪水作用下河湖冲淤形态云图

（图中：正值为淤积，负值为冲刷）

当采用蚌埠—浮山段切滩、浮山—老子山段疏浚方案时，如图 15.20（d）所示，全河段主槽和滩地的冲刷减弱，但在河道弯段部分冲刷有所增强。入湖段淤积范围局部扩大且单位淤积量增大。而入湖口扇形淤积体整体淤积范围缩小，且淤积量减少。

15.2.5　水沙输移规律

不同扩大河道过流能力方案对洪泽湖流场的影响较小，但对于淮河干流及入湖段的含沙量分布有一定的影响。不同洪水作用下的河湖流场和含沙量分布云图如图 15.21～图 15.23 所示。

计算结果表明：

（1）在中小洪水作用下，现状地形下，如图 15.21（a）所示，从蚌埠至洪山头，含沙量呈现出逐渐增大的变化趋势。洪山头以下入湖段，前半河段右汊含沙量比左汊高，后半河段左汊含沙量比右汊高，且含沙量分布在后半河段呈逐渐降低的趋势。在入湖口处含沙量呈不规则扇形分布，因入湖含沙量左右汊的不同，导致扇形分布区域的左部比右部含沙量要高。除此之外，洪泽湖其他区域整体含沙量较低。

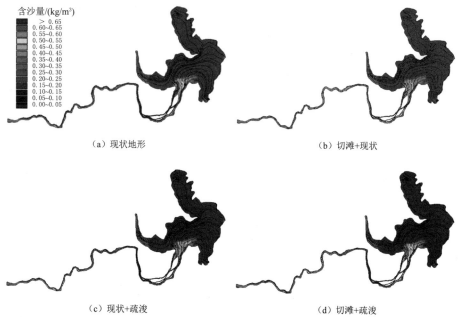

图 15.21　现状地形及扩大河道过流能力不同工况中小洪水作用下
河湖流场和含沙量分布云图

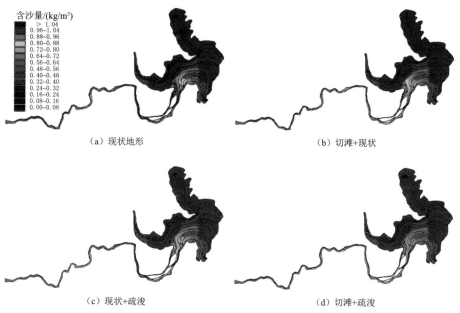

图 15.22　现状地形及扩大河道过流能力不同工况大洪水作用下
河湖流场和含沙量分布云图

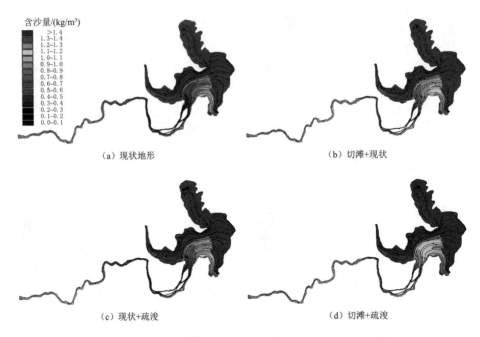

（a）现状地形　　　　　　　　　　　　　（b）切滩+现状

（c）现状+疏浚　　　　　　　　　　　　　（d）切滩+疏浚

图 15.23　现状地形及扩大河道过流能力不同工况特大洪水作用下
河湖流场和含沙量分布云图

当采用蚌埠—浮山段切滩、浮山—老子山段维持现状地形方案时，如图
15.21（b）所示，淮河干流河道的含沙量比现状地形工况显著降低；入湖口
含沙量分布呈扇形，其扩散范围与现状地形工况的计算结果基本一致，但东部
向入江湖区进一步扩散。

当采用蚌埠—浮山段维持现状地形、浮山—老子山段疏浚方案时，如图
15.21（c）所示，淮河干流河道浮山以上的含沙量未呈现显著变化，但浮山以
下河道的含沙量逐渐降低，入湖段右汊河道的含沙量比左汊河道的高，同时入
湖口含沙量扇形分布区域右侧含沙量均高于左侧，扇形分布区域扩散范围与现
状地形相一致。

当采用蚌埠—浮山段切滩、浮山—老子山段疏浚方案时，如图 15.21（d）
所示，淮河干流河道的含沙量比现状地形工况显著降低，洪山头附近的含沙
量最高，入湖段右汊河道含沙量比左汊河道高，即左汊河道和入湖河口左侧
区域含沙量降低明显，入湖口含沙量扇形分布区域扩散范围与现状地形相
一致。

（2）在大洪水作用下，现状地形工况下，如图 15.22（a）所示，从蚌埠
至洪山头，含沙量呈逐渐增大的变化趋势。洪山头以下入湖段含沙量逐渐降

低，左汊河道含沙量比右汊河道的高。入湖口含沙量扇形分布区域相比中小洪水，向湖中区和入江湖区有了显著的扩散。从入湖口处至三河闸呈现一条显著的水沙输移通道，入江湖区的含沙量有显著提升；同时，湖中区及入海湖区的交界区域含沙量也有显著提升，这说明随着洪水等级的提升，水沙输移的动力也有显著增强。

当采用蚌埠—浮山段切滩、浮山—老子山段维持现状地形方案时，如图15.22（b）所示，淮河干流河道的含沙量比现状地形工况有显著降低；入湖口含沙量分布范围未显著变化，但含沙量有所降低，且左侧区域含沙量降低尤为显著。

当采用蚌埠—浮山段维持现状地形、浮山—老子山段疏浚方案时，如图15.22（c）所示，淮河干流河道浮山以上的含沙量未显著变化，但浮山以下河道的含沙量有所降低，且含沙量自浮山至洪山头逐渐升高，洪山头以下入湖段含沙量逐渐降低。入湖口含沙量扇形分布区域整体较为均匀，向入海湖区扩散的通道范围比现状地形的计算结果有所增大，扩散能力增强。

当采用蚌埠—浮山段切滩、浮山—老子山段疏浚方案时，如图15.22（d）所示，淮河干流河道的含沙量比现状地形工况显著降低，洪山头附近的含沙量相对较高。入湖口左侧过流通道的含沙量显著降低，形成一条较窄的低含沙量过流通道，但入湖口含沙量扇形分布区域整体较为均匀。

（3）在特大洪水作用下，现状地形工况下，如图15.23（a）所示，从蚌埠至洪山头，含沙量呈现出逐渐增大的变化趋势。洪山头以下入湖段，整体含沙量呈逐渐降低的趋势，且左右汊河段含沙量较为接近，但右汊河岸处的含沙量较低。在特大洪水的作用下，含沙量在洪泽湖湖中区、入海湖区及入江湖区有了充分的扩散，东部向入海湖区的扩散通道显著扩宽，向入江湖区扩散至三河闸处形成一条明显的过流通道，扩散过程中含沙量呈降低的趋势。

当采用蚌埠—浮山段切滩、浮山—老子山段维持现状地形方案时，如图15.23（b）所示，淮河干流河道的含沙量比现状地形工况有显著降低；入湖口含沙量分布范围未显著变化，但含沙量有所降低，左侧区域含沙量降低尤为显著，但湖中区含沙量仍高于其他扩散区域。

当采用蚌埠—浮山段维持现状地形、浮山—老子山段疏浚方案时，如图15.23（c）所示，淮河干流河道浮山以上的含沙量分布未显著变化，浮山附近的含沙量有所增高，但浮山以下河段的含沙量有所降低。入湖口处以及向入海水道扩散的通道区域，含沙量较现状地形有显著降低，但整体扩散范围没有显著变化。

当采用蚌埠—浮山段切滩、浮山—老子山段疏浚方案时，如图15.23（d）所示，淮河干流河道的含沙量比现状地形工况有显著降低，入湖段的含沙量较为均匀。入湖口向入海湖区以及入江湖区扩散的通道区域，含沙量较现状地形均有显著降低，但整体扩散范围没有显著变化。

综上所述，不同扩大河道过流能力方案，对淮河干流河道水沙输移的能力有一定影响，且随洪水等级的不同，显现出不同的变化规律。对洪泽湖而言，相同等级洪水作用下，不同扩大河道过流能力方案洪泽湖水沙输移过程基本相似，对水沙扩散通道的范围影响较小，但对水沙通道内的含沙量分布有较大影响。

15.3　开挖冯铁营引河的影响

15.3.1　研究工况设计

开挖冯铁营引河是浮山以下河道整治工程中的一项关键工程，其作用在于分流部分淮河干流的洪水直接入洪泽湖，缩短淮河入洪泽湖水道，缓解洪泽湖对淮河干流的顶托作用。

冯铁营引河的线路规划为：在浮山下游约 14.5km 河道大拐弯处，开挖一条长约 6km 的引河直至洪泽湖，出口设在距下草湾引河出口 875m 的位置。冯铁营引河开挖成单一梯形断面，设计底高程为 10m，底宽为 290m，开挖底边坡为 1∶4。冯铁营引河两岸新建提防长度 10.5km，堤顶宽为 6m，边坡为 1∶3。冯铁营引河的启用方式主要有敞泄和控泄两种方式[119]，这里主要研究敞泄方式。

基于平面二维水沙数学模型，分别在河道现状地形和切滩疏浚地形基础上，按照规划方案开挖冯铁营引河，图 15.24 为冯铁营引河工程计算模拟范围示意。

结合扩大洪泽湖入海、入江泄流水道以及扩大河道过流能力方案，研究冯铁营引河工程实施后，对不同等级洪水位的降低效果以及河床湖盆的冲淤演变响应。设计了 4 种研究工况，分别为：①现状工况，采用现状地形及洪泽湖现状泄量方案（表 15.1），无冯铁营引河；②现地＋引河＋现泄，在现状地形基础上，开挖冯铁营引河，洪泽湖泄量采用现状方案（表 15.1）；③现地＋引河＋同扩，在现状地形基础上，开挖冯铁营引河，洪泽湖泄量采用同时扩大入海、入江水道方案（表 15.2）；④切疏＋引河＋同扩，蚌埠—浮山河段统一切边滩 200m，沿程各断面切滩由底高程 8m 线性降至 5m，床面高程小于切滩底高程的保持原高程不变，浮山—老子山河段沿河道中心线或主汊中心线进行疏浚，疏浚底宽为 500m，河底高程为 5m，边坡为 1∶4，开挖冯铁营引河，洪泽湖泄量采用同时扩大入海、入江水道方案（表 15.2）。

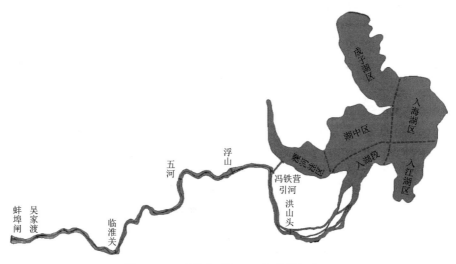

图 15.24　冯铁营引河工程计算模拟范围

　　模型的进口边界条件及源项流同前，仍选用图 15.1 所示水沙过程。模型的出口边界仍为三河闸，汇项流为高良涧闸和二河闸，相应的水位流量关系见表 15.1 和表 15.2。

15.3.2　水位降低效果

　　提取现状及开挖冯铁营引河不同研究工况下的计算结果，绘制不同等级洪水情况下沿程主要测站的水位过程线，如图 15.25 所示。同时提取各主要测站洪峰时刻的水位值，绘制不同工况下洪峰时刻的沿程水面线，如图 15.26（a）所示；进而将不同工况计算所得的洪峰水位值与对应等级洪水下的现状工况计算结果进行对比，得到不同工况下洪峰沿程水位降低值，如图 15.26（b）所示。不同工况洪峰水位降低值见表 15.10。

表 15.10　　　与现状相比开挖冯铁营引河不同工况洪峰水位降低值

设计洪水	工况	水位降幅 /m							
		吴家渡	临淮关	五河	浮山	洪山头	盱眙	老子山	蒋坝
中小洪水	现地＋引河＋现泄	0.03	0.04	0.13	0.20	0.18	0.17	0.25	−0.02
	现地＋引河＋同扩	0.03	0.04	0.14	0.20	0.19	0.18	0.42	0.29
	切疏＋引河＋同扩	1.44	1.30	1.30	1.27	0.91	0.52	0.40	0.30
大洪水	现地＋引河＋现泄	0.12	0.16	0.33	0.52	0.57	0.46	0.24	−0.01
	现地＋引河＋同扩	0.13	0.18	0.37	0.52	0.59	0.51	0.68	0.60
	切疏＋引河＋同扩	1.29	1.18	1.42	1.74	1.29	0.87	0.68	0.60

续表

设计洪水	工况	水位降幅/m							
		吴家渡	临淮关	五河	浮山	洪山头	盱眙	老子山	蒋坝
特大洪水	现地＋引河＋现泄	0.11	0.15	0.45	0.57	0.63	0.47	0.18	−0.01
	现地＋引河＋同扩	0.12	0.17	0.47	0.60	0.70	0.62	1.00	0.93
	切疏＋引河＋同扩	1.23	1.16	1.56	1.97	1.57	1.12	1.00	0.94

注 正值为水位降低值，负值为水位升高值。

不同计算工况分析结果如下：

（1）在现状地形及洪泽湖现状泄量基础上，仅开挖冯铁营引河时，在中小洪水作用下，吴家渡—浮山水位降低幅度逐渐增大，降低值为 0.03～0.20m，浮山—盱眙水位降低幅度逐渐减小，降低值为 0.20～0.17m，洪泽湖老子山水位降低值可达 0.25m，蒋坝水位抬高了 0.02m。在大洪水作用下，吴家渡—洪山头水位降低幅度逐渐增大，降低值为 0.12～0.57m，洪山头—老子

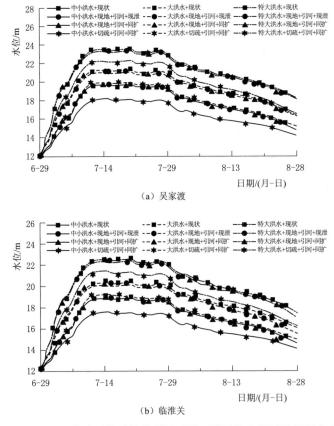

（a）吴家渡

（b）临淮关

图 15.25（一） 现状及开挖冯铁营引河不同工况下各主要测站汛期水位过程线

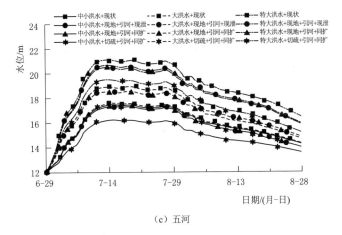

（c）五河

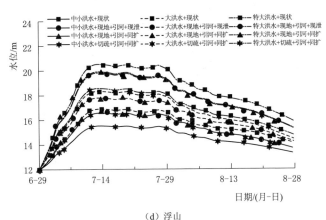

（d）浮山

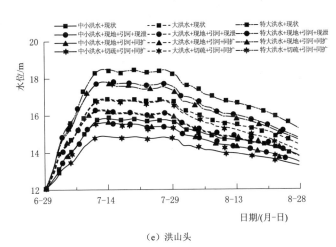

（e）洪山头

图 15.25（二）　现状及开挖冯铁营引河不同工况下各主要测站汛期水位过程线

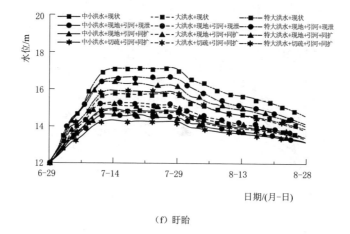

（f）盱眙

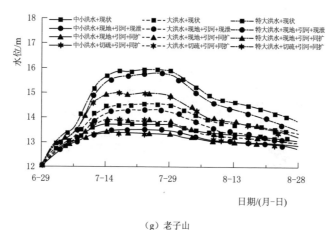

（g）老子山

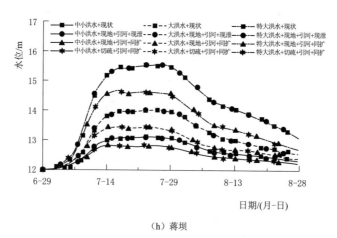

（h）蒋坝

图 15.25（三） 现状及开挖冯铁营引河不同工况下各主要测站汛期水位过程线

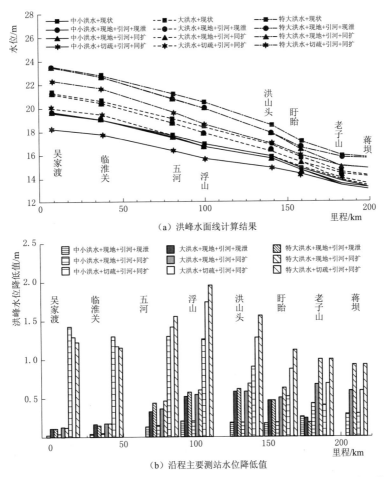

（a）洪峰水面线计算结果

（b）沿程主要测站水位降低值

图 15.26　现状及开挖冯铁营引河不同工况下洪峰沿程水面线和水位降低值

山水位降低值逐渐减小，降低值为 0.57～0.24m，蒋坝水位抬高了 0.01m。在特大洪水作用下，吴家渡—洪山头水位降低幅度逐渐增大，降低值为 0.11～0.63m，洪山头—老子山水位降低值逐渐减小，降低值为 0.63～0.18m，蒋坝水位抬高了 0.01m。

（2）在现状地形基础上，开挖冯铁营引河，并采用同时扩大洪泽湖入海、入江水道泄量的方案时，在中小洪水作用下，吴家渡—浮山水位降低幅度逐渐增大，降低值为 0.03～0.20m，浮山—盱眙水位降低幅度逐渐减小，降低值为 0.20～0.18m，洪泽湖老子山水位降低值可达 0.42m，蒋坝水位降低了 0.29m。在大洪水作用下，吴家渡—洪山头水位降低幅度逐渐增大，降低值为 0.13～0.59m，洪山头—盱眙水位降低值逐渐减小，降低值为 0.59～0.51m，洪泽湖老子山水位降低值可达 0.68m，蒋坝水位降低 0.60m。在特大洪水作用下，吴家渡—洪山头水位降低幅度逐渐增大，降低值为 0.12～0.70m，洪山头—盱眙水位降低值逐渐减小，降低值为 0.70～0.62m，洪泽湖老子山水位降低值可达 1.00m，蒋坝水位降低 0.93m。

（3）在全河段切滩和疏浚地形基础上，开挖冯铁营引河和采用同时扩大洪泽湖入海、入江水道泄量方案时，在中小洪水作用下，吴家渡—盱眙水位降低幅度逐渐减小，降低值为 1.44～0.52m，洪泽湖老子山水位降低值可达 0.40m，蒋坝水位降低 0.30m。在大洪水作用下，吴家渡—临淮关水位降低值逐渐减小，降低值为 1.29～1.18m，临淮关—浮山水位的降低值逐渐增大，降低值为 1.18～1.74m，浮山—盱眙水位降低值逐渐减小，降低值为 1.74～0.87m，洪泽湖老子山水位降低值可达 0.68m，蒋坝水位降低了 0.60m。在特大洪水作用下，吴家渡—临淮关水位降低值逐渐减小，降低值为 1.23～1.16m，临淮关—浮山水位的降低值逐渐增大，降低值为 1.16～1.97m，浮山—盱眙水位的降低值逐渐减小，降低值为 1.12～1.97m，洪泽湖老子山水位降低值可达 1.00m，蒋坝水位降低 0.94m。

综上所述，仅开挖冯铁营引河时，洪水等级较低时，五河以上河段水位降低效果不明显，但随着洪水等级的逐渐升高，五河以上河段水位降低效果逐渐明显；浮山—洪山头段在不同洪水等级下均具有较好的水位降低效果，洪泽湖老子山水位有一定幅度降低，但蒋坝水位呈不显著抬升现象。进一步结合同时扩大洪泽湖入海、入江水道泄量方案后，可以进一步降低老子山及蒋坝水位，但淮河干流河道的水位未呈现进一步的降低。进而结合淮河干流河道的全河段切滩疏浚措施后，淮河干流河道的水位在不同等级洪水作用下均有显著降低，而洪泽湖水位未呈现进一步的降低。因此，扩大洪泽湖泄量、蚌埠以下全河段切滩和疏浚以及开挖冯铁营引河 3 种规划治理方案共同实施后，可以最大化降低淮河干流及洪泽湖的水位，且在 100 年一遇洪水作用下，淮河干流不同河段水位的降幅多在 1m 以上，最大降幅值可达 1.97m，洪泽湖蒋坝水位最大可降低 0.94m。

为了进一步探究上述模拟结果的可靠性，基于淮河中游一维、洪泽湖二维耦合水动力数学模型，分析了在现状地形及洪泽湖现状泄量下发生 100 年一遇洪水（图 15.27），冯铁营引河敞泄对淮河干流和洪泽湖水位的影响[118]，计算结果见表 15.11。从表中可以看出，与现状相比，开挖冯铁营引河分流了部分干流洪水直接经溧河洼进入洪泽湖，使引河出口附近湖区水位有不同程度的抬升，双沟、临淮头处水位分别抬升 0.34m、0.03m；同时由于缩短了干流入湖长度，使淮河中游沿程水位有不同程度的降低，引河进口附近水位降低效果最明显，达 2.02m，至上游水位降幅逐渐减小，蚌埠闸下吴家渡站水位下降 0.60m。同时，冯铁营引河对于位于引河口下游的入湖河段水位也有一定幅度下降，这是因为引河分流使得进入引河口下游的流量减少的结果。

表 15.11　　　　与现状相比冯铁营引河开挖前后淮河干流和洪泽湖
水位降幅（一维、二维耦合模型计算结果）

位置	水 位 降 幅 /m							
	吴家渡	临淮关	浮山	引河进口	盱眙	蒋坝	临淮头	双沟
河道	0.60	0.78	1.74	2.02	0.82	—	—	—
湖区	—	—	—	—	—	0.00	−0.03	−0.34

注　正值为水位降低值，负值为水位升高值。

　　基于一维、二维耦合水动力数学模型，还分析了 100 年一遇洪水下，扩大洪泽湖泄量、蚌埠以下全河段切滩和疏浚以及开挖冯铁营引河 3 种治理方案共同实施后，淮河干流蚌埠以下沿程水位变化情况，并与现状工况下的水位对比，计算结果如图 15.28 所示。由图可知，3 种治理方案共同实施后，淮河干流沿程水位降幅均很明显，其中冯铁营引河进口水位降幅达 2.69m，浮山水位下降 2.61m，蚌埠闸下吴家渡水位仍能降低 2.01m。

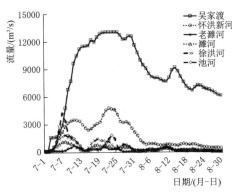

图 15.27　100 年一遇洪水过程

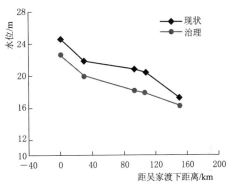

图 15.28　3 种治理方案组合工况下淮河
干流水位与现状水位对比

　　综合所构建两种数学模型的计算结果，在扩大洪泽湖泄量、蚌埠以下全河段切滩和疏浚以及开挖冯铁营引河 3 种治理方案共同实施后，蚌埠以下在不启用行蓄洪区基础上，水位降低效果显著，100 年一遇洪水位基本上可以降低 2.0m。

15.3.3　河湖冲淤能力

15.3.3.1　不同区域冲淤量分析

　　将研究时段内，现状及开挖冯铁营引河不同计算工况各区域冲淤量的计算结果进行整理汇总，得到如图 15.29（a）所示的淮河干流河道及洪泽湖不同区域冲淤量变化图。同时为研究淮河干流不同河段的冲淤能力，以不同工况下单位公里内的冲淤量作为研究对象，绘制了图 15.29（b）所示的淮河干流单位冲淤量对比图。不同工况下各河段的单位冲淤量见表 15.12。

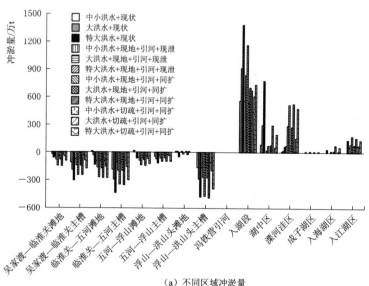

（a）不同区域冲淤量

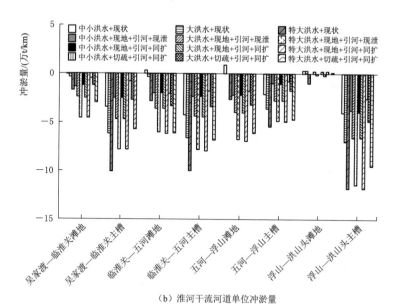

（b）淮河干流河道单位冲淤量

图 15.29　现状及开挖冯铁营引河河湖不同区域冲淤量变化

由计算结果可知：

（1）在现状地形及洪泽湖现状泄量基础上仅开挖冯铁营引河时，与现状工况的河道冲淤能力相比，不同等级洪水作用下，淮河不同河段主槽的冲刷能力有所减弱，而滩地的冲刷能力均有所增强；吴家渡—浮山不同河段的单位冲淤量与现状工况相比变化较大，而浮山—洪山头段单位冲淤量变化相对较小。现状工况下，洪泽湖区域的淤积主要发生在入湖段和湖中区，其他区域淤积量较少。冯铁营引河实施后，入湖段和湖中区的淤积量均有所减少，而溧河洼区域淤积量有显著增多，入江湖区的淤积量也有一定程度的增多。此时，洪泽湖不同区域淤积量由大到小分别为：入湖段、溧河洼区、入江湖区、湖中区、入海湖区及成子湖区。冯铁营引河产生的冲淤量较其他区域数值较小，可以忽略不计。

表 15.12　　　现状及开挖冯铁营引河不同工况下各河段单位冲淤量　　单位：万 t/km

设计洪水	工　况	吴家渡—临淮关		临淮关—五河		五河—浮山		浮山—洪山头	
		滩地	主槽	滩地	主槽	滩地	主槽	滩地	主槽
中小洪水	现状	−0.07	−3.53	0.27	−4.21	0.90	−2.11	0.27	−3.99
	现地＋引河＋现泄	−1.29	−2.50	−2.01	−2.30	−2.17	−1.05	0.03	−3.82
	现地＋引河＋同扩	−1.29	−2.51	−2.02	−2.30	−2.20	−1.07	0.02	−3.84
	切疏＋引河＋同扩	−0.46	−0.87	−2.05	−1.80	−1.83	−0.77	0.20	−2.59
大洪水	现状	−0.31	−6.21	−0.40	−6.63	−0.08	−3.55	0.28	−6.97
	现地＋引河＋现泄	−2.45	−4.62	−3.63	−4.36	−4.02	−2.79	0.23	−6.52
	现地＋引河＋同扩	−2.49	−4.68	−3.70	−4.43	−4.07	−2.80	0.22	−6.58
	切疏＋引河＋同扩	−1.21	−2.69	−3.36	−3.41	−3.21	−1.76	0.05	−4.83
特大洪水	现状	−1.71	−10.04	−2.79	−9.97	−2.74	−5.42	−0.96	−11.74
	现地＋引河＋现泄	−4.54	−7.82	−6.02	−7.80	−6.75	−4.83	−0.17	−11.50
	现地＋引河＋同扩	−4.59	−7.90	−6.13	−7.94	−6.94	−4.95	−0.23	−11.87
	切疏＋引河＋同扩	−3.02	−5.70	−6.16	−6.83	−6.18	−4.72	0.07	−9.45

注　正值为淤积量，负值为冲刷量。

（2）在现状地形基础上开挖冯铁营引河，并采用同时扩大洪泽湖入海、入江水道泄量的方案时，在不同等级洪水作用下，淮河干流的冲淤情况与仅开挖冯铁营引河的计算冲淤结果相接近。洪泽湖区域，入湖段的淤积量进一步减少；湖中区的淤积量较仅开挖冯铁营引河计算结果有所增加，但较现状工况仍有较大程度的减少；溧河洼区及入江湖区的淤积量与仅开挖冯铁营引河计算结果相接近，但入海湖区的淤积量有所增加。此时，洪泽湖不同区域淤积量由大到小分别为：入湖段、溧河洼区、湖中区、入江湖区、入海湖区及成子湖区。冯铁营引河产生的冲淤量较其他区域数值较小，可以忽略不计。

（3）在全河段切滩和疏浚地形基础上，开挖冯铁营引河和采用同时扩大洪泽湖入海、入江水道泄量方案时，淮河干流主槽及滩地的冲刷能力整体呈降低趋势，且不同河段主槽的单位冲刷量在所有计算工况中数值最小。洪泽湖区域，不同湖区的冲淤量计算结果与开挖冯铁营引河和采用同时扩大洪泽湖入海、入江水道泄量方案的组合计算结果相接近，但相同等级洪水作用下数值计算结果略小。冯铁营引河产生的冲淤量较其他区域数值较小，可以忽略不计。

综上所述，仅开挖冯铁营引河，会削弱河道主槽的冲刷能力，但使得滩地的冲刷能力增强；洪泽湖区域中，入湖段和湖中区的淤积量显著降低，而溧河洼区及入江湖区的淤积量显著增多。进一步结合同时扩大洪泽湖入海、入江水道泄量方案后，淮河干流河道的冲淤能力基本没有变化，但洪泽湖入湖段的淤积量进一步降低，而湖中区和入海湖区的淤积量有所增加，其他区域的淤积量变化较小。进而结合淮河干流河道的全河段切滩疏浚措施后，淮河河道主槽的冲刷能力有显著减低，洪泽湖不同区域仍呈淤积状态，且不同区域的淤积量在相同等级洪水作用下有小幅减少。

15.3.3.2 断面冲淤厚度分析

从模型计算结果中提取开挖冯铁营引河不同工况淮河干流典型测站计算初始时刻和末时刻的横断面数据，并计算各工况末时刻与初始时刻断面起点距对应底高程的差值，得到各工况断面的冲淤厚度，如图15.30所示。

(1) 吴家渡断面。如图15.30 (a) 所示，在现状地形基础上开挖冯铁营引河后，在中小洪水、大洪水、特大洪水作用下，断面整体呈冲刷状态，最大下切值分别为0.12m、0.17m和0.30m，均发生在右侧边坡和滩地交界处。采用同时扩大洪泽湖入海、入江水道泄量方案后，不同等级洪水作用下的计算结果与仅开挖冯铁营引河计算结果相一致。蚌埠—老子山段进行切滩和疏浚处理后，不同等级洪水作用下，断面左侧滩地呈淤积状态，最大淤积值分别为0.22m、0.19m和0.10m；其他部位均呈冲刷状态，最大下切值分别为0.10m、0.16m和0.26m。

(2) 临淮关断面。如图15.30 (b) 所示，在现状地形基础上开挖冯铁营引河后，在中小洪水、大洪水、特大洪水作用下，断面整体呈冲刷状态，最大下切值分别为0.34m、0.65m和0.67m，均发生在左侧边坡和滩地交界处。采用同时扩大洪泽湖入海、入江水道泄量方案后，不同等级洪水作用下的计算结果与仅开挖冯铁营引河计算结果相接近，不同等级洪水作用下最大下切值分别为0.34m、0.65m和0.68m。蚌埠—老子山段进行切滩和疏浚处理后，在中小洪水作用下，断面左侧边坡与滩地交界处发生淤积，最大淤积值为0.06m，其余部位均呈冲刷状态，最大下切值为0.16m；在大洪水和特大洪水作用下，断面整体均呈冲刷状态，最大下切值分别为0.27m和0.51m。

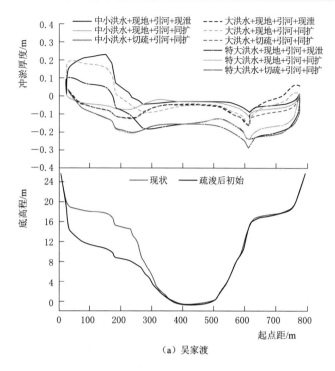

（a）吴家渡

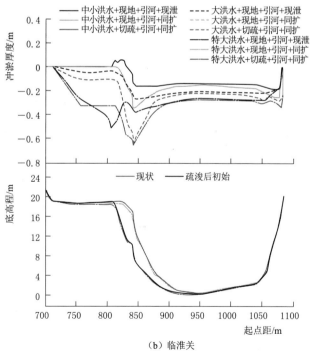

（b）临淮关

图 15.30（一）　开挖冯铁营引河不同工况下河道断面形状及冲淤厚度

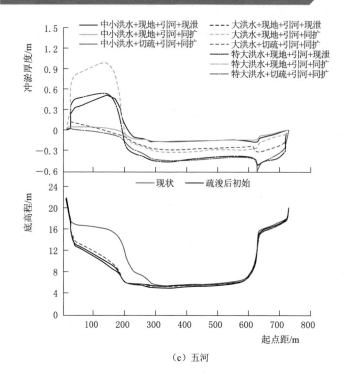

（c）五河

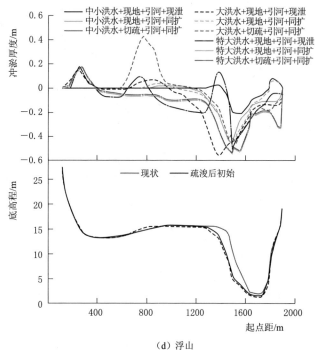

（d）浮山

图 15.30（二）　开挖冯铁营引河不同工况下河道断面形状及冲淤厚度

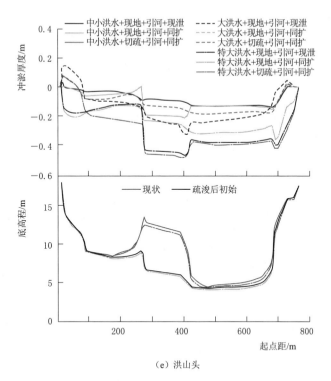

（e）洪山头

图 15 30（三） 开挖冯铁营引河不同工况下河道断面形状及冲淤厚度

（3）五河断面。如图 15.30（c）所示，在现状地形基础上开挖冯铁营引河后，在中小洪水、大洪水、特大洪水作用下，断面主槽及右侧滩地呈现出不同程度的冲刷状态，而断面左侧滩地由主槽向堤岸方向呈由微冲转向微淤的变化趋势，其中，左侧滩地在不同等级洪水作用下最大淤积厚度分别为 0.05m、0.26m 和 0.03m，右侧边坡与滩地交界处最大下切值分别为 0.17m、0.29m 和 0.44m。采用同时扩大洪泽湖入海、入江水道泄量方案后，不同等级洪水作用下的计算结果与仅开挖冯铁营引河的计算结果相接近，不同等级洪水作用下最大淤积厚度分别为 0.05m、0.22m 和 0.06m，最大下切值分别为 0.17m、0.29m 和 0.45m。蚌埠—老子山段进行切滩和疏浚处理后，不同等级洪水作用下，断面左侧滩地呈不同程度的淤积状态，最大淤积厚度分别为 0.51m、1.00m 和 0.54m；断面其余部位呈不同程度的冲刷状态，最大下切值分别为 0.17m、0.33m 和 0.46m。

（4）浮山断面。如图 15.30（d）所示，在现状地形基础上开挖冯铁营引河后，中小洪水作用下，左侧滩地靠近堤岸处呈冲淤平衡状态，在向主槽方向过渡的过程中逐渐由微淤转为冲刷，其中，最大淤积厚度为 0.02m，最大下切值为 0.46m。大洪水作用下，左侧滩地在堤脚处呈现较为明显的淤积，滩地其余部位呈现出冲淤相间的变化方式，并在靠近主槽的部位转为冲刷，断面其余部位也均呈冲刷状态，其中，最大淤积厚度为 0.14m，最大下切值为 0.55m。特大洪水作用下，左侧滩地在堤脚处淤积较为明显，之后在逐渐靠近主槽的部位由淤转冲，断面其余部位也均呈冲刷状态，其中，最大淤积厚度为 0.17m，最大下切值为 0.50m。采用同时扩大洪泽湖入海、入江水道泄量方案后，不同等级洪水作用下的计算结果与仅开挖冯铁营引河计算结果相接近，在中小洪水、大洪水、特大洪水作用下，最大淤积厚度分别为 0.02m、0.17m和 0.17m，最大下切值分别为 0.46m、0.49m 和 0.50m。蚌埠—老子山段进行切滩和疏浚处理后，中小洪水作用下，左侧滩地靠近堤岸处呈冲淤平衡状态，滩地与主槽左侧边坡交界处以及主槽右侧临近堤脚处呈淤积状态，主槽整体呈冲刷状态，其中，最大淤积厚度为 0.08m，最大下切值为 0.21m。大洪水作用下，左侧滩地不同部位呈不同程度的淤积状态，靠近主槽的部位开始由淤转冲，断面主槽呈冲刷状态，右侧边坡靠近堤脚处呈淤积状态，其中，最大淤积厚度为 0.43m，最大下切值为 0.46m。特大洪水作用下，左侧滩地不同部位呈冲淤相间的状态，主槽呈冲刷状态，其中，最大淤积厚度为 0.15m，最大下切值为 0.53m。

（5）洪山头断面。如图 15.30（e）所示，在现状地形基础上开挖冯铁营引河后，中小洪水作用下，左右汊主槽均呈冲刷状态，中央洲滩左侧以及主槽右侧堤脚处呈淤积状态，其中，最大淤积厚度为 0.01m，最大下切值为 0.21m。大洪水作用下，断面左右侧堤脚及洲滩左侧呈淤积状态，其余部位均呈冲刷状态，其中，最大淤积厚度为 0.15m，最大下切值为 0.33m。特大洪水作用下，断面整体呈冲刷状态，最大下切值为 0.47m。采用同时扩大洪泽湖入海、入江水道泄量方案后，不同等级洪水作用下的计算结果与仅开挖冯铁营引河计算结果相相接近，在中小洪水、大洪水、特大洪水作用下，最大淤积厚度分别为 0.03m、0.15m 和 0.03m，最大下切值分别为 0.21m、0.34m 和 0.49m。蚌埠—老子山段进行切滩和疏浚处理后，不同等级洪水作用下，断面左右侧堤脚处呈淤积状态，其余部位均呈冲刷状态，其中，最大淤积厚度分别为 0.01m、0.03m 和 0.08m，最大下切值分别为 0.13m、0.19m 和 0.32m。

综上所述，开挖冯铁营引河后，在不同等级洪水作用下，河道断面主槽均呈冲刷状态，滩地随洪水等级的变化呈现或冲或淤的变化。同时采用扩大洪泽湖入海、入江水道泄量方案后，河道断面主槽及滩地的冲淤结果与仅开挖冯铁营引河后的计算结果相接近。蚌埠—老子山段进行切滩和疏浚处理后，断面主槽及滩地的冲淤情况发生显著变化，但在不同等级洪水作用下主槽仍以冲刷为主。

15.3.4 河湖冲淤形态

为研究不同工况下河道及湖盆的冲淤变化规律，选取研究时段内各计算工况最后时刻的冲淤形态云图（图15.31～图15.33）进行对比分析。

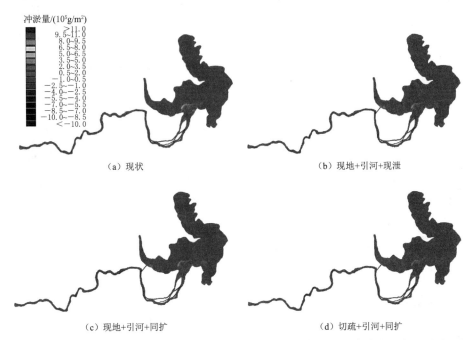

图 15.31 现状及开挖冯铁营引河不同工况中小洪水作用下河湖冲淤形态云图

（图中：正值为淤积，负值为冲刷）

计算结果表明：

（1）在中小洪水的作用下，现状工况下淮河干流吴家渡至洪山头的主槽呈冲刷状态，洪山头以下入湖段开始由冲转淤，入湖口呈现较为明显的扇形淤积体，洪泽湖整体呈淤积状态，且淤积主要发生在入湖口处，如图15.31（a）所示。在开挖冯铁营引河后，淮河干流河道主槽仍呈冲刷状态，且冯铁营引河入口处呈现较为明显的冲刷，在出口处呈现较为明显的淤积；淮河入湖段仍以淤积为主，在入湖口处发生较为明显的淤积，但未在入湖口处形成较为集中的扇形淤积体，淤积范围向入江湖区扩展明显，如图15.31（b）所示。

同时采用扩大洪泽湖入海、入江水道泄量方案后，淮河干流的冲淤状态未显著改变，但冯铁营引河出口处淤积范围进一步扩大，淮河入湖口处的淤积范围也向湖中区和入江湖区进一步扩展，如图15.31（c）所示。

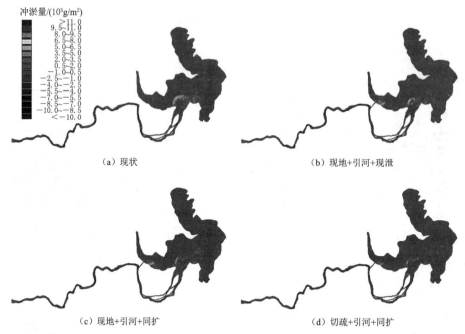

图 15.32　现状及开挖冯铁营引河不同工况大洪水作用下河湖冲淤形态云图

(图中：正值为淤积，负值为冲刷)

结合淮河干流全河段切滩和疏浚措施后，淮河干流河道整体的冲刷能力减弱，但弯道处冲刷能力显著增强。冯铁营引河入口处冲刷不再明显，出口处也未发生明显淤积；淮河入湖口处的淤积范围未显著改变，但淤积量有所减少，如图 15.31（d）所示。

（2）在大洪水的作用下，现状工况下淮河干流河道主槽的冲刷能力进一步增大，淮河入湖口处的泥沙淤积范围进一步扩大且淤积量有所提高，如图 15.32（a）所示。在开挖冯铁营引河后，淮河干流河道主槽的冲刷能力有所提高；冯铁营引河入口区域冲刷较为明显，出口处淤积较为明显，且淤积范围较大；淮河入湖口处泥沙淤积量减少，但淤积范围向湖中区、入海湖区以及入江湖区不断扩大，如图 15.32（b）所示。

同时采用扩大洪泽湖入海、入江水道泄量方案后，淮河干流河道的冲淤状态未显著改变，但冯铁营引河出口处淤积范围进一步扩大，且向湖中区方向扩展；淮河入湖口处的淤积范围向湖中区、入海湖区以及入江湖区扩展显著，如图 15.32（c）所示。

结合淮河干流全河段切滩和疏浚措施后，淮河干流河道整体的冲刷能力减弱，但弯道处冲刷能力显著增强；冯铁营引河入口处冲刷能力也有所减弱，出口处淤积范围缩小；淮河入湖口处的淤积范围未显著改变，但淤积量有所减少，如图 15.32（d）所示。

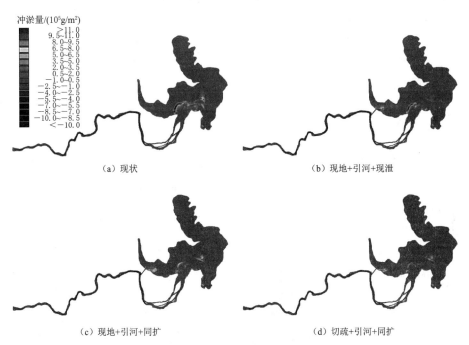

（a）现状　　　　　　　　　　　　　　　（b）现地+引河+现泄

（c）现地+引河+同扩　　　　　　　　　　（d）切疏+引河+同扩

图 15.33　现状及开挖冯铁营引河不同工况特大洪水作用下河湖冲淤形态云图

（图中：正值为淤积，负值为冲刷）

（3）在特大洪水的作用下，现状工况下淮河干流河道主槽的冲刷能力进一步增强，淮河入湖口处的泥沙淤积范围进一步向湖中区、入海湖区及入江湖区扩展且淤积量有所提高，如图 15.33（a）所示。在开挖冯铁营引河后，淮河干流河道主槽的冲刷能力有所提高；冯铁营引河入口区域冲刷较为明显，出口处淤积较为明显，且淤积范围较大；淮河入湖口处泥沙淤积量显著减少，淤积较为严重的区域呈零星分布，如图 15.33（b）所示。

同时采用扩大洪泽湖入海、入江水道泄量方案后，淮河干流河道的冲淤状态未发生显著改变，冯铁营引河出口处淤积范围进一步扩大，且向湖中区方向扩展；淮河入湖口处的淤积范围不再显著扩展，但淤积量显著降低，如图15.33（c）所示。

结合淮河干流全河段切滩和疏浚措施后，淮河干流河道整体的冲刷能力有所减弱，但弯道处仍保持较强的冲刷能力；冯铁营引河入口处冲刷能力也有所减弱，出口处淤积范围进一步增大，但冲淤量减少；淮河入湖口处的淤积范围有不明显减少，且淤积量有所减少，如图 15.33（d）所示。

综上所述，开挖冯铁营引河后，容易造成引河入口处的冲刷及出口处的淤积，但由于冯铁营引河对淮河起到了很好的分流作用，因此一定程度上减少了淮河入湖口处的泥沙淤积。同时采用扩大洪泽湖入海、入江水道泄量方案后，对淮河干流河道的冲淤形态没有显著影响，但在较大等级洪水作用下，会使得引河入口处进一步冲刷，出口处进一步淤积，且范围逐渐扩大。结合淮河干流全河段切滩疏浚措施后，淮河干流主槽的冲刷能力减弱，但弯道部分的冲刷能力增强，且使得引河入口处冲刷能力及出口处淤积能力同时减弱，淮河入湖口处的泥沙淤积量也显著减少。

15.3.5　水沙输移规律

通过在计算模型洪峰时段的含沙量云图中绘制流场线，来研究不同工况下河湖的水沙输移规律，不同等级洪水作用下河湖流场和含沙量分布如图 15.34～图 15.36 所示。

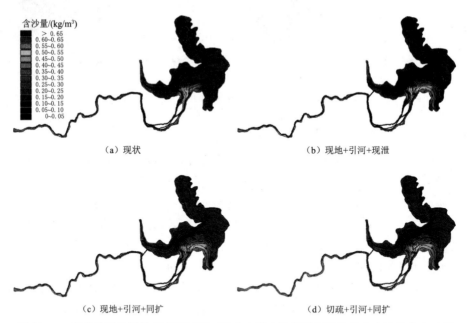

图 15.34　现状及开挖冯铁营引河不同工况中小洪水作用下河湖流场和含沙量分布云图

由计算结果可知：

（1）中小洪水作用下，现状无引河条件下的河湖水沙输移过程为，水沙由蚌埠闸下游进入河道后，沿淮河干流进行输移，含沙量呈逐渐升高的趋势；在抵达入湖段后，左汊水沙向东北部湖中区输移，在向东部输移的过程中，一部分流向入海湖区，经入海水道和苏北灌溉总渠下泄；另一部分流向入海湖区后，转而南下流向入江湖区，经入江水道下泄。右汊水沙向东输移后流向入江湖区，经入江水道下泄。溧河洼区的水沙，流经湖中区北部后，一部分进入成子湖区，另一部分流向入海湖区经入海水道和苏北灌溉总渠下泄，如图15.34（a）所示。

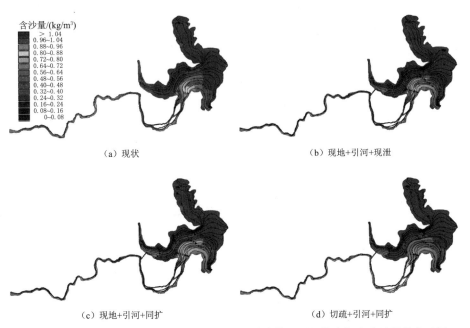

图 15.35　现状及开挖冯铁营引河不同工况大洪水作用下河湖流场和含沙量分布云图

在开挖冯铁营引河后，淮河干流部分水沙由冯铁营引河输移至洪泽湖溧河洼区，继而流经湖中区、入海湖区及入江湖区，经由苏北灌溉总渠和入江水道下泄。淮河入湖的水沙在流经湖中区、入海湖区后，大部分向南流入入江湖区，经由入江水道下泄，如图15.34（b）所示。

同时采用扩大洪泽湖入海、入江水道泄量方案后，由冯铁营引河流入洪泽湖的水沙，流经溧河洼区、湖中区、入海湖区，由苏北灌溉总渠下泄。由溧河洼区流入湖中区、入海湖区的水沙，原本由苏北灌溉总渠下泄的水沙转为由入海水道下泄。淮河入湖的水沙在流经湖中区、入海湖区后，依然大部分向南流入入江湖区，经由入江水道下泄，如图15.34（c）所示。

结合淮河干流全河段切滩和疏浚措施后，溧河洼区以及由冯铁营引河流入洪泽湖的水沙，其输移过程未发生显著变化。由淮河入湖段左汊流入洪泽湖的部分水沙，在流经湖中区后由入海湖区的苏北灌溉总渠下泄；但大部分水沙仍由入江湖区的入江水道下泄，如图 15.34（d）所示。

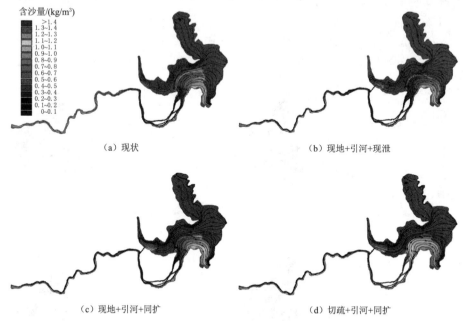

（a）现状　　　　　　　　　　　　　　　　　（b）现地+引河+现泄

（c）现地+引河+同扩　　　　　　　　　　　　（d）切疏+引河+同扩

图 15.36　现状及开挖冯铁营引河不同工况特大洪水作用下河湖流场和含沙量分布云图

（2）大洪水作用下，现状工况下的河湖水沙输移过程为，溧河洼区水沙流经湖中区、入海湖区，一部分向北流入成子湖区，一部分由入海水道下泄。淮河入湖的水沙，左汊水沙流经湖中区、入海湖区及入江湖区后，一部分由苏北灌溉总渠下泄，一部分由入江水道下泄；右汊水沙流经湖中区、入江湖区后，由入江水道下泄，如图 15.35（a）所示。

在开挖冯铁营引河后，由冯铁营引河流入洪泽湖的水沙，流经溧河洼区、湖中区、入海湖区及入江湖区后，一部分经苏北灌溉总渠下泄，一部分经入江水道下泄。淮河入湖的水沙在流经湖中区、入海湖区后，大部分向南流入入江湖区，经入江水道下泄，如图 15.35（b）所示。

同时采用扩大洪泽湖入海、入江水道泄量方案后，由冯铁营引河流入洪泽湖的水沙，依然分别由苏北灌溉总渠和入江水道下泄。由溧河洼区流经湖中区、入海湖区的水沙，部分原本流入成子湖和由苏北灌溉总渠下泄的水沙，转为由入海水道下泄。淮河入湖的水沙，仍主要由入江水道下泄，如图 15.35（c）所示。

结合淮河干流全河段切滩和疏浚措施后，河湖含沙量整体水平降低，河湖水沙的输移过程未发生显著改变，如图 15.35（d）所示。

（3）特大洪水作用下，现状工况下的河湖水沙输移过程为，溧河洼区水沙流经湖中区、入海湖区后，一部分向北流入成子湖区，一部分由入海水道下泄。淮河入湖水沙，左汊水沙流经湖中区、入海湖区及入江湖区后，一部分由入海水道和苏北灌溉总渠下泄，一部分由入江水道下泄；右汊水沙流经湖中区、入江湖区后，由入江水道下泄，如图 15.36（a）所示。

开挖冯铁营引河后，由冯铁营引河流入洪泽湖的水沙，经溧河洼区、湖中区、入海湖区后，由入海水道和苏北灌溉总渠下泄。由溧河洼区流入入海湖区的水沙，原本由入海水道下泄的水沙转为流入成子湖区。由淮河入湖段左汊入洪泽湖的水沙，一部分由苏北灌溉总渠下泄，一部分由入江水道下泄；右汊入洪泽湖水沙均由入江水道下泄，如图 15.36（b）所示。

同时采用扩大洪泽湖入海、入江水道泄量方案后，由冯铁营引河流入洪泽湖的水沙，依然分别经苏北灌溉总渠和入江水道下泄。由溧河洼区流经湖中区、入海湖区的水沙，原本部分流入成子湖的水沙，转为由入海水道下泄。淮河入湖水沙，小部分由苏北灌溉总渠下泄，大部分仍主要由入江水道下泄，如图 15.36（c）所示。

结合淮河干流全河段切滩疏浚措施后，河湖含沙量整体水平降低，由冯铁营引河流入洪泽湖的水沙由入海水道和苏北灌溉总渠下泄。由溧河洼区流入湖中区的水沙，依然一部分流入成子湖区，一部分由入海水道下泄。淮河干流流入洪泽湖的水沙大部分由入江水道下泄，如图 15.36（d）所示。

综上所述，开挖冯铁营引河后，有效增强了洪泽湖北部的水沙输移强度，改变了水沙的出湖下泄过程。同时采用扩大洪泽湖入海、入江水道泄量方案后，改变了入江及入海湖区的水沙输移过程，使得更多的水沙改变原本的输移路径，改为由入海水道或入江水道下泄。实施淮河干流全河段切滩和疏浚措施后，减弱了河湖水沙的输移强度，而水沙输移路径的变化相对较小。

15.4　河道治理措施的长效性分析

15.4.1　长系列水沙丰枯周期序列及研究工况设计

15.4.1.1　长系列水沙丰枯周期序列设计

为研究扩大洪泽湖泄量、扩大河道过流能力和开挖冯铁营引河工程实施后，在长系列水沙丰枯周期序列作用下淮河干流及洪泽湖水位降低效果及河床湖盆的冲淤演变，开展了河道治理措施的长效性分析。

　　长系列水沙丰枯周期序列的选取是数值计算中的一个关键问题，在第 8 章中，通过距平分析统计了蚌埠站径流量和输沙量在不同年份的丰枯情况，其中枯水年与丰水年出现的频率最高。通过周期性分析发现蚌埠站径流量和输沙量存在 28a 的第一主周期，68 年间存在 3 次丰枯变换，即平均 22 年出现一次显著的丰枯变换，且水沙量近期有由偏丰向丰的转化趋势。通过交叉小波分析可知，径流量与输沙量呈同相位的变化关系，具有较强的关联性。而在突变分析中，可以分析出输沙量在 1984 年后发生了显著性突变，因此采用 1984 年后的水文数据作为构建长系列水沙丰枯周期序列的单元数据，更能反映近期及未来的水沙变化情况。

　　基于长系列水沙丰枯周期变换规律，以 30 年为研究时长，以 22 年为一次丰枯周期变换，选取 1984 年后对应丰枯年份的时间序列进行"偏丰—丰—偏丰—平—偏枯—枯—偏枯—平—偏丰—丰—偏丰"的周期组合，得到模型进口边界处的 30 年水沙丰枯周期序列，如图 15.37 所示。

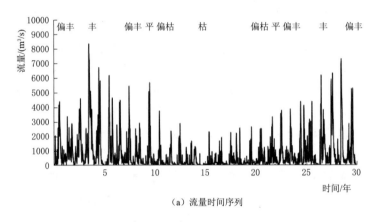

（a）流量时间序列

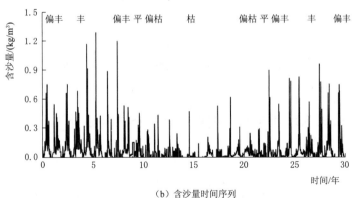

（b）含沙量时间序列

图 15.37　30 年水沙丰枯周期序列

由于淮河入洪泽湖水沙量约占总入湖水沙量80%以上，对于河湖水沙输移和河床湖盆的演变起着主导作用，故未开展洪泽湖其他各入湖支流详细的水文特性研究，其时间序列选用已发生的历史水文数据进行组合，得到洪泽湖进口边界处流量和含沙量的30年时间序列。出口边界条件根据计算工况，选用水位流量关系进行出口流量的实时调整，边界出口处的含沙量时间序列与进口边界处蚌埠站含沙量年份组合相一致。

这里所构建的长时间水沙序列，并非未来真实发生的水沙时间序列，而是为了探讨河湖各项治理工程实施后，流域在经历完整水沙丰枯周期变换后，河湖水位降低效果以及河床湖盆的长期冲淤演变响应。

15.4.1.2　研究工况设计

基于研究目的，设计了3种研究工况。①现状工况：采用现状河湖地形（国家地球系统科学数据中心，2016年）作为初始地形，淮河干流进口边界条件为基于蚌埠站所构建的30年水沙丰枯周期序列，出口边界条件为洪泽湖现状泄流能力（表15.1）；②河湖组合治理工况：采用蚌埠闸—浮山段切滩和浮山—老子山段疏浚的地形作为初始地形，进口边界条件为基于蚌埠站所构建的30年水沙丰枯周期序列，出口边界条件为扩大入海、入江水道泄流能力方案（表15.2）；③开挖冯铁营引河工况：在河湖组合治理工况的基础上，开挖冯铁营引河。

在进行结果对比分析时，首先将河湖组合治理工况的计算结果与现状工况进行对比分析，探索河湖组合治理的长效影响；进而对比分析河湖组合治理工况（开挖冯铁营引河前）与开挖冯铁营引河后工况的计算结果，探索开挖冯铁营引河的长效影响。

15.4.2　河湖组合治理的长期影响

15.4.2.1　水位降低效果

对比现状与河湖组合治理两种研究工况的水位值，并计算两者的差值，绘制各主要测站逐日水位的变化过程，如图15.38所示。

针对洪山头以上淮河干流河道水位，如吴家渡、临淮关、五河、浮山及洪山头，河湖组合治理工况下的水位值均低于现状工况下的水位值，且在来水量较多的情况下，水位降幅越为显著。以蚌埠站入口流量7000m³/s为例，吴家渡、临淮关、五河、浮山及洪山头的水位在第一轮水沙丰枯周期变换中最大降幅分别为1.09m、0.97m、0.96m、0.98m、0.81mm；在间隔25年后的第二轮水沙丰枯周期变换中分别为1.00m、0.91m、0.96m、0.95m和0.81m。可见，在经历一轮完整的水沙丰枯周期变换后，河湖组合治理工况仍可保持较好的水位降低效果。

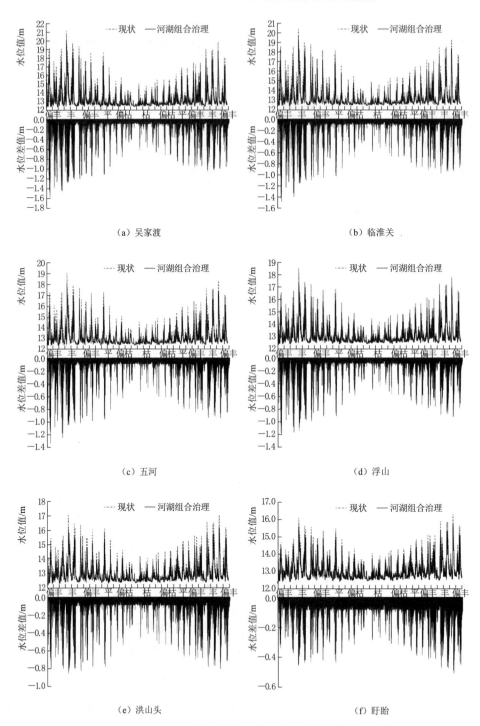

图 15.38（一）　河湖组合治理前后主要测站水位值及差值

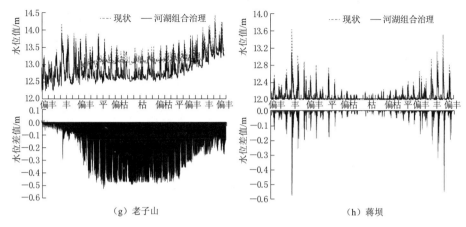

（g）老子山　　　　　　　　　　　　（h）蒋坝

图 15.38（二）　河湖组合治理前后主要测站水位值及差值

针对洪山头—老子山入湖段的淮河干流河道水位，洪山头为淮河入湖段的起始点，其水位降幅的变化规律与淮河中游河道的变化规律相一致，但此位置在丰水期与枯水期所呈现的水位降幅较吴家渡测站均有显著减小。盱眙站在研究周期内具有较好的水位降低效果，此测站不同丰枯时期水位降幅的差值已经进一步缩小，其中丰水期的最大水位降幅为 0.48m，枯水期的最大水位降幅为 0.34m。老子山站在经历水沙丰枯周期变换的过程中，水沙由丰转枯的过程中，水位降幅逐渐增大；枯水期水位降幅基本维持稳定；进一步水沙由枯转丰的过程中，水位降幅逐渐减小。

针对洪泽湖蒋坝处水位，洪泽湖水位受淮河干流河道水沙丰枯的周期性变化，也呈现出丰枯变换的周期性规律，同时扩大入海、入江水道泄流能力方案可以在丰水期起到较好的水位降低效果，且降低效果具有持续性。

综合分析，河湖组合治理方案实施后可以有效降低不同来水来沙情况下的河湖水位，且水位降低效果具有持续性。其中，自吴家渡—盱眙河段，水位降幅逐渐减小，丰水期的水位降幅要大于枯水期，且丰水期与枯水期水位的降低差值逐步缩小。淮河入湖口处，老子山站随入湖流量的变化，水位降幅也呈显著变化，枯水期水位降幅大于丰水期水位降幅。洪泽湖在扩大下泄流量的作用下，枯水期水位降幅较小，但在丰水期以及汛期来流量较大的情况下，水位降幅进一步增大。

15.4.2.2　河床湖盆冲淤演变

（1）河湖冲淤形态分析。针对河湖组合治理方案实施后，长系列水沙丰枯周期序列对河床湖盆的冲淤演变影响，对比分析不同工况不同时期的河湖平面冲淤形态云图，如图 15.39 所示。选取长系列水沙丰枯周期序列所对应的第 5

年、10 年、15 年、20 年、25 年和 30 年时刻末河湖冲淤形态云图作为分析对象。选取的分析时间具有典型的表征意义，即长系列水沙丰枯周期序列的构建可以大致分为以下几个时期：第 1～5 年为"丰"时期，第 5～10 年为"丰转枯"时期，第 10～15 年为"枯"时期，第 15～20 年为"枯转丰"时期，第 20～25 年为"丰"时期，第 25～30 年为"丰转枯"时期。

对现状工况下不同时间河湖冲淤形态云图进行分析：

1）第 5 年末的河湖冲淤形态如图 15.39（a）所示，由于计算初始水沙处于"丰"时期，河道自蚌埠断面开始，在顺直微弯段，主槽呈现出淤积与冲刷相间的现象；顺直微弯段过后至洪山头河段，河道主槽整体呈冲刷状态，且弯道段的冲刷更为显著。至淮河入湖段后，河道逐渐由冲转淤，在入湖口处形成较为明显的扇形淤积体。

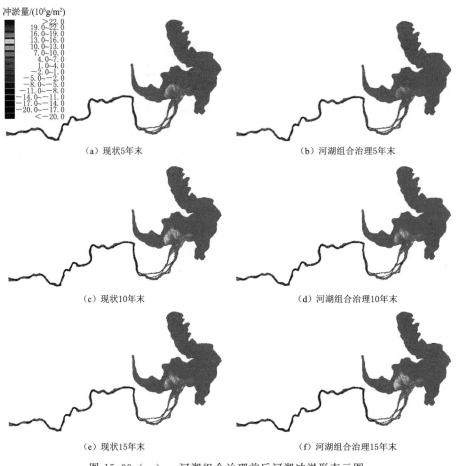

图 15.39（一）　河湖组合治理前后河湖冲淤形态云图

（图中：正值为淤积，负值为冲刷）

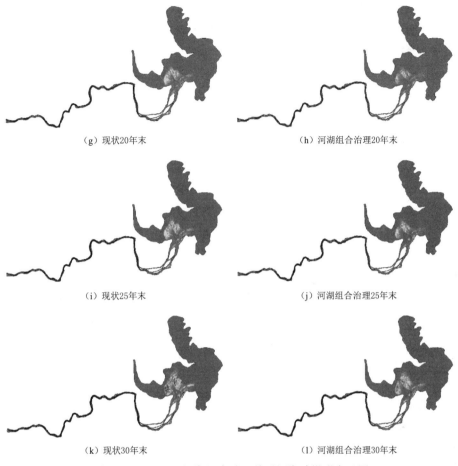

（g）现状20年末　　　　　　　　　　　（h）河湖组合治理20年末

（i）现状25年末　　　　　　　　　　　（j）河湖组合治理25年末

（k）现状30年末　　　　　　　　　　　（l）河湖组合治理30年末

图 15.39（二）　河湖组合治理前后河湖冲淤形态云图

（图中：正值为淤积，负值为冲刷）

2）第 10 年末的河湖冲淤形态如图 15.39（c）所示，在经历水沙"丰"时期后，水沙开始逐渐"由丰转枯"。入口顺直微弯段继续保持淤积与冲刷相间的状态，且淤积和冲刷量均有所提升；其余河段主槽进一步冲刷，弯道段的冲刷量有了较大程度的提升，冲刷更加显著；入湖口处的扇形淤积体范围有显著扩大，北部向湖中区扩展，东部向入江湖区延伸。

3）第 15 年末的河湖冲淤形态如图 15.39（e）所示，水沙"由枯转丰"后，持续处于"枯"时期。由于来水来沙量大幅减少，此时段的冲淤形态与第10 年基本一致，此时期内，主槽冲淤状态未发生显著改变，入湖口处的扇形淤积体也未显著扩展，河床湖盆维持在相对平衡稳定状态。

4）第 20 年末的河湖冲淤形态如图 15.39（g）所示，水沙在经历持续的

"枯"时期后,逐渐"由枯转丰"。河道主槽冲淤状态依然未显著变化,但入湖口处的扇形淤积体,呈现向北部湖中区不显著的扩展,河床湖盆依然维持在相对平衡稳定状态。

5)第25年末的河湖冲淤形态如图15.39(i)所示,此时期水沙基本处于"丰"时期。河道主槽再次发生冲刷,冲刷较为显著,同时蚌埠以下顺直微弯段的淤积与冲刷依然间隔存在,且均有扩大的趋势。入湖口扇形淤积体向北部湖中区扩大,西部向溧河洼区扩展,东部向入江湖区延伸,且淤积量均有所增大。

6)第30年末的河湖冲淤形态如图15.39(k)所示,水沙在经历持续"丰"时期后开始逐渐"由丰转枯"。蚌埠以下顺直微弯段的淤积与冲刷加大,河道主槽整体呈现显著冲刷,且入湖口扇形淤积体扩展显著,淤积量显著增大。

在河湖组合治理工况下,不同时期的河湖冲淤形态变化规律与现状工况基本一致,表现为:在丰水沙期,河道主槽整体冲刷,且呈持续冲刷状态;淮河入湖口处呈淤积状态,且在丰水沙期淤积量不断加大,淤积范围逐渐向湖中区和入江湖区延伸。在枯水沙期,河道及洪泽湖的冲淤变化较为缓慢,河床湖盆处于相对平衡状态。两种研究工况计算结果所呈现的差异在于,河湖组合治理工况与现状工况的冲淤量相比,相同时期淮河干流河道所呈现的冲刷程度以及淮河入湖口的淤积程度相对较轻。因此,河湖组合治理方案实施后,可以在一定程度上降低淮河干流河道的冲刷量,同时可以减少入湖口处扇形淤积体的淤积量。

(2)河湖冲淤量对比分析。从现状工况和河湖组合治理工况得到的计算结果中,以年份为时间单元,逐年提取河湖不同区域的冲淤量,对比相同年份同一区域的冲淤量并计算差值,绘制相应的冲淤量对比图。

对比分析河湖组合治理方案实施前后河道不同河段主槽冲淤量,如图15.40所示。

针对现状工况计算结果,对比分析河道不同河段主槽在水沙丰枯周期序列作用下的冲淤量变化规律,如图15.40(a)所示。河道不同河段主槽在丰水沙期呈冲刷状态,且冲刷量较大;而在枯水沙期河道不同河段主槽呈不显著冲刷或淤积,且冲淤量较小,基本处于冲淤平衡状态。在经历一轮水沙丰枯作用后,再次进入丰水沙期后,不同河段的冲刷量显著降低。

在河湖组合治理方案实施后,如图15.40(b)所示,除吴家渡—临淮关河段在小部分年份呈淤积状态,其余河段在丰水沙期均呈冲刷状态,枯水沙期呈冲淤平衡状态,且在进入第二轮的丰水沙期后,不同河段的冲刷量较第一轮呈显著降低。

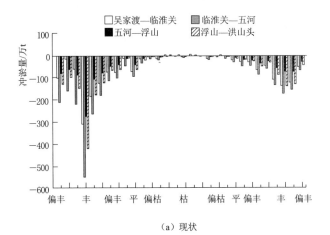

（a）现状

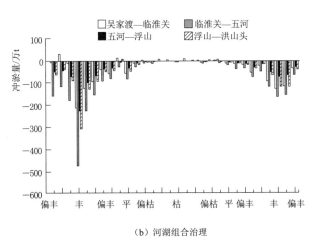

（b）河湖组合治理

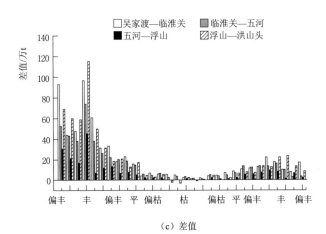

（c）差值

图 15.40 河湖组合治理前后河道不同河段主槽冲淤量

河湖组合治理工况与现状工况冲淤量的差值结果如图 15.40（c）所示，在水沙由"偏丰—丰—枯"的变化作用下，除去丰水沙期两者冲淤量差值显著增大外，其余时段不同河段的冲淤量差值呈逐渐减小的趋势。在进入枯水沙期后，两者冲淤量的差值进一步缩小，且维持在较为接近的状态。在来水来沙"由枯转丰"的过程中，两者冲淤量的差值有一定程度的增大，但较第一轮相近水沙条件下两者冲淤量的差值已经大幅减小。

整体而言，淮河干流河道随来水来沙量的增大，主槽冲刷量逐渐增大；当来水来沙量较小时，主槽基本处于冲淤平衡状态。河湖组合治理方案实施后，河道主槽的冲刷量整体变小，但随着水沙的长期作用，两种工况冲淤量的差值逐渐缩小。

对比分析河湖组合治理方案实施前后河道不同河段滩地冲淤量，如图 15.41 所示。

针对现状工况计算结果，对比分析河道不同河段滩地在水沙丰枯周期变换作用下的冲淤量变化规律，如图 15.41（a）所示。吴家渡—临淮关、临淮关—五河河段滩地的冲淤变化情况基本一致，在不同水沙条件下整体均呈冲刷状态，且冲刷量随来水来沙量的增大而逐渐加大。在枯水沙期，由于水位较低，部分情况下滩地不参与行洪，滩地冲刷量大幅减少。在进入第二轮丰水沙期后，冲刷量又呈逐渐增大的趋势，冲刷量与第一轮相近水沙作用下的结果较为一致。五河—浮山、浮山—洪山头河段的滩地，在丰水沙期保持淤积状态，而在枯水沙期冲淤值较小，基本可以忽略。

在河湖组合治理工况下，如图 15.41（b）所示，治理初期，在丰水沙期，各个河段的滩地均呈不同程度的淤积，但随着来水来沙量的增大，吴家渡—临淮关、临淮关—五河河段的滩地均转为冲刷状态，随着水沙量的减少冲淤量也持续减少；在进入枯水沙期后，冲刷量较小；当水沙量再次增大后，冲刷量又逐渐增大，但冲刷量较第一轮相近水沙条件已有大幅减少。五河—浮山河段的滩地在不同水沙条件下均呈淤积状态，丰水沙期淤积值增幅较大，但其余时期的淤积值较小，甚至可以忽略。浮山—洪山头河段的滩地，在治理后，不同水沙丰枯作用下的值均较小，可以忽略。

河湖组合治理工况与现状工况冲淤量相比，如图 15.41（c）所示，吴家渡—临淮关、临淮关—五河河段滩地的冲刷量有较大幅度降低，且在丰水沙期的作用下尤为显著；而枯水沙期作用下冲刷量的差值较小。五河—浮山河段，淤积量除在丰水沙期较大外，其余时期均小于现状工况。浮山—洪山头河段滩地的淤积量差值较小。

整体而言，在河湖组合治理方案实施后，淮河干流河道部分河段的滩地稳定性遭到破坏，导致治理前后滩地的冲淤量发生了较为显著的变化，但在水沙丰枯周期变换的长期作用下，又逐渐趋于平衡稳定。

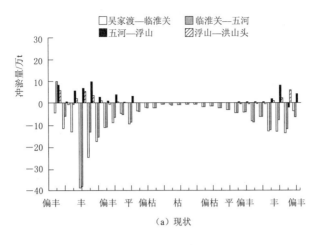

（a）现状

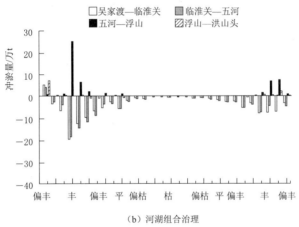

（b）河湖组合治理

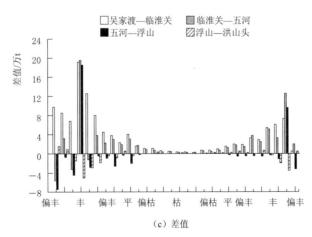

（c）差值

图 15.41　河湖组合治理河道不同河段滩地冲淤量

对比分析河湖组合治理方案实施前后洪泽湖不同区域冲淤量，如图 15.42 所示。

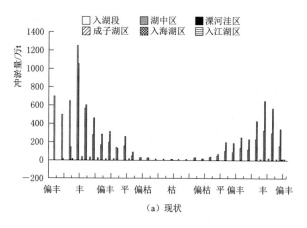

（a）现状

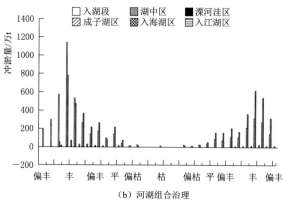

（b）河湖组合治理

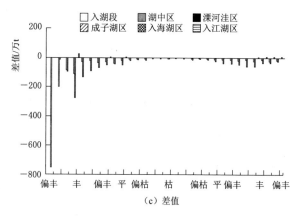

（c）差值

图 15.42　河湖组合治理前后洪泽湖不同区域冲淤量

在现状工况下，如图 15.42（a）所示，在不同水沙丰枯期，洪泽湖的淤积主要集中在入湖段和湖中区，随着来水来沙的增大淤积量也逐渐增大，且入湖段淤积量大于湖中区；继而在水沙"由丰转枯"的过程中，淤积量逐渐减小，湖中区的淤积量反超入湖段；在枯水沙期，洪泽湖整体淤积量很小，湖盆维持在平衡稳定状态；随着第二轮周期来水来沙的增大，入湖段和湖中区的淤积量又逐渐增多，且湖中区的淤积量持续大于入湖段。随着淮河入湖口冲积扇向入江湖区的延伸，入江湖区在丰水沙期，也有显著淤积，但相对入湖段和湖中区的淤积量较小。

河湖组合治理工况下的计算结果如图 15.42（b）所示，不同湖区冲淤量变化规律与现状工况下的规律相一致。入湖段和湖中区的淤积量相对较大，且随着来水来沙量的增大，淤积量也逐渐增大；在来水来沙量减少的情况下，淤积量又逐渐减少。

分析两种研究工况各湖区冲淤量的差值，如图 15.42（c）所示，河湖组合治理方案实施后的初期，在"由偏丰向丰"变化的来水来沙作用下，入湖段的淤积量差值显著减少，湖中区的淤积量差值逐渐增大；在"由丰向枯"变化的来水来沙作用下，入湖段和湖中区的淤积量差值均逐渐减小；在枯水沙期持续作用下，两种计算工况冲淤量的差值较小；在"由枯向丰"变化的来水来沙作用下，入湖段的淤积量差值呈不显著增大，而湖中区的淤积量差值呈显著增大，但增幅相对较小。

整体而言，在河湖组合治理方案实施后，洪泽湖的淤积仍主要发生在入湖段和湖中区，且淤积逐步由入湖段逐渐向湖中区和入江湖区扩展。在治理前期，遭遇偏丰或丰水作用时，治理工况的淤积值较现状工况有较大减少，但随着水沙丰枯周期变换的持续作用，两种计算工况在相同湖区的淤积量差值逐渐减小。

（3）河道断面冲淤变化对比分析。为了解淮河干流河道在河湖组合治理方案实施后，河道在长系列水沙丰枯周期序列作用下断面的冲淤变化，选取吴家渡、临淮关、五河、浮山和洪山头 5 个测站的断面，对比分析各测站治理后（初始断面）以及第 5 年、10 年、15 年、20 年、25 年和 30 年计算时刻末的断面，并计算各测站不同时期与初始断面对应起点距底高程的差值，得到各测站不同时期断面的冲淤厚度，如图 15.43 所示。

由图 15.43 可知，在河湖组合治理方案实施后，在长系列水沙丰枯周期序列的作用下，河道断面仍能保持较好的形态，除吴家渡断面主槽呈淤积状态外，其余河段断面的主槽均呈冲刷状态，且表现为丰水沙期下切明显，枯水沙期冲淤平衡的变化规律。河道滩地根据所处河段的地理位置，不同河段的冲淤情况有一定差异，但冲淤厚度与主槽变化相比较小。

15.4.3　开挖冯铁营引河的长期影响

15.4.3.1　水位降低效果

在河湖组合治理工况实施的基础上，开挖冯铁营引河，对比分析开挖冯铁营引河前后两种计算工况的水位值，并计算两者的差值，绘制各主要测站逐日水位的变化过程，如图 15.44 所示。

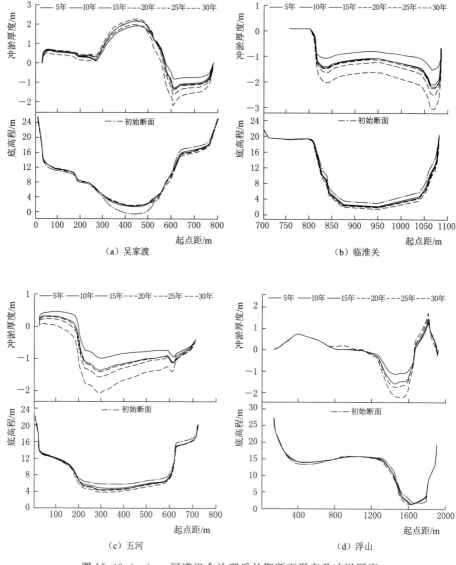

（a）吴家渡

（b）临淮关

（c）五河

（d）浮山

图 15.43（一）　河道组合治理后长期断面形态及冲淤厚度

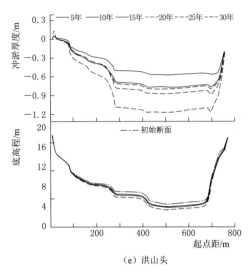

（e）洪山头

图 15.43（二） 河道组合治理后长期断面形态及冲淤厚度

洪山头以上淮河干流河道水位，如吴家渡、临淮关、五河、浮山，冯铁营引河开挖后，不同来水来沙条件下水位有进一步降低效果，且在丰水期，水位降幅尤为显著。开挖引河前期，水位降幅效果整体较弱，但随着来水来沙的持续作用，降幅效果有所增强。随来水来沙条件的变化，均能保持良好的水位降低效果，且吴家渡—浮山河段的水位降幅逐渐增大。

洪山头—老子山入湖段的水位，在开挖冯铁营引河后水位的降幅依然具有持续性，但降低效果较上游河道有一定程度减弱。洪山头站和盱眙站具有较好的水位降低效果，但不同丰枯时期水位降幅较上游水位降幅有所减少。老子山

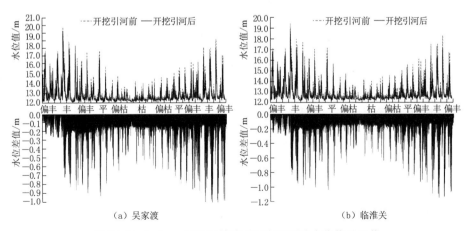

（a）吴家渡 （b）临淮关

图 15.44（一） 开挖冯铁营引河主要测站水位值及差值

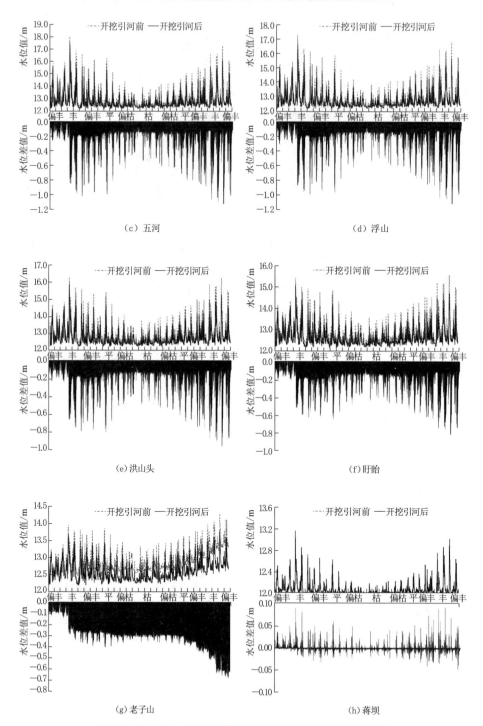

图 15.44（二） 开挖冯铁营引河主要测站水位值及差值

站在长系列水沙丰枯周期序列的作用下，水沙由丰转枯的过程中，水位降幅逐渐增大；枯水沙期水位降幅基本稳定；在水沙由枯转丰的过程中，水位降幅进一步增大。

洪泽湖蒋坝处水位，开挖冯铁营引河后水位并未呈显著降低效果，相反会使得蒋坝处水位在上游来水量较大的条件下有一定程度的抬升。

综合分析，开挖冯铁营引河后，淮河吴家渡—老子山的水位值较河湖组合治理方案进一步降低，以蚌埠站入口流量 7000m³/s 为例，吴家渡、临淮关、五河、浮山及洪山头的水位在第一轮水沙丰枯周期变换中最大降幅分别为 0.74m、0.89m、0.93m、0.94m 和 0.76m；在间隔 25 年后的第二轮水沙丰枯周期变换中分别为 0.95m、1.12m、1.12m、1.11m 和 0.97m。可见，在经历一轮完整的水沙丰枯周期变换后，开挖冯铁营引河仍可保持较好的水位降低效果，即水位降低效果具有持续性。但洪泽湖蒋坝处水位降低不显著，且会出现水位抬升的现象。其中，自吴家渡至浮山河段，水位降幅逐渐增大，丰水期的水位降幅要大于枯水期；浮山至淮河入湖口河段，水位降幅较上游逐渐减小；老子山站在来水来沙持续作用下，水位降幅效果逐渐增强。洪泽湖蒋坝处水位，受开挖冯铁营引河的影响，在来水量较大的情况下，水位较引河开挖前有抬升的现象。

15.4.3.2　河床湖盆冲淤演变

（1）河湖冲淤形态对比分析。在河湖组合治理方案的基础上，开挖冯铁营引河后，为研究长系列水沙丰枯周期序列对河床湖盆的冲淤演变影响，对比分析了开挖引河前后不同时期的河湖平面冲淤形态云图，如图 15.45 所示。

在河湖组合治理工况长效影响分析中，已对开挖冯铁营引河前不同时期的河湖冲淤形态变化进行了阐述，故本节重点分析开挖冯铁营引河后对河湖冲淤形态的长效影响。

开挖冯铁营引河后，不同时期的河湖冲淤形态变化规律与开挖前基本一致，

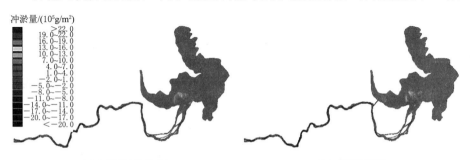

冲淤量/(10⁵g/m²)

> 22.0
19.0~22.0
16.0~19.0
13.0~16.0
10.0~13.0
7.0~10.0
4.0~7.0
1.0~4.0
−2.0~1.0
−5.0~−2.0
−8.0~−5.0
−11.0~−8.0
−14.0~−11.0
−17.0~−14.0
−20.0~−17.0
<−20.0

（a）河湖组合治理5年　　　　　　　　　　（b）开挖引河5年

图 15.45（一）　开挖冯铁营引河前后河湖冲淤形态云图

（图中：正值为淤积，负值为冲刷）

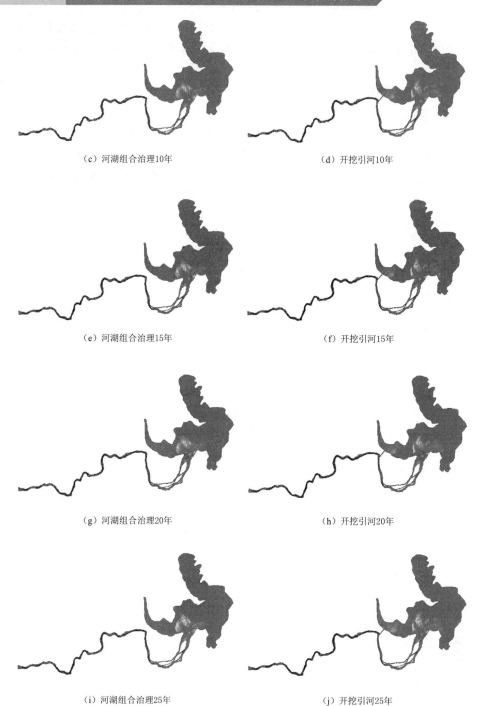

　　　　　（c）河湖组合治理10年　　　　　　　　　　　　　（d）开挖引河10年

　　　　　（e）河湖组合治理15年　　　　　　　　　　　　　（f）开挖引河15年

　　　　　（g）河湖组合治理20年　　　　　　　　　　　　　（h）开挖引河20年

　　　　　（i）河湖组合治理25年　　　　　　　　　　　　　（j）开挖引河25年

图 15.45（二）　开挖冯铁营引河前后河湖冲淤形态云图

（图中：正值为淤积，负值为冲刷）

（k）河湖组合治理30年   （l）开挖引河30年

图 15.45（三）   开挖冯铁营引河前后河湖冲淤形态云图

（图中：正值为淤积，负值为冲刷）

表现为：在丰水沙期，河道主槽整体冲刷，且呈持续冲刷状态。引河入口处冲刷显著，引河出口处在溧河洼区形成了较为明显的扇形淤积体，其不断向湖中区的方向延伸。淮河入湖口处呈淤积状态，且在丰水沙期淤积量不断增大，淤积范围逐渐向湖中区、入江湖区、入海湖区延伸。在枯水沙期，河道及洪泽湖的冲淤变化较为缓慢，河床湖盆处于相对平衡稳定状态。

综上，开挖冯铁营引河，一定程度上增强了河道主槽整体的冲刷，并减少了淮河入湖口处的淤积；但引河出口处形成了新的扇形淤积体，且淮河入湖口处的扇形淤积体范围进一步增大。

（2）河湖冲淤量对比分析。从开挖冯铁营引河前后所得的计算结果中，以年份为时间单元，逐年提取了河湖不同区域的冲淤量，对比相同年份同一区域的冲淤量并计算差值，绘制相应的冲淤量对比图。

对比分析开挖冯铁营引河前后河道不同河段主槽冲淤量，如图 15.46 所示。

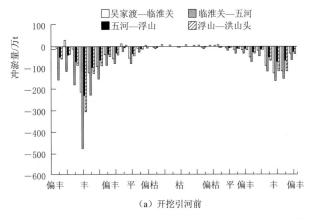

（a）开挖引河前

图 15.46（一）   开挖冯铁营引河前后河道不同河段主槽冲淤量

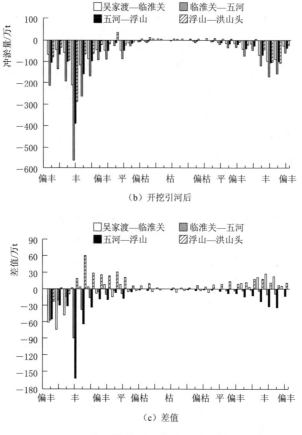

图 15.46（二） 开挖冯铁营引河前后河道不同河段主槽冲淤量

　　开挖冯铁营引河后不同河段主槽的冲淤量，如图 15.46（b）所示，吴家渡—洪山头河段主槽在丰水沙期均呈冲刷状态，且随来水来沙量的增大冲刷量不断增大，枯水沙期呈冲淤平衡状态，且在进入第二轮的丰水沙期后，不同河段的冲刷量较第一轮有显著降低。

　　开挖冯铁营引河前后不同河段主槽冲淤量的差值结果如图 15.46（c）所示，不同河段呈现的规律有所不同，其中：吴家渡—临淮关河段，丰水沙期冲刷量增大，而在枯水沙期开挖引河前后的冲刷量较为接近，在进入第二轮的丰水沙期后，开挖引河后的冲刷量较开挖引河前变小。临淮关—五河、五河—浮山河段，在整个水沙作用时期，开挖引河后的冲刷量比开挖引河前有所增大，但在进入第二轮的丰水沙期后冲刷量的差值较第一轮有所减少。浮山—洪山头河段，除在开挖引河后的前期，冲刷量有所增大外，其余时间冲刷量较开挖引河前均有所减少。

    整体而言，在河湖组合治理方案的基础上开挖冯铁营引河后，丰水沙期主槽仍处于冲刷状态，枯水沙期主槽基本处于冲淤平衡状态。在来水来沙长期作用下，临淮关—浮山河段的冲刷量比开挖引河前有所增大，而吴家渡—临淮关、浮山—洪山头河段的冲刷量比开挖引河前有所减少。

    对比分析开挖冯铁营引河前后河道不同河段滩地冲淤量，如图 15.47 所示。

    开挖冯铁营引河后不同河段滩地的冲淤量，如图 15.47（b）所示，吴家渡—洪山头河段滩地在丰水沙期均呈冲刷状态，在枯水沙期均处于冲淤平衡状态。

    开挖冯铁营引河前后不同河段滩地冲淤量的差值结果如图 15.47（c）所示，除来水来沙显著增大的条件下，各河段滩地的冲刷量在开挖引河后显著增大，其余来水来沙条件下，各河段滩地的冲刷量较开挖引河前均有所增大，但相对主槽的冲刷量变化相对较小。

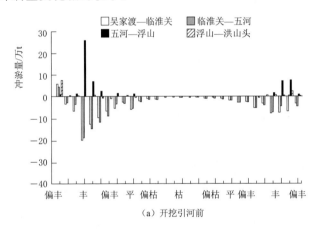

（a）开挖引河前

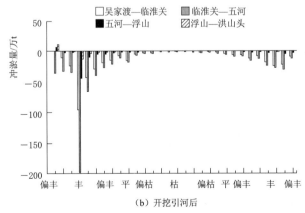

（b）开挖引河后

图 15.47（一）　开挖冯铁营引河前后河道不同河段滩地冲淤量

325

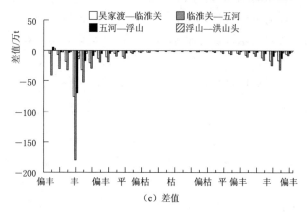

图 15.47(二) 开挖冯铁营引河前后河道不同河段滩地冲淤量

整体而言,在开挖冯铁营引河后,不同河段滩地的冲刷量均有所增大,但变化幅度相对较小。

对比分析开挖冯铁营引河前后洪泽湖不同区域冲淤量,如图 15.48 所示。

开挖冯铁营引河后洪泽湖不同区域的冲淤量如图 15.48(b)所示,不同区域的淤积量与来水来沙量呈正相关关系,即在来水来沙量较大的条件下均呈淤积状态,在来水来沙量较小的条件下均呈冲淤平衡状态。

开挖冯铁营引河前后洪泽湖不同区域冲淤量的差值结果如图 15.48(c)所示,开挖引河的前期,入湖段的淤积量会显著增大,但随着来水来沙的持续作用,入湖段及湖中区的淤积量较开挖引河前有所减少,且在第二轮的丰水沙期已有显著减少。而溧河洼区的淤积量较开挖引河前有显著增大,且在第二轮丰水沙期增幅仍然显著。入海湖区与入江湖区的淤积量,受入湖口泥沙淤积范围的不断扩大,在第二轮丰水沙期较开挖引河前已有小幅增大。

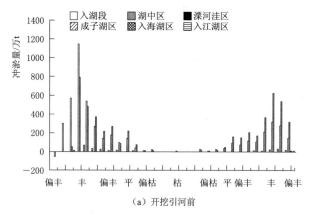

图 15.48(一) 开挖冯铁营引河前后洪泽湖不同区域冲淤量

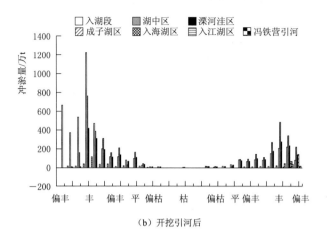

（b）开挖引河后

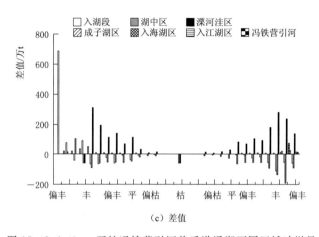

（c）差值

图 15.48（二）　开挖冯铁营引河前后洪泽湖不同区域冲淤量

整体而言，开挖冯铁营引河后，在来水来沙持续作用下，入湖段和湖中区的淤积量会有显著减小，入海湖区和入江湖区的淤积量会有小幅增大，而溧河洼区的淤积量会显著增大。

（3）河道断面冲淤变化对比分析。为了解淮河干流河道在开挖冯铁营引河后，河道在长系列水沙丰枯周期序列作用下断面的冲淤变化，选取吴家渡、临淮关、五河、浮山和洪山头 5 个测站处的断面，对比分析各测站初始断面以及第 5 年、10 年、15 年、20 年、25 年和 30 年计算时刻末的断面，并计算不同时刻与初始断面对应起点距底高程的差值，得到各测站不同时期断面的冲淤厚度，如图 15.49 所示。

由图 15.49 可知，在开挖冯铁营引河后，在长系列水沙丰枯周期序列的作用下，河道断面仍能保持较好的形态，除吴家渡断面主槽呈淤积状态外，其余河段断面的主槽均呈冲刷状态，且表现为丰水沙期下切明显，枯水沙期冲淤平衡的变化规律。河道滩地根据所处河段的地理位置，不同河段的冲淤情况有一定差异，但冲淤厚度与主槽变化相比较小。

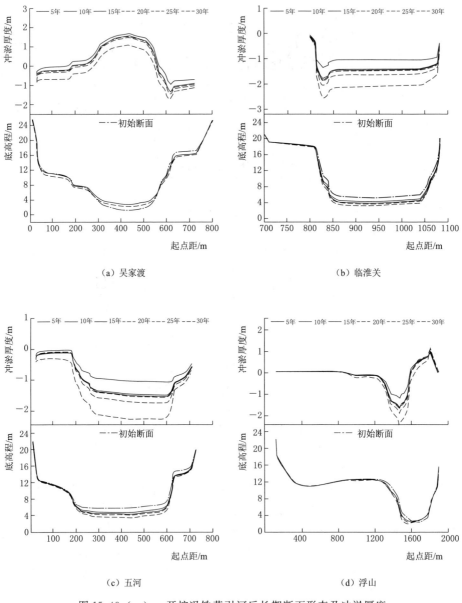

（a）吴家渡　　　　　　　　　　　　　　　（b）临淮关

（c）五河　　　　　　　　　　　　　　　　（d）浮山

图 15.49（一）　开挖冯铁营引河后长期断面形态及冲淤厚度

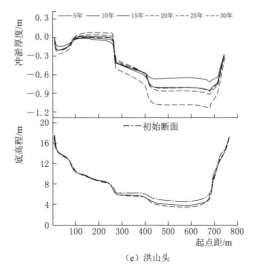

（e）洪山头

图 15.49（二）　开挖冯铁营引河后长期断面形态及冲淤厚度

15.5　小　　结

基于淮河干流与洪泽湖一体化平面二维水沙数学模型，研究扩大洪泽湖泄量、扩大河道过流能力以及开挖冯铁营引河规划方案实施后，河湖在不同设计洪水作用下沿程水位降低效果、河湖水沙输移规律及河床湖盆冲淤演变响应；同时基于河湖水沙特性，设计了符合淮河水沙周期性丰枯变换的 30 年长系列水沙时间序列，模拟分析了水沙丰枯变化对河湖冲淤演变的长期作用效果。具体结论如下：

（1）同时扩大入海、入江泄量方案为扩大洪泽湖泄量的最优方案，但此方案在中小洪水（5～10 年一遇）作用下，淮河干流洪山头以上的水位降低仍然较小，但在大洪水（10～20 年一遇）和特大洪水（100 年一遇）洪水作用下，可以有效降低洪山头以上水位，但越往上游降低效果越不明显。入湖段及洪泽湖水位降低效果显著，且越往下游，水位降低效果越显著，在特大洪水作用下，洪泽湖蒋坝水位最高可以降低 0.93m。淮河干流的冲淤状态主要受洪水等级的影响，洪泽湖下泄流量的扩大对其影响较小。但扩大洪泽湖下泄流量，会使得入湖口处的扇形淤积体进一步扩大，且随洪水等级的提升，逐步向湖中区-入江湖区-入海湖区扩展。在不同等级洪水作用下，淮河干流河道整体呈冲刷状态，洪泽湖整体呈淤积状态。河道断面主槽以冲刷为主，最大冲刷处多出现在边坡与滩地交界处，滩地整体呈微冲状态。

（2）实施淮河干流蚌埠以下全河段疏浚，可以有效降低淮河干流的水位，且不同等级的洪水吴家渡—浮山段沿程水位降低值均在 1.00m 左右，浮山以下至老子山的水位降低值逐渐减小。仅扩大河道过流能力，不能降低洪泽湖的水位。因此，同时扩大淮河干流过流能力和洪泽湖的泄流能力，可以有效大幅度降低淮河中游蚌埠以下至洪泽湖蒋坝的洪水位。通过疏浚或切滩而扩大河道的过流能力时，在改变河道过流能力的同时，也改变了河道主槽和滩地冲淤状态。整体而言，仅蚌埠—浮山段进行切滩时，河道的冲刷能力减弱，切滩部位在部分断面由冲刷状态变为淤积状态。仅浮山—老子山段进行疏浚时，会增强蚌埠—浮山河道的冲刷能力，但浮山—老子山段的冲刷能力有所减弱。当采用蚌埠—浮山段切滩，浮山—老子山段疏浚方案时，河道整体的冲刷能力减弱。对洪泽湖而言，淤积量分布状况随洪水等级的变化规律与现状地形的计算结果相一致，各个区域都呈淤积状态。

（3）扩大洪泽湖泄量、扩大淮河干流河道过流能力以及开挖冯铁营引河 3 种治理方案共同实施后，蚌埠以下在不启用行蓄洪区基础上，水位降低效果显著，100 年一遇洪水位基本上可以降低 2.0m。开挖冯铁营引河后，在不同等级洪水作用下，河道断面主槽均呈冲刷状态，滩地随洪水等级的变化呈现或冲或淤的变化。同时采用扩大洪泽湖入海、入江水道泄量方案后，河道断面主槽及滩地的冲淤结果与仅开挖冯铁营引河后的计算结果相接近。蚌埠—老子山段进行切滩和疏浚处理后，断面主槽及滩地的冲淤情况发生显著变化，但在不同等级洪水作用下主槽仍以冲刷为主。开挖冯铁营引河后，容易造成引河入口处的冲刷及出口处的淤积，但由于冯铁营引河对淮河起到了分流作用，因此一定程度上减少了淮河入湖口处的泥沙淤积。开挖冯铁营引河后，有效增强了洪泽湖北部的水沙输移强度，改变了水沙的出湖下泄过程。同时采用扩大洪泽湖入海、入江水道泄量方案后，改变了入江及入海湖区的水沙输移过程，使得更多的水沙改变原本的输移路径，改为由入海水道或入江水道下泄。实施淮河干流全河段切滩疏浚措施后，减弱了河湖水沙的输移强度，而水沙输移路径的变化相对较小。

（4）在长系列水沙丰枯周期变换时间序列作用下，河湖组合治理方案实施后可以有效降低不同水沙条件下河湖水位值，且水位降低效果具有持续性，河道未产生较为明显的回淤问题。河湖组合治理方案实施后，河道主槽整体呈冲刷状态，断面在较长时间内仍可以保持较好的形态，表现为丰水沙期主槽冲刷明显，枯水沙期基本处于冲淤平衡。河道不同河段滩地的冲淤情况有一定差异，但冲淤厚度与主槽变化相比较小。淮河入湖口处，丰水沙期呈淤积状态，淤积范围逐渐向湖中区和入江湖区扩展；枯水沙期，洪泽湖的冲淤变化较为缓慢，河床湖盆处于相对平衡稳定状态。在河湖组合治理方案基础上，开挖冯铁营引河后，淮河干流吴家渡—老子山的水位值进一步降低，且水位降低效果依然具有持续性；但洪泽湖蒋坝处水位降低不显著，且会出现水位抬升的现象。河道主槽仍处于冲刷状态，且在较长时间仍能保持较好的断面形态，但临淮关—浮山段的冲刷量均较开挖引河前有所增大，而吴家渡—临淮关、浮山—洪山头段的冲刷量较开挖引河前有所减少。河道不同河段滩地的冲刷量均有所增大，但变化幅度相对较小。淮河入湖口处的淤积范围进一步扩大，入湖段和湖中区的淤积量显著减小，入海和入江湖区的淤积量小幅增大，而溧河洼区的淤积量显著增大。

参 考 文 献

［1］ 淮河流域水资源与水利工程问题研究课题组. 淮河流域水资源与水利工程问题研究
［M］. 北京：中国水利水电出版社，2016.

［2］ 钱敏，等. 淮河中游洪涝问题与对策 ［M］. 北京：中国水利水电出版社，2019.

［3］ 宁远，钱敏，王玉太. 淮河流域水利手册 ［M］. 北京：科学出版社，2003.

［4］ 水利部淮河水利委员会，淮河志编纂委员会. 淮河治理与开发志 ［M］. 淮河志第5
卷. 北京：科学出版社，2004.

［5］ 顾洪，等. 淮河流域规划与治理 ［M］. 北京：中国水利水电出版社，2019.

［6］ 邓恒，徐国宾，段宇，等. 淮河与洪泽湖河湖关系研究进展及展望 ［J］. 水资源与水
工程学报，2018，29 (5)：142 - 147.

［7］ 邓恒. 洪泽湖与淮河河湖关系及其调蓄能力研究 ［D］. 天津：天津大学，2018.

［8］ 周贺. 淮河干流入洪泽湖段河床演变特性研究 ［D］. 合肥：合肥工业大学，2014.

［9］ 杨兴菊，虞邦义，倪晋. 淮河干流蚌埠至浮山河段近期演变分析 ［J］. 水利水电技
术，2010，41 (10)：70 - 72，86.

［10］ 杨兴菊，黑鹏飞. 人工采砂对蚌浮段河床演变的影响分析 ［J］. 应用基础与工程科学
学报，2011，19 (增刊)：78 - 84.

［11］ 洪国喜，韩国民. 洪泽湖入湖、出湖水沙特性分析 ［J］. 江苏水利，2007 (10)：
22 - 23.

［12］ 范亚民，何华春，崔云霞，等. 淮河中下游洪泽湖水域动态变化研究 ［J］. 长江流域
资源与环境，2010，19 (12)：1397 - 1403.

［13］ 王庆，陈吉余. 洪泽湖和淮河入洪泽湖河口的形成与演化 ［J］. 湖泊科学，1999，11
(3)：237 - 244.

［14］ 张茂恒，孙志宏. 淮河入湖三角洲的形成、演变及发展趋势 ［J］. 徐州师范大学学报
（自然科学版），2001，19 (3)：53 - 56.

［15］ 戚晓明，杨兰，白夏，等. 基于遥感数据的洪泽湖库容曲线推求 ［J］. 水利水电科技
进展，2017，37 (3)：77 - 83.

［16］ 邓恒，徐国宾，樊贤璐，等. 洪泽湖洪水调蓄能力研究 ［J］. 水资源与水工程学报，
2019，30 (2)：149 - 153.

［17］ 陈茂满. 洪泽湖蓄泄关系与淮河中下游防洪 ［J］. 水利规划与设计，2004 (2)：27 -
31，47.

［18］ 水利部淮河水利委员会. 1991 年淮河暴雨洪水 ［M］. 北京：中国水利水电出版
社，2010.

［19］ 水利部水文局，水利部淮河水利委员会. 2003 年淮河暴雨洪水 ［M］. 北京：中国水
利水电出版社，2006.

［20］ 水利部水文局，水利部淮河水利委员会. 2007 年淮河暴雨洪水 ［M］. 北京：中国水
利水电出版社，2010.

[21] 饶恩明，肖燚，欧阳志云. 中国湖库洪水调蓄功能评价 [J]. 自然资源学报，2014，29 (8)：1356 - 1365.

[22] 赵世雄，徐国宾，刘源，等. 基于遥感的淮河入洪泽湖段岸滩变化分析 [J]. 水利水电技术，2021，52 (2)：11 - 20.

[23] 赵世雄. 淮河入洪泽湖段岸滩及湖区围垦演变影响研究 [D]. 天津：天津大学，2020.

[24] Alesheikh A. A.，Ghorbanali A.，Nouri N. Coastline change detection using remote sensing [J]. International Journal of Environmental Science and Technology，2007，4 (1)：61 - 66.

[25] El - Asmar H. M.，Hereher M. E. Change detection of the coastal zone east of the Nile Delta using remote sensing [J]. Environmental Earth Sciences，2011，62 (4)：769 - 777.

[26] Ghosh M. K.，Kumar L.，Roy C. Monitoring the coastline change of Hatiya Island in Bangladesh using remote sensing techniques [J]. ISPRS Journal of Photogrammetry and Remote Sensing，2015，101 (3)：137 - 144.

[27] 左飞. 数字图像处理：原理与实践（MATLAB 版） [M]. 北京：电子工业出版社，2014.

[28] 陈忠，赵忠明. 基于区域生长的多尺度遥感图像分割算法 [J]. 计算机工程与应用，2005 (35)：7 - 9.

[29] 陈景广，佘江峰，黄海涛. 基于形态学的多尺度遥感图像分割方法 [J]. 地理与地理信息科学，2012，28 (4)：22 - 24，37.

[30] 钱一婧，张鹰，李洪灵，等. 常用边缘检测算法在遥感影像水边线提取比较 [J]. 人民长江，2008，39 (13)：95 - 97.

[31] 喻金桃，郭海涛，李传广，等. 四叉树与多种活动轮廓模型相结合的遥感影像水边线提取方法 [J]. 测绘学报，2016，45 (9)：1104 - 1114.

[32] 刘灿然，陈灵芝. 北京地区植被景观中斑块形状的指数分析 [J]. 生态学报，2000，20 (4)：559 - 567.

[33] 孙鹏，孙玉燕，张强，等. 淮河流域径流过程变化时空特征及成因 [J]. 湖泊科学，2018，30 (2)：497 - 508.

[34] 高祥宇，高正荣，窦希萍. 淮河江苏段入湖航道整治后泥沙回淤分析 [J]. 人民长江，2013，44 (21)：24 - 27.

[35] 虞邦义，郁玉锁. 洪泽湖泥沙淤积分析 [J]. 泥沙研究，2010 (6)：36 - 41.

[36] 吴翼，戴蓉，徐勇峰，等. 洪泽湖河湖交汇区土地利用时空动态 [J]. 南京林业大学学报（自然科学版），2016，40 (4)：22 - 28.

[37] 黄振宇，倪晋. 入出流格局变化下洪泽湖流态初步分析 [J]. 治淮，2014 (6)：19 - 20.

[38] 洪泽湖志编纂委员会. 洪泽湖志 [M]. 北京：方志出版社，2003.

[39] 王冬梅，刘劲松，梁文广. 基于高分遥感和 DEM 的洪泽湖开发利用监测与管理 [J]. 中国水利，2016 (10)：50 - 52.

[40] 张秀菊，罗伯明. 洪泽湖利用存在问题及对策探讨 [J]. 江苏水利，2006 (3)：14 - 16.

[41] 吴晓兵. 洪泽湖 60 年的变迁 [J]. 中国水利，2009 (14)：21 - 23.

[42] 魏文强，胡继刚，王春霞. 洪泽湖退圩（围）还湖规划研究 [J]. 江苏水利，2019 (增刊 2)：21 - 24.

[43] 丁志雄. DEM 与遥感相结合的水库水位面积曲线测定方法研究 [J]. 水利水电技术，2010，41 (1)：83 - 86.

[44] Smith L. C.，Pavelsky T. M. Remote sensing of volumetric storage changes in lakes [J]. Earth Surface Processes and Landforms，2009，34 (10)：1353 - 1358.

[45] Medina C.，Gomez - Enri J.，Alonso J. J.，et al. Water volume variations in Lake Iz-abal (Guatemala) from in situ measurements and ENVISAT Radar Altimeter (RA - 2) and Advanced Synthetic Aperture Radar (ASAR) data products [J]. Journal of Hy-drology，2010，382 (1 - 4)：34 - 48.

[46] 王玉，程建华，侍翰生. 南水北调东线一期工程实施后的洪泽湖水量调度研究 [J]. 中国水利，2014 (12)：39 - 40，43.

[47] 韩爱民，武淑华，高军，等. 用数字地图计算洪泽湖库容等特征参数的方法初探 [J]. 水文，2001，21 (5)：35 - 37.

[48] 严登余. 洪泽湖采砂管理分析 [J]. 江苏科技信息，2015 (31)：49 - 50.

[49] 樊贤璐，徐国宾，邓恒，等. 1975—2015 年洪泽湖水沙变化趋势及成因分析 [J]. 南水北调与水利科技，2019，17 (3)：7 - 15.

[50] Yu Duan，Guobin Xu，Yuan Liu，et al. Tendency of runoff and sediment variety and multiple time scale wavelet analysis in Hongze Lake during 1975 - 2015 [J]. Water，2020，12 (4)：999.

[51] 段宇. 淮河中游河道与洪泽湖水沙特性及河湖冲淤演变数值模拟研究 [D]. 天津：天津大学，2021.

[52] Burn D. H.，Elnur M. A. H. Detection of hydrologic trends and variability [J]. Journal of Hydrology. 2002，255 (1)：107 - 122.

[53] Aziz O. I. A.，Burn D. H. Trends and variability in the hydrological regime of the Mackenzie River Basin [J]. Journal of Hydrology，2005，319 (1)：282 - 294.

[54] 魏凤英. 现代气候统计诊断与预测技术 [M]. 2 版. 北京：气象出版社，2007.

[55] Güçlü Y. S. Multiple Şen - innovative trend analyses and partial Mann - Kendall test [J]. Journal of Hydrology，2018，566：685 - 704.

[56] 史红玲，胡春宏，王延贵，等. 淮河流域水沙变化趋势及其成因分析 [J]. 水利学报，2012，43 (5)：571 - 579.

[57] 王红瑞，刘昌明. 水文过程周期分析方法及其应用 [M]. 北京：中国水利水电出版，2010.

[58] 杨雪，杨东，安丽娜，等. 1961—2013 年吉林省气温与降水变化特征 [J]. 中国农学通报，2016，32 (29)：139 - 146.

[59] 陈峪，高歌，任国玉，等. 中国十大流域近 40 多年降水量时空变化特征 [J]. 自然资源学报，2005，20 (5)：637 - 643.

[60] 王珂清，曾燕，谢志清，等. 1961—2008 年淮河流域气温和降水变化趋势 [J]. 气象科学，2012，32 (6)：671 - 677.

[61] 楚恩国. 洪泽湖水资源现状分析及对策 [J]. 中国水利，2007 (23)：33 - 35.

[62]　蒋艳，彭期冬，骆辉煌，等.淮河流域水质污染时空变异特征分析［J］.水利学报，2011，42（11）：1283－1288.

[63]　刘源，徐国宾，段宇，等.洪泽湖入湖水沙序列的多时间尺度小波分析［J］.水利水电技术，2020，51（2）：128－135.

[64]　刘源.洪泽湖出流格局变化下的水动力特性分析［D］.天津：天津大学，2020.

[65]　周伟.基于MATLAB的小波分析应用［M］.2版.西安：西安电子科技大学出版社，2010.

[66]　王文圣，丁晶，向红莲.水文时间序列多时间尺度分析的小波变换法［J］.四川大学学报（工程科学版），2002，34（6）：14－17.

[67]　Hermida L.，Lopez L.，Merino A.，et al. Hailfall in southwest France：Relationship with precipitation，trends and wavelet analysis［J］. Atmospheric Research，2015，156：174－188.

[68]　Qian K. Z.，Wang X. S.，Lv J. J.，et al. The wavelet correlative analysis of climatic impacts on runoff in the source region of Yangtze River，in China［J］. International Journal of Climatology，2014，34（6）：2019－2032.

[69]　刘永婷，徐光来，李鹏，等.淮河上游径流年内分配均匀度及变化规律［J］.水土保持研究，2017，24（5）：99－104.

[70]　倪晋，虞邦义，张辉，等.水沙变化情势下淮河干流治理方向探讨［J］.水利规划与设计，2019（4）：4－5，8.

[71]　王文圣，丁晶，金菊良.随机水文学［M］.2版.北京：中国水利水电出版社，2008.

[72]　Grinsted A.，Moore J. C.，Jevrejeva S. Application of the cross wavelet transform and wavelet coherence to geophysical time series［J］. Nonlinear Processes in Geophysics，2004，11（5－6）：561－566.

[73]　张济世，刘立昱，程中山，等.统计水文学［M］.郑州：黄河水利出版社，2006.

[74]　Labat D. Cross wavelet analyses of annual continental freshwater discharge and selected climate indices［J］. Journal of Hydrology，2010，385（1－4）：269－278.

[75]　赵丹，张叶晖，刘俊杰.淮河流域近58年降水特征分析［J］.水电能源科学，2018，36（11）：9－13.

[76]　叶金印，黄勇，张春莉，等.近50年淮河流域气候变化时空特征分析［J］.生态环境学报，2016，25（1）：84－91.

[77]　虞邦义，倪晋.淮河安徽段河道特性及河床演变［J］.治淮，2011（11）：18－20.

[78]　王国庆，张建云，刘九夫，等.中国不同气候区河川径流对气候变化的敏感性［J］.水科学进展，2011，22（3）：307－314.

[79]　赵国永，韩艳，刘明华，等.1951—2014年淮河流域降水量时空变化特征［J］.信阳师范学院学报（自然科学版），2017，30（1）：77－81.

[80]　胡军，梅海鹏，刘猛.洪泽湖水位变化特征分析［J］.治淮，2019（12）：11－12.

[81]　刘翊竣，徐国宾，段宇.基于Copula函数淮河流域水沙联合分布研究［J］.武汉大学学报（工学版），2021，54（6）：494－501.

[82]　刘翊竣.淮河中下游水沙输移对洪泽湖水文情势的影响研究［D］.天津：天津大学，2020.

[83]　郭生练，闫宝伟，肖义，等.Copula函数在多变量水文分析计算中的应用及研究进

展 [J]. 水文，2008，28 (3)：1-7.

[84] 陈浩，徐宗学，班春广，等. 基于 Copula 函数的深圳河流域降雨潮位组合风险分析 [J]. 北京师范大学学报 (自然科学版)，2020，56 (2)：307-314.

[85] Chowdhary H., Escobar L. A., Singh V. P. Identification of suitable copulas for bivariate frequency analysis of flood peak and flood volume data [J]. Hydrology research, 2011，42 (2-3)：193-216.

[86] Requena A. I., Mediero L., Garrote L. A bivariate return period based on copulas for hydrologic dam design：accounting for reservoir routing in risk estimation [J]. Hydrology and Earth System Sciences，2013，17 (8)：3023-3038.

[87] 姚曼飞，党素珍，孟美丽，等. 基于 Copula 函数的泾河流域水沙丰枯遭遇频率分析 [J]. 水土保持研究，2019，26 (1)：192-196，202.

[88] Song S., Singh V. P. Meta-elliptical copulas for drought frequency analysis of periodic hydrologic data [J]. Stochastic Environmental Research and Risk Assessment，2010 (24)：425-444.

[89] 马晓晓. 基于 Copula 函数的不完全降水序列频率计算方法研究 [D]. 西安：西北农林科技大学，2017.

[90] 陈子燊，高时友，李鸿皓. 基于二次重现期的城市两级排涝标准衔接的设计暴雨 [J]. 水科学进展，2017，28 (3)：382-389.

[91] 徐国宾. 河流动力学专论 (研究生教学用书) [M]. 2 版. 北京：中国水利水电出版社，2019.

[92] Yu Duan, Guobin Xu, Yanzhao Wang, et al. The middle Huaihe River stability analysis and optimization of hydrological chaos forecasting model [J]. Geomatics，Natural Hazards and Risk，2020，11 (1)：1805-1826.

[93] 赵丽娜，徐国宾. 基于超熵产生的河型稳定判别式 [J]. 水利学报，2015，46 (10)：1213-1221.

[94] 徐国宾，赵丽娜. 最小熵产生、耗散结构和混沌理论及其在河流演变分析中的应用 [M]. 北京：科学出版社，2017.

[95] Radoane M., Obreja F., Cristea I., et al. Changes in the channel-bed level of the eastern Carpathian rivers：climatic vs. human control over the last 50 years [J]. Geomorphology，2013，193：91-111.

[96] Abate M., Nyssen J., Steenhuis T. S., et al. Morphological changes of Gumara river channel over 50 years, upper BlueNile basin, Ethiopia [J]. Journal of Hydrology，2015，525：152-164.

[97] Morais E. S., Rocha P. C., Hooke J. Spatiotemporal variations in channel changes caused by cumulative factors in a meandering river：the lower Peixe River, Brazil [J]. Geomorphology，2016，273：348-360.

[98] Joshi S., Jun X. Y. Recent changes in channel morphology of a highly engineered alluvial river-the Lower Mississippi River [J]. Physical Geography，2018，39 (2)：140-165.

[99] 徐国宾，杨志达. 基于最小熵产生与耗散结构和混沌理论的河床演变分析 [J]. 水利学报，2012，43 (8)：948-956.

[100] 徐国宾，赵丽娜．基于多元时间序列的河流混沌特性研究 [J]．泥沙研究，2017，42 (3)：7-13.

[101] 徐国宾．河工学 [M]．北京：中国科学技术出版社，2011.

[102] 徐国宾，赵丽娜．基于信息熵的河床演变分析 [J]．天津大学学报（自然科学与工程技术版），2013，46 (4)：347-353.

[103] 徐国宾，赵丽娜．冲积河流河床演变影响因素权重分析 [C] //第9届全国泥沙基本理论研究学术讨论会论文集．北京：中国水利水电出版社，2014：205-210.

[104] Takens F. Detecting strange attractors in turbulence [C] //In：Rand D. A. and Young L. S. (eds) Dynamical Systems and Turbulence，Warwick：Lecture Notes in Mathematics，1981，898：366-381.

[105] Packard N. H.，Crutchfield J. P.，Farmer J.，et al. Geometry from a time series [J]. Physical Review Letters，1980，45 (9)：712-715.

[106] Holzfuss J.，Mayer-Kress G. An approach to error-estimation in the application of dimension algorithms [J]. Dimensions and Entropies in Chaotic Systems，1986，32：114-122.

[107] Grassberger P. Generalized dimensions of strange attractors [J]. Physics Letters A，1983，97 (6)：227-230.

[108] Wolf A.，Swift J. B.，Swinney H. L.，et al. Determining Lyapunov exponents from a time series [J]. Physica D：Nonlinear Phenomena，1985，16 (3)：285-317.

[109] Smagorinsky J. General circulation experiments with the primitive equations [J]. Monthly Weather Review，1963，91 (3)：99-164.

[110] Wu J. Wind-Stress coefficients over Sea surface near Neutral Conditions-A Revisit [J]. Journal of Physical Oceanography，1980，10 (5)：727-740.

[111] 虞邦义，蔡建平，黄灵敏，等．淮河中游河道水动力数学模型及应用 [M]．北京：中国水利水电出版社，2017.

[112] 刘翊竣，徐国宾．风场和吞吐流对洪泽湖流场的影响分析 [J]．水资源与水工程学报，2020，31 (2)：174-178，184.

[113] 姜恒志，崔雷，石峰，等．风场、地形和吞吐流对太湖流场影响的研究 [J]．水力发电学报，2013，32 (6)：165-171.

[114] 姜加虎，黄群．洪泽湖吞吐流二维数值模拟 [J]．湖泊科学，1997，9 (1)：9-14.

[115] 刘玉年，何华松，虞邦义．淮河中游河道特性与整治研究 [M]．北京：中国水利水电出版社，2012.

[116] 郭庆超，韩其为，关见朝．淮河蚌埠以下河道疏浚对降低洪水位的可行性及长效性研究 [J]．泥沙研究，2016 (6)：1-7.

[117] 陈春锦，徐国宾，段宇．扩大入江、入海泄量对洪泽湖及其上游淮干水位影响分析 [J]．水利水电技术，2020，51 (8)：76-85.

[118] 陈春锦．河道综合治理措施对洪泽湖及淮河干流水位影响数值模拟分析 [D]．天津：天津大学，2019.

[119] 郭庆超，关见朝，韩其为，等．冯铁营引河对淮河干流洪水位及河床演变影响的研究 [J]．泥沙研究，2018，43 (6)：1-7.